注塑模具
项目与质量管理及验收

ZHUSU MUJU
XIANGMU YU
ZHILIANG GUANLI
JI YANSHOU

石世铫　编著

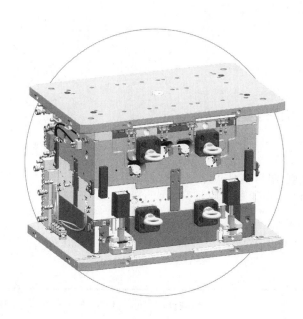

化学工业出版社

·北京·

本书第1～3章宏观介绍了模具企业的质量管理体系、模具项目管理、模具项目的流程管理等；第4～10章具体介绍了模具结构设计的质量管理、模具生产过程的质量管理、模具零部件的质量控制与验收、模具的装配与验收、模具的试模与制品验收、常见的模具质量问题与原因、模具使用与维护等内容。

本书是作者从事注塑模具设计与制造五十多年管理经验的总结，内容充实，可为模具企业的项目管理和质检人员、设计与制造人员提供参考。

图书在版编目（CIP）数据

注塑模具项目与质量管理及验收/石世铫编著. —北京：化学工业出版社，2020.4
ISBN 978-7-122-35916-2

Ⅰ.①注…　Ⅱ.①石…　Ⅲ.①注塑-塑料模具-项目管理-质量管理②注塑-塑料模具-工程质量-工程验收
Ⅳ.①TQ320.66

中国版本图书馆 CIP 数据核字（2020）第 052968 号

责任编辑：赵卫娟　　　　　　　　　　　　　装帧设计：韩　飞
责任校对：张雨彤

出版发行：化学工业出版社（北京市东城区青年湖南街13号　邮政编码100011）
印　　装：三河市延风印装有限公司
787mm×1092mm　1/16　印张19½　字数468千字　2020年8月北京第1版第1次印刷

购书咨询：010-64518888　　售后服务：010-64518899
网　　址：http://www.cip.com.cn
凡购买本书，如有缺损质量问题，本社销售中心负责调换。

定　　价：128.00元

认识石世铫先生是在多年前的一次行业会议上，留给我深刻印象的是他对我国模具产业发展的那些独到的见解。之后又在几次宁波地区的行业活动中见面，使我更多了解了石世铫先生数十年从事注塑模具的设计、制造技术工作和企业管理工作的人生经历：早在1981年他就负责设计、制造了电视机的前、后盖注塑模具，曾担任过模具企业的技术科长、副厂长、技术顾问，在模具的设计、制造及模具企业管理方面积累了丰富的实践经验。同时，他肯于学习、善于总结，先后出版了《注射模具设计与制造300问》、《注塑模具图样画法正误对比图例》、《注塑模具设计与制造禁忌》、《注塑模具设计制造教程》等有关注塑模具设计、制造的实用技术专著和教材，受到广大读者欢迎。是模具行业少有的既有生产经验，又能著书立说的老专家。

最近应石世铫先生之邀，为其新作《注塑模具项目与质量管理及验收》作序，有幸通读了出版社发来的全书样稿，使我不仅亲身领略了石世铫先生严谨、务实的写作风格，也使我系统了解了注塑模具项目管理与质量管理的定义、内涵和实际操作要点。由此也体会到，虽然是在为他人作序，实际上也是本人对模具项目管理与质量管理知识的一次学习机会，实在是一举多得的好事情。

改革开放以来，我国的模具工业在我国产品制造业巨大市场拉动和各级政府的大力支持下得到快速发展，不但基本满足了我国制造业发展对模具的需求，而且具备了全系列模具批量出口的能力。"十一五"末（2010年）我国模具制造能力和模具出口额，双双位居世界大行列，"十三五"以来连续多年保持着世界第一大模具消费国、模具制造国和模具出口国地位。但在模具生产效率和企业效益方面，与先进国家的水平还有相当大的差距，究其原因主要是质量管理制度执行不到位以及项目管理水平较低，加之企业自主创新能力较弱等因素，我国模具产业整体上表现出"大而不强"的特征。

"十二五"以来，我国的模具产业开始了以推进转型升级和创新驱动发展，促模具行业"由大转强"的高质量发展新阶段。通过实施以市场为导向的供给侧结构性改革，模具企业的发展关注点从单纯的产能扩张逐步转移到提质增效和提高市场竞争力，以两化深度融合为支撑的管理水平提升成为实现这一目标的重要措施。

塑料模具是改革开放以来发展最快的模具行业，目前占我国模具总量的45％左右以及全部模具年出口额的55％～60％。其中注塑模具占到全部塑料模具的60％以上，是我国每年8000万吨左右塑料制品生产所用模具的主体。因此提高注塑模具企业的质量管理和项目管理水平对提高我国模具的质量效益及市场竞争力具有现实意义。

《注塑模具项目与质量管理及验收》的出版，正值我国模具行业全面完成"十三五"规划指标、编制模具行业"十四五"规划纲要和推进高质量发展的重要时间节点，我诚心祝愿此书能为模具行业高质量发展发挥积极促进作用！

中国模具工业协会

中国已成为模具制造大国，但模具行业基础还不够扎实，仍处于中低端发展水平，模具质量同国际先进水平相比还有不小差距，与此同时国内市场的低端模具供大于求，市场价格竞争激烈。中国的模具行业基础还不够扎实，要想实现向自动化、智能化整体迈进，企业必须做好基础工作并克服不足之处，才能不断提高管理水平，起到降本增效的作用。

　　模具企业是典型的面向订单的单件而多品种生产型企业，由于订单的随机性和生产过程的不稳定性，给模具设计与制造、工艺编制、管理带来一定的难度，企业的生产计划和物料需求变化频繁。因此，常会出现各种各样的问题如模具结构设计没有优化，甚至出现设计与加工出错，零件的加工精度达不到设计要求，设计变更多、试模次数多，部门之间协调与执行能力差，浪费等问题普遍存在。这些问题的存在，导致模具设计、制造成本高，制造周期延后，模具质量达不到客户的期望值。

　　上述情况是模具行业的通病，要想解决这些问题，需要建立健全质量体系（建立规范的三大标准：技术标准、管理流程标准、工作标准），努力提高企业的模具项目与质量管理的水平，使模具成本和质量得到有效控制。然而，在模具行业中，懂得模具项目管理的综合型人才实在太少，很多企业的项目管理者大多数是营销人员，而技术型的人才担任项目经理者较少。一名优秀的模具项目经理必须具有沟通及服务、进度掌控、试模修整、改善方案和加工工艺、质量分析等能力，必须具有成本、时间、质量理念。

　　模具行业经过探索和实践，逐步认识到参照项目管理的方法和理论对模具项目进行管理的必要性。但由于模具制造的特殊性，以及模具行业导入项目管理的时间很短，大多数模具企业的模具项目管理都处于摸索阶段，很少有可以参考的标准和模式。笔者根据从事机械、注塑模具设计与制造五十五年的工作经验、阅历和感悟，结合模具行业的实际情况，编写了本书，以供模具行业同仁们参考。希望这本书能有助于同行做好注塑模具项目与质量管理工作，为注塑模具行业的模具设计、制造质量的提升，贡献微薄之力。

　　本书第1～3章宏观介绍了模具企业的质量管理体系、模具项目管理、模具项目的流程管理等；第4～10章具体介绍了模具结构设计的质量管理、模具生产过程的质量管理、模具零部件的质量控制与验收、模具的装配与验收、模具的试模与制品验收、常见的模具质量问题与原因、模具使用与维护等内容。本书将模具项目管理与质量管理基础知识及模具质量验收、检查有机结合，非常实用，可作为职业院校"注塑模具设计与制造"专业的补充教材；同时也可作为模具制造企业和模具使用企业的质检人员、高层管理人员、项目经理、模具设计师的参考用书，还可作为注塑模具项目管理与质检人员上岗前的培训教材。

　　由于编者水平有限，书中不足之处，恳切希望读者批评指正。

石世铫

2020 年 3 月

目录

第3章　模具项目的流程管理　　085

第5章　模具生产过程的质量管理　　165

第6章　模具零部件的质量控制与验收　　192

第7章 模具的装配与验收　　210

第8章 模具的试模与制品验收　　225

第9章　常见的模具质量问题与原因　252

第 10 章　模具使用和维护　　276

· 第 1 章 ·
模具企业的质量管理体系

从企业发展历程来看，初创的企业管理控制权往往掌握在企业领导者手中，此时企业管理以领导者的个人意志和喜好为主导，即"人治"阶段。但随着企业规模的扩大，人治的管理方式会带来决策的随意性，企业风险逐渐增大。将企业老总拍板改为团队集体决策，建立规范的流程，按流程办事，就能在很大程度上控制住风险。而且，随着企业组织规模的急剧扩大，也需要统一的管理规范，需要建立质量管理体系来替代个人发挥作用。

对于注塑模具企业来说，很多不太关注质量体系，只是热衷于模具的订单。对于小企业，老板自己管，一眼可看到位。但几千万、甚至上亿产值的模具企业就不能同日而语了。因此，随着模具企业的逐步壮大，必须逐步建立健全质量体系以及各部门的管理标准体系。

有些模具企业对质量体系不够重视，认为没有多大作用，只是为了满足办企业的明文规定的需要，不得不制订所谓的质量体系；被动地依靠认证单位帮助制订了质量手册，事后有的企业没有按制订的质量手册进行管理，体系也没有很好地建立。有的企业虽然认真制订了质量手册，事后却没有按质量手册规定内容执行，更谈不上持续改进。有的企业原是在国外认证的，复审时，持续改进项较多，要求限时改进，但怕复审时通不过，就调转头向国内认证机关重新认证了。

根据 ISO 要求，为了保证新产品开发成功，首先要求模具订购方保证模具的质量和交货周期，满足新产品开发的需求。模具订购方要对模具供应商进行综合能力的调查，其调查的内容如下：领导能力、经营资格及规模、人力资源能力、生产配套能力、信息系统运用、物流保证能力、合作意愿等。此外，还有品质保证能力、体系认证情况、设计能力、质量技术保证能力和专业经验基本情况、物料采购和外发加工情况等方面的调查等。

模具订购方对模具供应商综合能力的调查，实际上是对模具供应商的质量保证体系的验证，也就是模具订购方对模具企业的模具项目与质量管理工作能力的评审。根据调查结果，订购方商议决定是否可作为模具供应商，给予订单。

从以上的有关内容可知建立质量保证体系的宗旨是为了满足客户的要求。建立、完善三大标准体系是做好模具项目与质量管理的重要保证，是提升企业综合实力的有效途径，对企业模具产品质量提升和成本控制起到了关键的作用。

质量管理与质量保证标准技术委员会（ISO/TC176）自 1987 年颁布了世界上第一套管理标准——ISO 9000 质量管理体系以来，现已被 80 多个国家和地区采用，成为国际上应用最广泛的标准之一。我国政府已于 1992 年宣布采用 ISO 9000 系列标准，以保证我国产品在国外市场的竞争力。

企业有了完善的质量体系，打下扎实的基础，才能使模具产品质量得到保证，企业才有强大的生命力，才能深入发展工业 4.0，实现模具智能化、高效率、精细化制造。

ISO 9001：2015 版质量管理体系已于 2015 年 12 月 31 日公布和实施，见图 1-1。

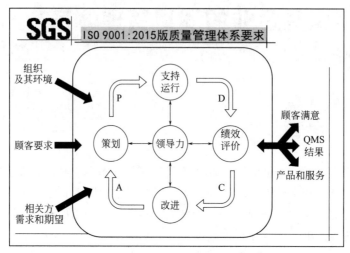

图 1-1　ISO 9001：2015 版质量管理体系要求

对于一个年产值有几千万甚至上亿的模具企业来说，如果模具没有品牌与订单保证（企业没有忠诚型客户），管理还是停留在自发的管理体系（有的甚至还停留在家庭作坊模式），模具的质量和成本很难得到有效控制，企业风险就更大。

企业需要通过质量管理体系培训，将"质量第一"的理念灌输给每一个员工。不但要使员工掌握一定的质量管理知识，而且要让所有人都明白，没有规范的理念是不可能使模具质量满足顾客要求的。质量管理中最经常碰到的四个问题是：做什么？如何做？做多少？做到什么程度？其中前两个问题需要用统一的术语去解答，后两个问题需要用量化的标准去解答。

质量保证体系的优良运行依赖于全体员工的质量意识、工作责任心和创造力。要求涉及设计与制造全过程的每一个人都能积极、认真地贯彻标准，且企业及部门的领导者能否坚持建立健全的质量体系和贯彻标准是关键。

由于篇幅有限，本章简单地介绍一下同模具企业质量体系有关的内容。

1.1　国内模具企业现状

随着模具行业的发展，大多数企业从家庭作坊管理模式上摆脱出来，按照质量管理体系要求去做，取得了认证，然后逐步健全管理体系，使企业有了长足的发展。

1.1.1　同国外相比还有不小差距

中国模具在价格上虽然还有一些优势存在，但这种优势正在快速削减。模具技术含量、使用寿命、精度、质量可靠性与稳定性、型腔表面的粗糙度、生产周期、标准化程度、制造服务等方面与国际先进水平相比，总体上还有不小差距。高档模具水平与能力均不能适应市场的需求，中低端模具供过于求，市场竞争激烈。一些大型、精密、复杂、长寿命的高、中档塑料模具每年仍需进口。行业大而不强的情况虽然正在改善，但距国际先进水平和市场需求仍有很大差距。表 1-1 为国内外塑料模具比较。

表 1-1 国内外塑料模具比较

项目	国外	国内
型腔制造精度/mm	0.005～0.01	0.02～0.05
型腔表面粗糙度/μm	R_a0.01～0.05	R_a0.2
非淬火钢模具寿命	10～60 万模次	10～30 万模次
淬火钢模具寿命	160～600 万模次	50～100 万模次
热流道使用率	50％以上	不足 20％
标准化程度	70％～80％	40％～45％
中型塑料模具生产周期	一个月左右	2～4 个月

1.1.2 中国与德国模具行业现状比较

中国模具工业协会携手德国弗劳恩霍夫应用研究亚琛模具研究院（简称 WBA），合作开展模具企业基准分析项目。在"对标德国基准分析整体调查评价报告"中指出了今后中国模具行业的优势和不足之处，以及需要关注的四个具体行动领域（规划、自动化、数字化和可视化、刀具管理）。报告的具体内容如下。

（1）中国模具行业相对德国模具行业的优势　中国模具行业在劳动力成本和设备规模方面的优势非常明显。如图 1-2 所示，中国模具企业的员工平均每天比德国模具企业的员工多工作 2 个多小时，而且中国模具企业的员工每小时的工资要比德国企业低得多。图 1-3 所示的小时费率包括人力成本和设备成本，从图中可以看出，设计领域的小时费率德国是中国的 4 倍，中国模具行业在加工和试模领域同样具有这种优势。

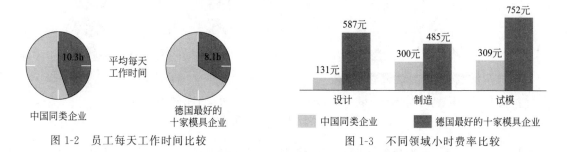

图 1-2　员工每天工作时间比较　　　　图 1-3　不同领域小时费率比较

如图 1-4 所示，除了人力成本较低外，这种竞争优势也得益于中国模具企业庞大的设备规模，可以实现较短的交货期。尽管设备已经具备了相当的规模，但中国企业仍在不断地投资新设备，并且许多中国模具企业在精铣的关键技术上进行了战略性投资。因此，中国模具企业由于相对较低的时薪和大型现代化的设备园区而具有竞争优势。

（2）中国模具企业在几个关键领域落后于德国模具企业　从图 1-5 可以看出，由于时效性和质量上的差距，中国模具企业出现延时交货和模具存在质量问题的情况较多。在客户二次检查模具后，中国模具企业生产的模具中仍有 21％没有达到客户的质量标准，而德国最好的 10 家模具企业生产的模具中这种情况发生的概率只有 9％。

此外，有助于提高效率的自动化手段在中国模具企业中使用得很少，只有一半的中国模具企业使用了工件堆垛系统。在我们调研的中国模具企业里还没有一家在模具制造过程中使用机器人，而在德国模具企业中，制造过程中使用机器人几乎是一种标准化配备。

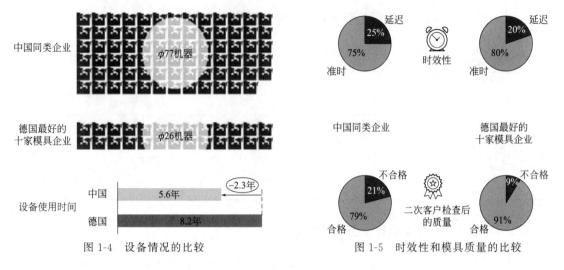

图 1-4　设备情况的比较　　　　　　　图 1-5　时效性和模具质量的比较

（3）中国模具行业需要关注的四个具体行动领域

① 规划。为了提高时效性，项目和零部件都应该详细规划，在模具项目级别和每个单独零部件的级别上进行规划是提高时效性的关键。因此，大多数成功的德国模具企业采用规划系统，通过系统化方法和规划软件提高流程清晰度，如图 1-6 所示。规划系统能够详细规划所有流程步骤并提供产能概况，以使相关人员掌握每一项技术的需求和相应的可用产能。为了提高时效性，规划系统中还应有进一步的算法来寻求生产作业的最优顺序。

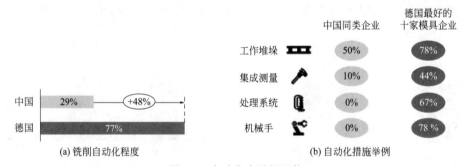

图 1-6　自动化水平的比较

此外，应该通过标准化的流程来提高交货时间的可预测性。提高时效性的第三个途径是定期的车间会议，首先在每个小组中讨论问题并直接确定解决方案。不能直接解决的问题，在所有部门领导参加的每日短会上讨论。

② 自动化。自动化解决方案有助于提高设备利用率。从图 1-7 中制造成本在整个流程链中所占的比例，就很容易看出德国模具企业采用自动化解决方案的好处。在德国，模具的成本只有 34％用于制造，而中国模具企业制造环节在成本中分摊的比例为 52％。主要原因是德国模具企业在铣削和电火花加工方面高度自动化，如图 1-8 所示。自动化是德国模具企业在过去 10 年里取得很大进步的关键之一。

③ 数字化和可视化。对许多中国模具企业来说，质量仍然是一个挑战。为了减少质量问题，重要的是在订单完成过程的早期识别错误。从图 1-9 中可以看出，中国模具企业有两成

左右的错误是在流程链的晚期发现的，如在试模时。这会大幅增加纠正错误所需的成本和时间。

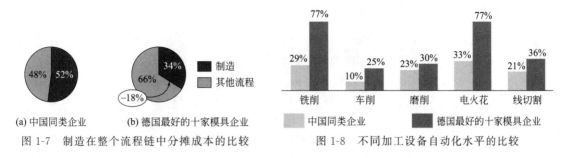

图 1-7	制造在整个流程链中分摊成本的比较

(a) 中国同类企业　　(b) 德国最好的十家模具企业

图 1-8　不同加工设备自动化水平的比较

图 1-9　质量问题发现早晚的比较

早期发现并纠正质量问题的关键是对质量的数字化跟踪以及在数字化车间看板上实现可视化，此外，也可以考虑应用帮助识别几何偏差的程序，如图 1-10 所示。大多数德国模具企业都意识到业务数据可视化的积极影响，因此，所有关于质量和改进措施的关键指标都在数字化车间看板上跟踪显示。采用可视化车间看板，业务数据在模具车间的所有区域都有可视化的展示，并且可设置预定义参数以持续监控制造过程。任何指标有显著偏差时，都会通知管理层。

(a) 数字化车间看板　　　　(b) 支持数字化的错误跟踪

图 1-10　数字化和可视化的改进措施

④ 刀具管理。结构清晰的刀具管理是实现高效率制造的关键因素。如图 1-11 所示，刀具管理不合理导致了中国模具企业在加工过程中需要更多的准备时间。如图 1-12 所示，通过集中管理刀具数据和专注于一定数量的标准刀具，可以有效提高生产效率。具体可以采用数据矩阵码（DMC）对刀具进行标记，并采用中央刀具管理系统登记、管理和调用刀具数据。这样，中央刀具管理系统可以记录刀具磨损情况，并在编程和加工过程中调用刀具的实际数据，提高加工精度。同时，结构化的刀具管理可以节省时间和空间，而刀具的标准化可以减少工件准备中的错误，便于更加清晰地排列刀具及其配件。

综上所述，中国的模具制造基础非常好，中国模具企业可以通过规划、自动化、数字化和刀具管理这四个具体行动领域来提高生产效率、产品质量和工艺质量，缩小与德国模具企业之间的差距，进而提高国际竞争力。

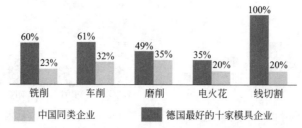

图 1-11 准备时间与加工时间的比较

(a) 刀具数据的中央收集　　(b) 专注于标准刀具

图 1-12 刀具管理的改进措施

1.1.3 工艺和加工精度仍落后于先进国家

由于加工模具零件的数控机床设备精度高、投资大，即使有的企业应用了高精度数控机床，但加工工艺水平、操机水平仍旧较低，所加工的动、定模零件加工精度也难以完全达到设计要求；有的企业在模具制造好后，再补画装配图。这样，装配图就起不到应有的作用。由于工艺装备及加工水平落后于国外，所加工的零件达不到零件化生产要求，如：数控机床所加工的大型模具的动、定模分型面配模时间，大多数模具企业至少需要在两三天以上，需要模具钳工用电磨头打磨；仅几个小时或半天内把分型面做好的较少。所以说，提高数控机床零件的加工精度非常重要，可缩短模具制造周期、提高模具质量。

1.1.4 企业管理水平落后

与国际先进水平相比，管理上的差距比技术上的差距更为明显。由于模具产业迅速发展，大多数模具企业还未从家庭作坊模式中脱离出来，管理粗放、生产效率不高，导致行业竞争力不强，经济效益不高，浪费现象普遍存在，企业发展存在瓶颈。

大多数企业的组织框架不合理，与企业发展的规模不相适应，质量体系不够健全，没有建立规范的三大标准（技术标准、管理流程标准、工作标准），技术沉淀工作薄弱，以行政手段代替技术管理的情况普遍存在。这些情况，导致模具设计、制造成本高，管理流程不规范，部门之间协调能力差、项目完成不理想，制造周期延长，质量达不做到客户的期望值，模具质量投诉时有发生。这些模具行业存在的通病，急需解决。

1.1.5 模具行业人才缺乏

模具企业最缺的是既懂模具结构设计、制造、验收，又有一定模具项目管理经验的人才。随着企业的发展壮大，管理人员平时忙于工作，没有时间去充电学习，提升自己的管理水平。即使有的到培训公司聆听管理课程，但理论课程偏多，同企业的实际没有有机的结合。

一些营运总监，对宏观管理夸夸其谈，但微观上却不知之所然。因为实战经验太少了，当部门碰到微观上的实际（技术性）问题需要解决时，模棱两可，容易下错结论。

随着企业的发展，模具行业招工困难、人员流动现象较普遍，用工成本越来越高。同时模具企业的综合型人才紧缺，设计人员、车间员工的素质及专业知识亟需提升。

综上所述，企业必须重视技术培训工作。今后企业的竞争就是人才的竞争，所以要重视人才培养，立足于自己培养人才，解决人才缺乏的瓶颈问题。

1.1.6　信息化和软件应用程度不高

除少数企业外，全行业绝大多数企业信息化水平仍旧较低。包括设计、分析与管理软件在内，二次开发水平比较低，达不到企业应用要求。管理落后还造成行业经济运行情况不佳，企业管理流程跟不上软件的需求。

1.1.7　标准件生产供应滞后

由于国内的模具行业标准不统一，各模具生产厂家之间没有形成一致的设计、制造规范，标准件库也不完善，使标准件生产供应滞后。

1.2　新时代工厂规划的思维与成果

随着现代科技的发展以及工业 4.0 的影响，新时代的企业规划已向智能化、自动化迈进，主要有以下发展趋势。

（1）以 MES 为核心，五大系统互联互通，提升企业经营效益。智能制造企业信息化的完整布局如图 1-13 所示。

PLM	ERP			WMS
数字化产品规划	财务	人力资源	采购管理	数字化工厂与物流规划
数字化产品设计	物料需求计划	主数据管理	订单管理	厂外物流管理
数字化产品验证	以MES为核心			厂内物流管理
数字化产品制造	生产计划与工单管理	质量管理	车间与人员管理	出货管理
企业级BOM及变更管理	物料管理	生产过程监控	生产文档管理	立式自动仓库
企业级项目管理	设备管理	报表管理	KPI和智能支持	自动运载机具
数字采集与监视控制系统	智能设备	网络与通信系统	物料定位	物料移动控制	人机交互系统

图 1-13　以 MES 为核心的五大系统互联互通的信息化完整布局

（2）从精密模具、关键零件出发迈向智慧工厂，如图1-14所示的智能化制造平台。

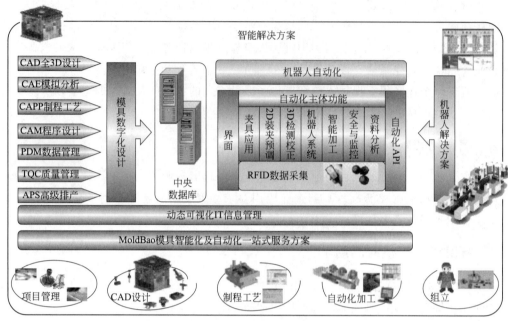

图1-14　智能化制造平台

（3）因工业4.0的影响，每个人或企业的功能都必须全面向4.0进化，颠覆所有产业的竞争条件，如图1-15所示。

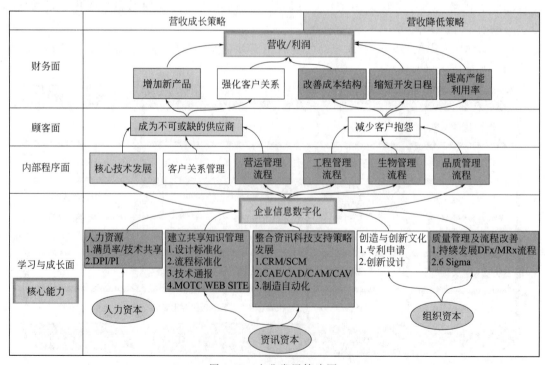

图1-15　企业发展策略图

（4）模具与注塑工厂全信息化循环回馈体系，如图1-16所示。闭循环式系统能使模具企业实时了解模具的使用状况，通过云端大数据可以得到有效的分析与回馈，这是模具企业进入世界级水平及不断自我蜕变的重要体系。

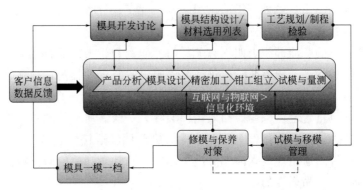

图 1-16 数字化工厂（全信息化闭循环回馈体系）

（5）全面流程数字化管理体系（A＋B产业管理模型），如图 1-17 所示。

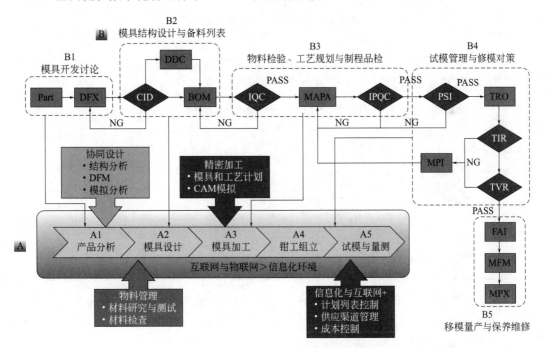

图 1-17 数字化工厂（A＋B产业管理模型）

1.3 质量管理的理念

1.3.1 产品质量的定义

产品质量是产品满足规定需要和隐含需要的特性的总和。质量的对象是实体，实体是指可以单独描述和考虑的事物，实体可以是某项活动、过程、产品、组织、体系或者人，或者是它们的任何组合。

1.3.2 质量体系的定义

质量体系是为实施质量管理所需的组织结构、程序、过程和资源构成的整体。

为了实施质量管理，必须建立健全质量体系，质量体系应围绕一定的质量方针与目标。质量体系应设有专门的职能部门，明确有关部门的职责和权力以及相互关系，规定完成任务所必须的各项程序和活动。依靠质量改进使之不断自我完善和提高，最终目的是使生产方和用户在成本、风险、效益上得到最佳组合。

有些人常常把质量管理体系与产品质量标准混为一谈。质量管理体系是保障质量目标和履行质量承诺的管理体系，包括整个管理体系的协调性、适应性、有效性和自我完善机制，是针对所有组织而言的通用规范；而产品质量标准只是针对产品的固有特性和功能提出的质量要求，是针对特定产品而言的。

建立一个完善的质量保证体系的任务比较艰巨，需要花精力去逐步建立。ISO 质量标准体系文件目录见表 1-2。

表 1-2 ISO 质量标准体系文件目录

文件类别	2000 版 ISO 9000 族标准细目
核心标准	· ISO 9000—2000 质量管理体系　基础和术语 · ISO 9001—2000 质量管理体系　要求 · ISO 9004—2000 质量管理体系　业绩改进指南 · ISO 19011—2001 质量和/或环境管理体系审核指南
支持性标准	· ISO 10012 测量控制体系 · ISO TR10006 项目管理指南 · ISO TR10007 技术状态管理指南 · ISO TR10013 质量管理体系文件指南 · ISO TR10014 质量经济性管理指南 · ISO TR10015 质量管理培训指南 · ISO TR10017 统计技术指南
支持性文件	· ISO 质量管理原则 · ISO 选择和使用指南 · ISO 小型企业的应用

作为质量管理理论发展的里程碑，ISO 9001 质量管理体系把狭义的质量管理体系变成了广义质量管理体系。表 1-3 中示出了狭义质量管理体系和广义质量管理体系之间的区别，从中可以看到质量管理理念的进步。

表 1-3 狭义质量管理体系和广义质量管理体系的区别

对比指标	狭义的质量管理	广义的质量管理
涉及产品	制造的货物	所有产品,包括服务
作业过程	同产品制造直接相关过程	所有过程
涉及行业	加工制造业	所有行业:制造、服务、政府
质量涵盖面	技术问题	经营问题
利益相关人	购买产品的用户	所有的人:内部、外部
如何考虑质量	职能部门的观点	规划、控制、持续改进
质量目标	在工厂目标内	在公司经营战略中

续表

对比指标	狭义的质量管理	广义的质量管理
不良质量成本	与有缺陷产品相关的成本	所有的成本
改进质量涉及	部门绩效	公司绩效
质量评价主要依据	符合工厂规范、程序、标准	对顾客需求的反映
质量管理培训	集中在质量部门	全公司
协调由谁来做	质量经理	企业高层管理者

图1-18中的表格展示了ISO质量管理体系2000年版的全部文件。

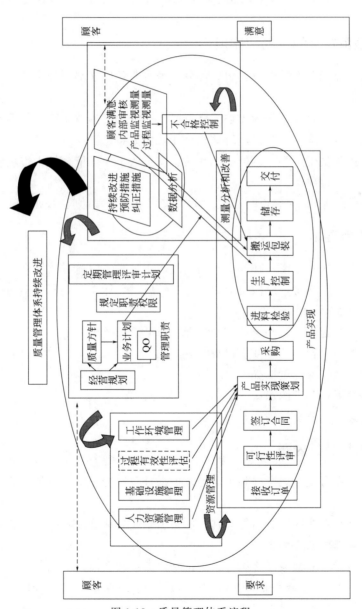

图 1-18　质量管理体系流程

1.3.3 质量管理的定义

确定质量方针、目标和职责并在质量体系中通过质量策划、质量保证和质量改进，使其实现管理职能的全部活动称为质量管理。

质量管理是企业管理的重要环节，能带动其它专业的管理。要达到质量方针和目标，必须具备相适应的人力、生产设备和检测设备，才能使质量控制、质量保证和质量改进有效地进行。

1.4 模具企业的质量方针和目标

1.4.1 建立质量方针的目的和作用

质量方针是企业经营方针的重要组成部分，是企业各职能部门和全体员工开展质量活动应遵循的准则。

（1）质量方针是以企业文化为支柱，坚持团队精神、依赖技术进步并不断改进，达到企业的目标、满足顾客要求，并与供应商共建合作伙伴关系。

（2）培养并提高员工素质，创造一个和谐、安全的工作环境，扩大市场份额并增加模具利润，降低设计、制造成本。

（3）模具质量达到并超过客户的要求，竭力为客户提供增值的服务，提升企业的综合实力。

1.4.2 质量方针要求

质量方针应保持相对稳定，在改进和提高产品质量时予以适时的修订。为了保证企业制定的质量方针的实施，各有关部门也应制定相应的质量目标作为共同行动的准则，定期检查贯彻落实情况。

最高管理者应制定、实施和保持质量方针，质量方针要求如下。

（1）适应组织的宗旨和环境并支持战略方向。

（2）为制定质量目标提供框架。

（3）包括满足适用要求的承诺。

（4）包括持续改进质量管理体系的承诺。

1.4.3 质量方针及其内涵

关于质量方针没有统一规定，各企业可以根据自身情况制定。模具企业的质量方针，可参考如下内容。

（1）质量方针是企业的行为指导准则，反映了企业最高管理者的质量意识，也包括满足产品要求所需的内容与基本要求。

（2）企业应及时全面地为顾客服务，满足客户需求和期望值。

（3）企业每个员工都了解企业的质量方针，以高度的职业道德，一丝不苟地做好本职工作。

（4）质量方针大致内容如下：用户至上、质量第一、恪守信誉、竭诚服务。

（5）企业目标应考虑自身规模的大小、产品结构层次、市场占有率与客户源的性质等。

1.4.4 质量目标

质量目标体现在企业年度经营计划中并使其为质量方针服务，具体内容如下。

（1）按期交模，降低设计制造成本（模具试模最多三次），实现模具利润空间最大化。

（2）保证模具质量，努力实现零投诉，打造企业的模具品牌。

（3）创新、优化模具结构设计，模具合格率达98%。

（4）制品没有成型缺陷，成型合格率达100%。

1.5 模具质量保证实施过程

图1-19所示是质量保证的实施过程。

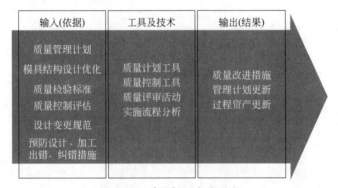

输入（依据）	工具及技术	输出（结果）
质量管理计划 模具结构设计优化 质量检验标准 质量控制评估 设计变更规范 预防设计、加工 出错，纠错措施	质量计划工具 质量控制工具 质量评审活动 实施流程分析	质量改进措施 管理计划更新 过程资产更新

图1-19 质量保证实施过程

1.5.1 模具质量保证实施的输入依据

（1）模具结构与设计方案的优化 这是模具质量管理计划输出结果，自然成为指导质量保证实施过程的依据。

（2）模具检验标准和质量控制评估 前者是质量检验的尺度，后者是质量检验的结果。

（3）预防纠正偏差措施和批准变更申请 这两项输入是过程完善中的循环输入。在模具质量控制中发现了质量隐患和质量问题，解决方案有三种：预防措施、纠偏措施、图样与计划变更。无论采取何种措施或方案，最终会循环输入质量保证过程，作为下一轮质量保证的实施依据。

1.5.2 模具质量保证实施的输出结果

（1）模具质量改进措施 质量保证实施可以视为一个持续改善的过程，发现质量问题需要提出改进措施，即使没有发现质量问题，设计和实施过程也需要不断优化、螺旋改进。

（2）管理计划更新 质量改进措施引发的其他管理计划的更新，有可能是节约预算和缩短工期，也有可能相反。但无论如何都需要在综合评估的基础上进行衔接，最后体现为集成管理计划（设计、制造、采购、验收）的更新。

（3）过程资产更新 上述质量改进措施和集成管理计划的更新，都将构成组织过程资产（在模具项目管理过程中指定的各种规章制度、指导方针、规范标准、操作程序、工作流程、行为准则和工具方法等）的新增内容。

1.6 质量管理体系构成

1.6.1 质量管理体系内容与要素

（1）建立并不断完善质量管理体系，是整个质量管理体系的核心内容，它将为质量保证奠定坚实的基础。质量管理体系由五个质量保证系统组成，如表1-4所示。

表1-4 质量管理体系构成

质量体系构成	质量体系内容
组织架构	1. 董事会通过质量第一的方针,总经理亲自抓质量问题 2. 质量指标落实在最基层工作单位(班组),人人有责 3. 成立专门的质量保证监管部门,配备最优秀工作人员
规章制度	1. 优化产品加工程序,编制操作规程,人手一份 2. 建立质量档案、技术档案,要求每天建立档案 3. 确立产品生产程序、检验程序和缺陷处理程序
质量标准	1. 达到客户99%的满意度,四个Sigma的产品合格率 2. 生产过程达到ISO 9000规定的质量体系标准 3. 产品达到国家检验标准(附各项技术指标细则)
资源配置	1. 配置精密质量检测设备,并创造合格的生产环境 2. 制定员工招聘标准,配备合格的工作和检测人员 3. 制定零件采购标准,保证原料质量
改进活动	1. 定期对员工进行培训,提高其技术水平和质量意识 2. 定期进行质量检查、评比会,以及质量问题分析会

（2）质量管理体系组织架构应至少包括如下三个要素。

① 高层领导在这个组织架构中所扮演的角色。

② 全体员工参与的方式和参与的程度。

③ 专业质量管理人员的配备以及所扮演的角色。

1.6.2 规章制度的保证体系

规章制度也至少包括如下三个要素。

（1）操作流程的规范制度。

（2）信息管理的规范制度。

（3）检验程序和变更程序的规范制度。

1.6.3 质量标准的保证体系

建立质量标准体系的原则有如下三条。

（1）必须有精确量化的质量指标。

（2）必须有具体明确而不是抽象含糊的质量要求。

（3）实施操作的细则需要有统一的术语说明。

1.6.4 资源配置的保证体系

资源配置至少包括如下三方面的要素。

（1）设备要素 配备必要的质量检验设备，并保证生产设备本身的质量。有的企业设备没有专人负责管理，设备完好率差，带病运转，零件加工精度自然就低。

（2）原材料要素 建立质量认证体系，保证原材料供应链的质量标准。

（3）人才要素 选择、配备、培训合格的工作人员和质量管理人才。

1.6.5 持续改进活动的保证体系

持续改进活动的内容并无定势，但一般都包括培训、检查、评比、问题分析、征集建议等活动。

1.7 模具质量控制体系

1.7.1 质量控制操作过程

项目质量控制的工作原理就是将项目实施的结果与预定的质量标准进行对比，找出偏差，分析偏差形成的原因，然后采取纠偏措施。图1-20所示的是质量控制的过程。

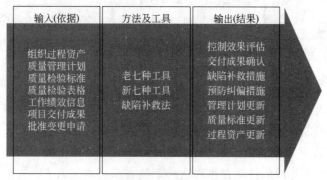

图1-20 质量控制操作过程

（1）质量控制的输入依据

① 新的组织过程资产。质量管理计划和质量保证实施的所有输出结果，都将作为新的组织过程资产输入质量控制系统。质量管理计划和质量检验标准是输入质量控制系统的尺度。质检表格是输入系统的绩效信息载体。有了尺子，也有了绩效考核结果，就可以对照两者发现偏差。

② 项目的可交付成果。项目的可交付成果是质量控制的标的物，其功能和效果需要在控制过程中进行验证。

③ 批准后的变更申请。无论是实施方法的变更，还是集成计划的变更，都需要输入控制系统进行验证。

④ 制品形状、结构设计与合同评审是输入结果。

（2）质量控制的输出结果 质量控制系统的输出结果，取决于对质量控制效果的评估，即实施绩效（方法及成果）与检验尺度（规范和标准）之间的偏差需要采取什么措施解决。评估结果可能出现三种情况。

① 如果偏差在容忍范围之内，就做出验收决定，即对项目可交付成果的确认。并将完成控制程序后的检验表格分类存档，补充组织过程资料，以便作为今后趋势分析的参考数据。

② 如果偏差超出了容忍范围，尚未产生后果的，需要采取预防纠偏措施，已经形成后果的，需要采取缺陷补救措施，如返工或零件重新加工。

③ 如果在实施过程中的零件产生加工偏差，就需要对项目整个流程以及涉及的要素进行调整，如更新质量检验标准、更新质量管理计划和其他相关计划，然后再将调整措施纳入下一轮的质量管理计划，形成更新的组织过程资产。

模具设计好并经客户确认后，需要评审，这就是输出评审。当客户对制品进行设计变更时，需要对 3D 与 2D 图样进行变更，变更后还需要输出评审通过。

1.7.2 质量控制管理流程 PDCA 法

目前，在项目管理实践中得到最广泛应用的质量管理控制流程，是质量管理大师非根堡姆首创的 PDCA 流程法。如图 1-21 所示，PDCA 是四个英文词的缩写，分别代表质量控制过程中的四个环节。

PLAN 是计划，制定质量管理的目标、要求、流程、程度等。

DO 是执行，实施质量管理计划，给予组织、标准、规章、资源等方面的保障。

CHECK 是检验，对照计划检查实施结果，发现缺陷及偏差并寻找原因。

ACTION 是处理，对缺陷和偏差进行规范化

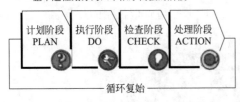

图 1-21 质量控制 PDCA 方法

处理，对无法进行规范化处理的，需要对流程及计划进行调整。然后，调整措施将被纳入下一轮的新计划中，形成一个循环往复的闭路流程。

质量控制的 PDCA 流程涵盖了质量管理中四个最重要的概念：预防、保证、检查、纠偏。预防和保证是为了将缺陷排除在过程之外，检查和纠偏是为了将缺陷排除在送达客户之前，PD 着眼于预防和保证，CA 着眼于检查和纠偏。PDCA 流程法创始于 20 世纪 50 年代，当时的起点环节不是计划，而是检查，因此当时的流程顺序应该是 CAPD，在 ISO 9000 体系诞生之后，才将计划环节改换为起始环节，成为 PDCA，由此可见一个明显的趋势：在项目质量管理中，预防为主的观念变得越来越重要了。

图 1-22 所示的是注塑模具项目质量功能展开图。

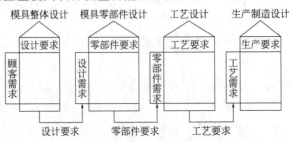

图 1-22 注塑模具项目质量功能展开图

质量控制 PDCA 循环法如图 1-23 所示。

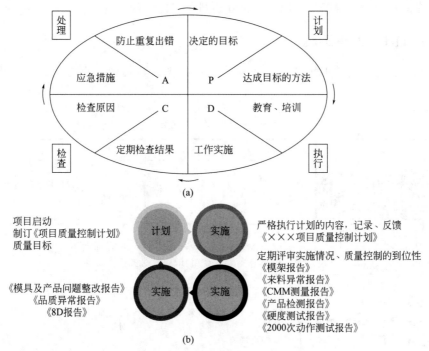

图 1-23 质量控制 PDCA 循环法

持续实施计划性设计质量评审是模具设计阶段重要的质量保证，对设计过程中发现的问题，及时采取纠正措施，达到提高设计质量的目的。

1.7.3 统计工具应用原理

（1）统计工具是质量控制系统中使用最频繁的工具，图 1-24 演示了其工作原理。首先是取样检验收集信息；然后在数据统计的基础上发现偏差和变异；分析判断变异的性质，找出偏差和变异发生的原因；对偏差和变异进行量化描述，通过沟通取得共识，以便采取纠偏措施。

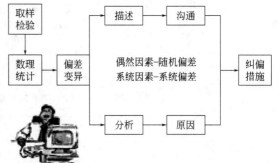

图 1-24 统计工具应用原理

（2）引起偏差和变异的原因基本上可以分为两类：一是偶然因素，二是系统因素。

偶然因素引起的偏差被称为随机误差，这类误差对产品质量影响不大，也不易识别和排除，或者在经济上不值得排除：例如温度及湿度的微小变化、原材料规格在标准范围之内的微小差别、操作者动作的微小波动、设备的波动和损耗等。

系统因素引起的偏差被称为非随机误差或系统误差，例如原材料规格品种误差、设备故障、操作失常或外部环境发生明显变故等，这类误差对质量影响较大，需要加以识别和避免，识别之后需要采取措施纠正。

（3）所有统计工具应用的宗旨，都是针对系统误差的，或者将系统误差从随机误差中辨别出来，筛除偶然因素，跟踪系统因素，排除质量不稳定的隐患。

1.7.4　常用的质量改善工具

表 1-5 介绍了质量改善七大方法：查检表、柏拉图、鱼骨图、直方图、控制图、散布图、层别法。

表 1-5　质量改善七大方法

方法	图形	用途	备注
查检表		收集数据用 1. 日常管理 2. 改善管理	帮助每个人在最短时间内完成必要的数据收集
柏拉图		决定改善主题 1. 明确改善的项目 2. 掌握重点不良项目，确定改善主题	以前几项为改善要点，可忽略后面几项
鱼骨图		改善、解析用 1. 找出不良原因，确定主要原因 2. 源流管理	透过原因分析，找出主要原因，提出改善对策
直方图		了解质量分布 1. 了解制程能力 2. 检查质量情况	了解质量的好坏
控制图	VCL ----------- CL ∿∿∿ LCL -----------	章程、制程现况的质量 1. 持续监控制程能力 2. 发现异状及时采取行动	生产中，质量确定的一种监控手法
散布图		分析两种因素之间的关系。找出结果(Y)与一项影响因素(A)之间的关系	$Y=f(A)$。找出 Y 与 A 的最佳关系
层别法		分析多种因素之间的关系。找出结果(Y)与多个影响因素(A,B,C)之间的关系	$Y=f(A,B,C)$。如固定 A,B 则可找出 Y 与 C 的最佳关系

1.8　模具企业的管理特点

模具企业是典型的面向订单的单件而多品种生产型企业，企业的管理特点如下。

（1）按订单单件设计生产的管理模式，即按项目设计生产的管理模式。

（2）为整机生产企业提供配套服务。所以 TQC（全面质量管理）的控制和保证能力是管理的首要目的。

① 时间的保证　如何按时交付模具，满足客户的时间要求。

② 质量的保证　如何满足客户的质量要求，避免模具失效。

③ 成本的控制　如何降低模具设计与制造成本，提高利润，使企业更好地发展。

（3）模具企业是技术和经验积累起来的行业，所以售后服务能力显得非常重要。工程服务是保证模具质量，减少反复修改的重要前提。售后服务包括以下内容。

① 与客户的技术沟通　充分了解客户产品的技术标准和要求，如有问题，与客户进行及时、有效沟通。

② 总结积累客户的需求、习惯和经验　经验和知识的积累是无形资产，应很好地总结并应用。

③ 工程改善　在丰富的经验和知识积累基础上，为客户提供工程改善建议，保证生产的产品质量稳定，生产效率高，帮助客户提升价值。

（4）标准和规则的执行者。必须具备快速的应变能力，以适应市场变化、客户需求变化、新技术的变化。

① 承接订单时，能够迅速回应客户何时可以交货。

② 客户计划调整时，能够迅速调整内部生产，以满足客户需要。

③ ECN（工程变更通知书）变更时，迅速回应客户是否可以更改，何时完成。

④ 准确迅速给客户报告模具进度，如设计、采购、生产的计划执行反馈及完成情况。

（5）模具制造与重复性制造的特点对比见表 1-6。

表 1-6　模具制造与重复性制造的特点对比

比较项目	重复性制造行业	模具制造行业
报价	产品标准价目表	专门报价
产品特点	标准产品	专门化产品
订单	销售订单	制作订单
成本	标准成本	实际成本
采购	按库存采购	按模具项目采购
交付	从完工货物中发货	试模合格后发货
工期	短	长
批量	大	单件
付款	交货付款	分期付款
计划重点	物料计划	车间作业计划
业务源头	预测驱动	订单驱动
关键计划	主计划	项目计划
内部管理方式	按零件编号	按模号
设计/生产关系	设计完成后生产	边设计边生产
工程更改	少	频繁
成本比较	与标准成本比较	与订单金额比较

1.9　模具企业的组织框架与管理问题

1.9.1　模具企业的组织框架

模具企业的组织框架是根据企业的规模、产值及产品结构而设定的，在组织框架基础上，合理地配置必要的人员，把各岗位的职、责、权分清。企业的组织框架要妥善解决方针与目标、成本与效益、质量与产值等矛盾。

如果企业组织框架不合理、机构重复、职责不清、执行力就会低下。组织框架要求扁平化、管理层级少，以便克服人浮于事、企业人员成本高的情况；同时消耗会变得更少，而决策效率会大大提高。

企业总经理根据公司规模、各部门的人员配置状况、管理运作情况，建立完善的组织结构，编制适用于本公司的组织框架图（职能部门）。

1.9.2　质量管理组织框架

质量管理部门组织框架见图1-25，模具质量检验员细分外协、采购件、加工零件、模具总装及成型制品等。

1.9.3　模具企业常见的管理问题

大多数模具企业的组织框架都是从无到有逐步搭建的。有的企业虽有职能部门，但组织框架不够完善，常见的管理问题也较多。主要根源还是企业的标准体系没有很好建立或不健全，缺乏准则和技术依据来衡量、制约各部门工作。

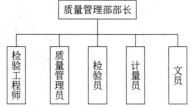

图1-25　质量管理部门组织框架

下面把模具企业组织框架不够完善与常见的管理问题描述如下。

（1）企业缺少品管部门，或者形同虚设。品管部门只是检测零件尺寸，判断尺寸是否合格，严重缺失工差标准、分析标准、品质改善体系，没有起到品质管理的作用，造成品质问题反复出现。有的企业的品管部门数据失实，甚至弄虚作假、报喜不报忧。

（2）由生产部门副总管理质检部门。生产部门关注的自然是尽快把模具产品送出工厂大门，同时控制成本。如果品质有问题，汇报给生产经理，明显会缺少独立性。所以，当产品质量不合格时往往会造成妥协，这就需要一个更有权威的人来喊停。

（3）没有计划部门，由生产经理自己管理计划。在大部分管理良好的工厂里，生产部门的业绩是基于每个生产车间的效率来衡量的。效率比是由计划所需时间除以实际生产时间得出的。如果计划所需时间设置得太短，效率比就会被人为地拉高了，那么生产经理就不必要求他的团队提高效率了。由谁来设定计划时间呢？很显然，应该是计划部门团队设定比较合适（每个环节的"标准"时间，由生产部门或工程师团队提供）。

（4）企业没有设备科，专人负责设备管理与维护工作。机床完好率差，有的操作员都不知道所操作的设备精度如何。有的企业没有专人管理刀具。

（5）大型企业没有工程中心和标准化办公室。有很多规模较大的模具企业却没有设置工程中心（简称IE）。但是，从长期来看，一个好的IE部门能帮企业节省开支。IE部门独立规划，时刻关注如何让工作变得更简单、更安全，如何让产品的品质更高、效率更高等。为了达到这样的目的，它会负责设计工模和其他工具，改善设计图纸和流程，重新配置设备等。有些企业往往是生产部门自主改善，生产部门每天忙于应付生产根本没有时间和精力去改善，改善也是短期行为。需要有IE部门站在第三方的角度去全面思考规划，从公司发展长远考虑如何改善，考虑长远投入、成本、效率等综合效益。

（6）没有合同评估和产品前期分析部门。前期评估部门应该是企业的核心技术部门，职能包括订单风险评估、技术生产风险评估、交付风险评估等项目前期风险评估工作。前期评估部门的有效运行可以有效预防90％以上的经营和生产风险。很多企业盲目接单，没有详细的风险评估，往往造成设计和生产等部门忙忙碌碌搞了几个月后仍不能顺利生产，效率、品质、交付、成本都会有问题，企业忙碌而不赚钱。谋定而后动，把风险控制在越前端对企业就越有利，但是很多模具注塑企业根本没有意识到这一点。

企业接了模具订单，没有专门组织对合同、客户的制品结构形状设计进行评审，只是在市场部谈好模具价格的基础上签订了合同，就立项交由技术部门去直接与客户沟通。这样，浪费了技术部门的大量精力去与客户沟通，有的甚至沟通不及时、不到位，导致设计反复更改的现象经常出现，影响了交模周期。

（7）不重视人力资源部门和培训工作。对人力资源部门不够重视，企业很少有战略级的人力资源管理部门。人力资源部门只是协助生产部门进行招聘、办理入职和辞职手续等，往往是配置2～3个人事文员而已。一个好的人力资源管理部门能提高员工的平均技能水平、降低流动率、创建强有力的企业文化，起到鼓舞士气、激励团队等作用。这样的职能应该至少与财务部门、日常管理部门、品质部门同样重要。

（8）职务职责不明确。没有规范的工作标准，发生问题互相推诿，工作就会有所顾忌。

1.10　模具企业质量管理体系的成熟度

模具企业质量管理的能力可分为以下五个等级，见图1-26。从图1-26中所列五方面内容对照企业的现状，就能知道企业质量体系的成熟度。

	自发的	可重复的	可控制的	被优化的	自适应的
学习机制	无反馈学习机制，成功主要靠运气	尚无反馈学习机制，成功率比较低	尚无反馈学习机制，成功率可持续	建立反馈学习机制，成功可以持续	形成持续改进创新机制，不断超越自我
量化指标	无质检量化指标，质量控制全凭经验	质量控制无系统量化标准，质量不稳定	初步建立量化指标体系，质量受到控制	绩效可量化分析，质量受到有效控制	绩效可量化分析，质量受到有效控制
信息档案	无信息档案，经验和教训无法积累	无信息档案，经验和教训无法积累	活动被记录成文档，成功率可初步预见	文档管理标准化，成功率可准确预见	文档管理标准化，成功已成平常标准
制度规范	无成文制度，质量靠人为因素保证	管理制度初建立，操作过程可简单重复	制度完善化，操作过程可规范化重复	制度完善化，操作过程可规范化重复	制度完善化，操作过程可规范化重复
流程定义	无固化流程，管理行为是随机的	管理流程初步定义，操作过程可跟踪	管理流程严格定义，操作过程可精确跟踪	流程细则被定义，操作过程可精确跟踪	流程细则被定义，操作过程可精确跟踪

图1-26　管理体系的成熟度

（1）自发的管理体系　模具是单一产品，所以每一副模具如同新产品开发。产品的开发没有形成固化的管理流程，操作过程无法跟踪；管理行为是自发的，头痛医头、脚痛医脚，没有成文的规章制度；模具项目的质量完全受制于人为因素，技术关键人不在，质量就无法保障，如果模具钳工的水平高、责任心强，这副模具质量就好一些；技术和管理信息没有形成文字档案，企业的技术沉淀工作没有；没有技术设计标准，即使有标准，其标准本身有问题，不规范或有错误存在；没有建立技术文件、设备档案；设备没有专人管理、定期保养、检查和维修；项目实施过程的经验和教训无法沉淀积累。对模具的设计出错、加工出错没有处理，只是通报一下；没有对出错原因进行及时分析、吸取经验教训，且使同样的错误不断重复发生；质量检验没有量化的验收标准，有的企业的质量管理人员不太懂模具的设计原理及要求，没有控制预防能力，直到事后钳工向质检部门反映才知道，然后通报一下质量情况，对质量问题的原因也不太清楚。

自发的管理体系的不足如下。

① 大多数模具企业，质量体系不健全，没有三大标准（技术标准、工作标准、管理标准），甚至老板就是标准，使人无所适从。原来主管人离职，新招来的又需磨合期，对企业的正常运转影响很大。

② 有的企业过分追求利润，为了节约用人成本，一人多岗，其实影响了工作效果和质量，浪费了人力。只想花精力赚钱，不肯花精力去提升模具质量。等到客户投诉，一边派人维修，一边想办法补救。笔者认为，模具企业创业时较困难，但经营了许多年的企业，当产值已达五千万以上的需要考虑提升企业能力，把企业做精而强。

③ 有的企业的会议繁长，而且有的是没有效果的会议。企业是经济组织，是以赢利为目的的，每一分钟都是成本，因此，不要占用过长的时间开会。

④ 企业管理流程有问题，没有规范的表格，重复工作，拙于填写，有的表格很不实用，徒于形式。

（2）可重复的管理体系　产品的开发已形成固化的流程，操作过程可以跟踪，管理已走向规范化，规章制度初步形成，项目实施过程已可以简单重复；但技术开发和管理活动还没有被记录成文档，项目实施过程的经验和教训无法积累，同样的设计错误、加工错误还在重复；质量控制还没有系统的量化标准，质量不稳定；企业缺乏反馈学习和培训机制。

（3）可控制的管理体系　在前一个阶梯的基础上，流程被严格定义，操作过程可以精确跟踪，管理规章制度已经完善化，项目实施过程已可以规范化地重复；技术档案和管理信息档案已经形成，成功可以被初步预见，同样的错误可以避免；质量控制的量化标准体系初步建立，质量受到控制；但由于还缺乏反馈学习机制，成功不可持续。

（4）被优化的管理体系　在前一个阶梯的基础上，技术和信息的文档管理已经走向标准化，并建立公用平台；质量的量化标准体系已经规范化，绩效可以进行量化分析，质量和成本受到有效控制；形成了反馈学习机制，成功已经可以持续。建立了规范的工作标准、流程标准（可操作简单、工作效率高）、设计技术标准。建立了模具档案。

（5）自适应的管理体系　在前一个阶梯的基础上，已全面应用了信息化管理软件，形成了持续改进的创新学习机制，不断进行自我完善、自我超越，取得更大的成功。

1.11　建立模具企业标准体系

"龙头企业卖标准、中等企业买标准、落后企业无标准"这是一句流行语。目前国内大多数模具企业没有企业标准，只是有些所谓的岗位责任制。企业没有设计标准、模具验收标准，总装图和零件图不规范（甚至出现错误）的现象普遍存在。模具设计没有档案或没有档案管理，有的企业甚至连新设备的说明书都找不到。上至老总下至员工无工作标准，对其工作内容与工作要求无明确规定，责任和权限不清，工作检查与考核无法进行。可想而知，企业没有凝聚力，即使四五千万年产值的模具企业也会出现瓶颈现象（模具质量不稳定、交货延期、员工和顾客满意度差等）。当模具市场行情不好的情况下，企业的市场竞争力就会处于劣势。

企业标准体系是把技术要求、管理要求、工作要求都纳入企业标准；上述的三方面要求就是三大标准，共同组成企业的标准体系，而其中的"技术标准体系"是企业标准体系的重要组成部分，是企业生产、经营和管理的重要依据。

1.11.1 企业标准化的基本概念

企业标准化的定义：为在企业生产经营管理范围内获得最佳秩序，对实际的或潜在问题制定共同的和重复使用规则的活动（这个活动包括建立和实施企业标准体系，制定发布企业标准和贯彻实施各级标准的过程）。

企业标准化实质上是 GB/T19001 规定的质量手册，程序文件是管理标准的一种形式，企业应充分利用已有的企业管理标准，并将质量手册、程序文件纳入企业管理标准体系。

企业标准化的要点如下。

（1）企业标准化可使企业生产、经营、管理活动的全过程保持高度统一和高效运行，从而实现获得最佳秩序和经济效益的目的。

（2）企业标准化的对象是企业生产、经营、管理等各项活动中的重复性事物和概念。

（3）企业开展标准化活动的主要内容是建立、完善和实施标准体系，制定、发布企业标准，组织实施企业标准体系内的有关国家标准、行业标准和企业标准，并对标准体系的实施进行监督、合格评价和评定并分析改进。这些活动应以先进的科学技术和生产实践经验的综合为基础。

（4）企业标准化应在企业法定代表人或其授权的管理者领导和组织下，明确各部门各单位的标准化职责和权限，为全体员工积极参与创造条件和环境，并提供必要的资源。

1.11.2 标准化在企业的地位和作用

（1）标准化直接为企业的各项生产经营活动，在质和量方面提供了共同遵循和重复使用的准则。利用标准化的简化、统一、协调、优化原则，对企业进行管理，优化生产经营管理，提高工作效率，是提高企业经济效益的有效手段，也是解决企业瓶颈现象的重要措施。

（2）标准化是现代化生产的必要条件。

（3）标准化是实现专业化生产的前提。

（4）标准化有利于加快新产品的研究开发，缩短生产周期。

（5）标准化可以使企业节约原材料和能源。

（6）标准化是稳定和提高产品质量的重要保证。

（7）标准化是实现管理科学和现代化的基础。

（8）标准化是不断提高企业技术水平的重要途径。

（9）标准化是保障生产安全、维护职业健康和强化环境管理的重要措施。

（10）标准化有利于促进信息系统的完善，推动企业使用高新技术，实现技术进步。

（11）标准化可稳定、保证、提高模具质量，为创建品牌打下坚实的基础。

（12）标准体系的建立有利于信息化管理，可促进新产品开发，缩短模具生产周期。

（13）标准化是模具企业申请认定高新技术企业的重要保证。

（14）设计技术标准化的重要意义：①有利于采用 CAD/CAM 技术，加速技术进步；②有利于模具技术的国际交流和模具的出口，便于打入国际市场，使模具设计能和国际接轨；③有利于企业职工的培训教育；④有利于企业节约材料和能源，节约工具和工装费用，降低生产成本；⑤有利于模具设计开发，提高设计效率，使设计规范化，并使设计人员摆脱大量重复和一般性设计，减少设计人员在制造中的麻烦，专心于解决模具中的关键技术问题，减少设计工时，使存在的问题更容易解决，使经验缺乏的设计者更容易上手；⑥提高客户对企业的信任度。

1.11.3 标准体系制订原则和要求

（1）设置标准化机构，配备标准化工作人员。

（2）标准体系应符合国家有关法律、法规和强制性的国家标准、行业标准及地方标准的要求。

（3）工作标准体系应能保证管理标准实施，管理标准应保证技术标准体系实施。

（4）企业标准化应遵循"简化""统一""协调""优化"四项基本原则。

（5）标准体系要层次分明地系统围绕企业目标、方针，以一定的格式、编号而建立、制订、修订、实施。

（6）积极采用国际标准和国外先进标准。

（7）充分考虑顾客和市场需求，保证模具质量，保护顾客利益。

（8）企业标准由企业法定代表人批准，并上报主管部门备案。

1.11.4 模具企业标准体系

（1）模具企业标准体系结构　随着企业规模的逐步壮大，需要逐步建立健全质量体系，建立各部门的管理标准体系。如图 1-27 所示的体系结构图、图 1-28 所示的体系层次结构图、图 1-29 所示的以模具产品为中心的企业技术标准序列结构图。

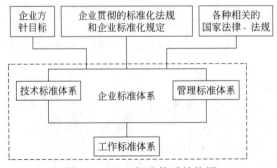

图 1-27　企业标准体系结构图

（2）模具企业标准体系

① 技术标准和技术标准体系　技术标准是对标准化领域内需要协调统一的技术事项所制订的标准。企业技术标准体系的序列结构形式如图 1-30 所示。

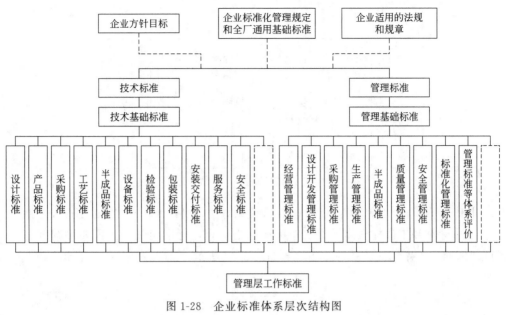

图 1-28 企业标准体系层次结构图

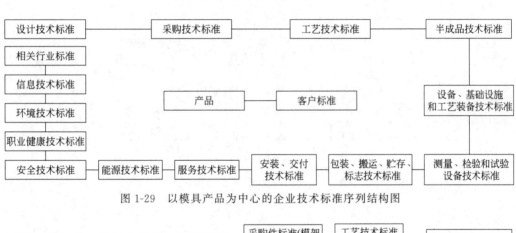

图 1-29 以模具产品为中心的企业技术标准序列结构图

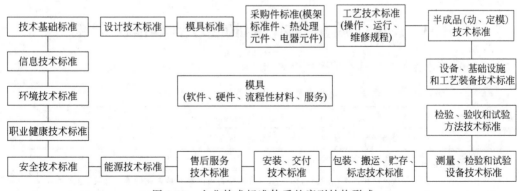

图 1-30 企业技术标准体系的序列结构形式

② 管理标准和管理标准体系 管理标准是对标准化领域内需要协调统一的管理事项所制订的标准。管理标准体系的结构形式见图1-31。

注：经营综合管理标准包括方针目标管理、市场营销管理、合同管理、财务成本管理、人力资源管理；设计开发与创新管理标准（模具项目管理标准）是指对设计和开发的输入输出

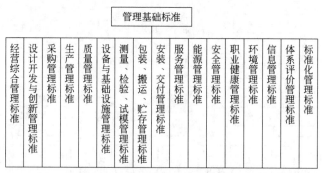

图 1-31　管理标准体系的结构形式

要求，对开发的每个阶段适用的评审、验证和确认方法，对设计开发方案的更改及控制等。

③ 工作标准和工作标准体系　工作标准是指对企业标准化领域内需要协调统一的工作所制订的标准。工作标准体系的结构形式如图 1-32 所示。

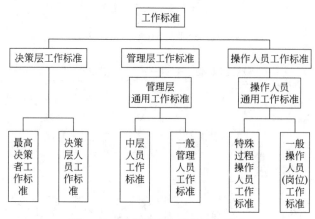

图 1-32　工作标准体系的结构形式

1.12　企业质量技术保证能力基本情况调查

企业质量技术保证能力基本情况调查见表 1-7。

表 1-7　企业质量技术保证能力基本情况调查表

项目	序号	评审内容	供方自评
系统管理	1.1	公司是否制订质量手册和质量方针？质量目标是否明确？	
	1.1.1	是否制订质量手册和质量方针？	
	1.1.2	是否清楚公司和各部门品质目标？品质目标是否可测量？是否在持续改善流程？	
	1.2	品质管理系统是否已制度化？品质部门是否已独立运作？	
	1.2.1	品质机构职责是否明确定义？品质部门是否独立运作？	
	1.2.2	是否有证据证明改善措施正被有效实施并得到监控？	
	1.2.3	是否定期对质量管理体系内审或外审？是否保存审核记录？	
	1.3	公司文件(图纸、规范、程序、作业指导书)管理是否已制度化？文件是否专责部门或人员负责？	

续表

项目	序号	评审内容			供方自评
系统管理	1.3.1	是否对客户资料(如:技术文件、合同、品质协议等)进行管理?			
	1.3.2	品质文件在发布之前是否经过权责人员评审并批准?			
	1.3.3	在文件使用处获得文件的最新版本,所有作废及更新文件及时被撤出使用地点,使现场保持有效、唯一的文件			
	1.3.4	文件是否由专责部门或人员负责? 是否建立文件的检索及更新档案?			
	1.4	现场使用的图纸、规范、程序和作业指导书是否均经过批准? 均处于受控状态?			
	1.5	是否编制员工培训计划,并有效实施?			
	1.5.1	是否对员工的培训作出规范并制订员工培训计划,保持完整的培训记录?			
	1.5.2	是否进行考试或评价员工是否胜任该岗位的工作?			
技术人才及设备保证能力	2.1	技术人才数量及经验	设计技术力量雄厚		
			设计技术力量中等		
			设计技术力量一般		
	2.2	制造人才数量及经验	加工技术力量雄厚		
			加工技术力量中等		
			加工技术力量一般		
	2.3	设备	加工能力强大		
			加工能力中等		
			加工能力一般		
	2.4	关键设备是否分类管理? 是否实行三级保养制度(日常保养、一级保养和二级保养)?			
	2.4.1	关键设备是否分类管理? 是否制订相应的管理文件?			
	2.4.2	是否制订设备维修保养计划? 是否有计划地进行关键设备检修? 是否日常维修作好保养记录?			
技术保证能力	3.1	是否具有专业的模具设计制作经验?			
	3.1.1	是否具有制作出口模具和复杂模具经验?			
	3.1.2	近两年是否设计制作过整套模具?			
	3.1.3	是否具有 5 年以上成套塑料模具设计开发和制造经验并成功开发了 8 套以上塑料模具?			
	3.2	是否具有完善的项目控制流程管理制度并严格执行?			
	3.2.1	是否制订项目控制流程管理办法?			
	3.2.2	是否具有清晰的项目控制流程图? 项目是否严格按照相应流程推进?			
	3.2.3	在模具产品实现过程,业务、跟模、工程、制造、品质等关键部门是否具有明确的部门职责?			
	3.2.4	在模具产品实现过程,前期技术沟通、模具设计、模具生产、试模、改模、模具交付各个阶段之间是否具有清晰的工作指引? 使项目顺利推进			
	3.2.5	是否编制模具项目计划表,并定期检讨项目的推进进度?			
	3.3	是否具有完善的模具设计控制程序? 书面资料和执行记录是否完全?			
	3.3.1	是否制订模具设计控制程序?			
	3.3.2	模具设计时产品设计、2D 设计、3D 分型各岗位是否具有明确的职能分工?			
	3.3.3	是否编制模具设计开发流程图,并严格按照相应流程进行模具设计?			

项目	序号	评审内容	供方自评
技术保证能力	3.3.4	是否制订公司内部的模具设计标准？	
	3.3.5	客户的技术要求是否以书面形式整理后发技术部门，使设计部门具有明确的设计依据？	
	3.3.6	是否进行客户资料、模具结构、3D分型和加工工艺等技术评审，并做好评审记录？	
	3.3.7	各项技术评审是否有明确的参与部门和人员？	
	3.3.8	设计图纸是否按照审批流程确认后方可下发？并做好下发记录	
	3.3.9	加工图纸更改是否有明确的更改流程和版本控制手段？	
	3.3.10	是否运用moldflow等CAE软件进行成型分析？	
	3.4	是否具有有效的修模管理制度，以提高修模质量	
	3.4.1	在模具修改阶段，跟模、工程、制造、品质等关键部门是否有明确的分工？	
	3.4.2	跟模工程师和客户的技术沟通是否做好记录？是否明确客户对制件整改要求？	
	3.4.3	跟模工程师是否编制模具修改单并下发工程、制造、品质等部门，并自身做好存档？	
	3.4.4	模具修改单内容能否清晰表达改模内容和改模要求？	
	3.4.5	产品或模具重大修改是否召开模具修改评审会议？是否制定最佳的修改方案？	
	3.5	是否具有数控编程技术规范？	
	3.5.1	是否具有数控编程工作指引？	
	3.5.2	是否编制现有数控刀具清单并发数控编程人员？	
	3.5.2	编程人员是否参与3D分型和模具加工工艺评审？以便优化模具的加工工艺	
	3.6	设计文档是否具有严格的管理办法？	
	3.6	是否只有设计人员才有权更改车间图纸，并签字确认？	
	3.6	车间图纸更改后工程部门图纸是否同步更改？使工程部和现场图纸保持一致	
供方来料管理	4.1	是否有明确的供应商管理制度（选择、评定和控制方法）并切实执行？是否建立了合格供应商名单？	
	4.1.1	是否建立明确的供应商管理制度？供应商引入是否经过评审？	
	4.1.2	是否有对供应商的质量状况进行动态监控、评估，对有质量问题的供方进行停货或淘汰？	
	4.1.3	是否建立合格供应商名单并及时更新？物料均在合格供方清单中采购？	
	4.2	进料检验管理体制是否已完整建立？	
	4.2.1	是否建立进料检验管理制度？是否对进货检验的职责、权限、测试流程等进行规范？	
	4.2.2	进料检验各项检验标准、作业指导书是否完整，并能有效指导检验员检验？	
	4.2.3	是否保存完整的检验记录？	
	4.2.4	进货检验，做月度分析、总结	
	4.3	是否建立来料不合格品处理流程？	
	4.3.1	来料不合格品是否有明确的处理流程和预防再发生措施？	
	4.3.2	是否对来料不合格品进行清晰标识并与合格品隔离，有效防止材料混用？	
	4.3.3	仓库的管理和环境是否符合模具的质量保证要求？	
过程控制	5.1	车间关键工序岗位和工序是否都有作业指导书，并切实执行？	
	5.1.1	车间关键工序现场是否有作业指导书？	
	5.1.2	关键工序员工是否经过培训、考试、持证上岗，熟悉本岗位的质量控制要点，并保存相关培训记录？	

续表

项目	序号	评审内容	供方自评
过程控制	5.2	重要零部件是否编制加工工艺流程卡,并按照相应工艺流程安排加工?	
	5.2.1	重要零件是否编制加工工艺流程卡?	
	5.2.2	工艺流程调整是否经过相关部门审核确认?	
	5.3	检验记录、物料标识是否完善,并可追溯?	
	5.3.1	模具零件、电极是否做好标识,方便管理?	
	5.3.2	是否明确地划分了工作区域,在生产现场,是否对各种工具、设备、工具柜的存储作了明确的标识?	
	5.4	是否编制《模具生产计划表》和《模具零件加工计划》,有计划地安排模具和零件加工?	
	5.4.1	是否编制《模具生产计划表》和《模具零件加工计划》?	
	5.4.2	是否定期讨论模具和零件加工计划,以保证模具按照客户时间要求交样?	
	5.5	是否建立严格的过程品质控制制度,以保证模具制作质量?	
	5.5.1	工序完成后,是否执行本工序自检,下工序复制制度,并做好相应的检测记录?	
	5.5.2	不合格品的记录/评审和处理方式有规定并严格执行	
	5.5.3	模具修改时,钳工是否核对每一个修改项都进行了整改,检查并评估是否达到整改要求?	
	5.5.4	模具修改后,是否经过品检复检?确保每一个修改项均落实整改并达到整改要求,才安排试模	
	5.5.5	模具烧焊是否经过相关的审批手续才允许操作,并保留审批记录?	
	5.5.6	试模后品检部是否进行样件检测并出具《样件检测报告》?核对是否达到改模要求?	
	5.6	是否重视试模环节,以试模环节作为模具制作重要的质量控制点?	
	5.6.1	是否具有专门的试模工艺人员?	
	5.6.2	是否要求跟模、工程和品质部门参与试模,及时了解模具试模情况?	
	5.6.3	是否填写《试模报告》?报告内容是否全面(包括试模参数和试模问题点)?	
	5.7	零件发外加工回厂时是否经过品管人员检验,并填写检测记录?	
成品控制	6.1	是否具有明确的成品检验标准和有效的指导检验作业书,并有效执行?	
	6.1.1	是否编制成品检验标准和作业指导书?	
	6.1.2	交模前是否经品管部检验并形成书面记录?	
	6.2	模具走模前是否逐一核对以前试模存在的问题已经彻底解决?	
	6.2.1	模具走模前是否下发正式通知,钳工提前检查模具准备交模?	
	6.2.2	品管部是否核对前期模具自身存在的问题都有效解决?	
	6.3	成品检验不合格品是否有规定审批处理流程并形成书面记录?	
品质改进与服务	7.1	是否制订质量信息管理办法?对公司内部及用户反馈的质量信息是否进行统计、原因分析,并采取质量改进措施?	
	7.1.1	是否制订模具质量信息管理办法?	
	7.1.2	是否对过程质量不合格信息进行统计和原因分析,并落实改进措施?	
	7.1.3	是否对日常影响品质的关键因素进行统一分析,针对性地制订相应的改善方案?	
	7.2	是否建立品质例会制度,定期对品质进行检讨,使品质压力在内部得到传递?	
	7.2.1	是否收集关键客户满意度意见,及时了解客户对公司的评价,加强合作交流?	
	7.2.2	是否定期对品质进行检讨,分析模的品质和进度是否满足客户的要求,使品质压力在内部得到传递?	

续表

项目	序号	评审内容	供方自评
计量管理	8.1	是否制定计量管理制度,并能有效贯彻实施?	
	8.1.1	是否对计量仪器管理进行规范?	
	8.1.2	是否建立仪器设备清单、计量台账,对设备校正状况进行跟踪,以避免设备校正过期仍在使用?	
	8.1.3	所有仪器、设备是否明确标识(如免校标签、校验合格标签、停用标签、禁用标签、校正合格的有效期等)?	
	8.1.4	计量仪器是否有检校报告?	
其它项目	9.1	是否具有强烈的合作意愿?	
	9.2	公司管理者是否具有较强的质量意识?	
	9.3	是否实行5S管理,工作场所和设备是否保持干净整洁?	

1.13 模具企业职能部门工作职责

企业的质量体系要求建立各部门的工作职责(其详细内容见各章),这样就可避免碰到问题互相推诿、相互扯皮,有利于项目顺利进行。

从下面几句话能了解到企业的各职能部门的作用:营销是企业的龙头(方向决定成败)、技术是企业的心脏、财务是企业的灵魂、生产是企业的创造力、采购是企业的保障、品质是企业的生命。

1.13.1 营销部门工作职责

(1)负责现有销售市场的维护和新市场的拓展,以促进公司销售市场的持续稳步发展。

(2)制订月、季、年模具销售接单计划,实现营销目标。

(3)做好客户来访的接待工作,准确把握客户的需求。

(4)收集市场动态,做好模具市场与客户源的分析工作,积极拓展新客户。

(5)做好模具的成本预算报价与客户价格沟通工作。

(6)负责合同审核、签订及收款。

(7)就制品形状结构、模具结构设计方案,与客户做好有效沟通与确认。

(8)协同项目部门做好进度跟踪和模具提交客户的工作。

(9)按模具合同,有计划地收款。

(10)收集客户对模具的信息反馈,负责组织与实施各相关部门对客户的服务;定期调查客户满意度,对客户不满意情况组织相关部门及时采取改进措施。做好售后服务工作,切实提高客户的满意度,达到零投诉。

(11)组织制定市场规划、市场销售策略,进行产品拓展等工作。

1.13.2 技术部门工作职责

(1)参与模具合同评审,审查质量能否达到技术协议要求。

(2)审查客户提供的制品形状、结构设计的合理性,如有异议及时提出,达到有效沟通。

（3）确认客户提供的设计数据的完整性与准确性，下达设计任务书，制订 BOM（物料清单）表。

（4）使每一副模具的浇注系统都必须有模流分析报告。

（5）按时完成设计任务，制订材料清单。

（6）所设计的模具须考虑成本与工艺，优化模具结构设计，对所设计模具的质量负责。

（7）做好技术部门的档案管理、图样文件发放工作。

（8）制订技术设计标准工作。

（9）建立信息化平台，设计软件开发工作。

（10）做好技术沉淀工作，设计出错及时通报总结，建立绩效考核奖罚制度。

（11）做好图样文件变更管理工作。

（12）做好技术培训工作，提升技术部门的综合设计能力。

（13）每副模具必须有设计总结，实现一模一档。

1.13.3　项目管理工作职责

（1）组织项目立项会议。

（2）制订项目目标计划。制定项目运营所需的成本/质量要求/时间节点要求，监督并反馈项目的进度。

（3）确认制品结构、形状设计的合理性，了解客户对模具的要求。

（4）收集并验证客户提供的资料、信息转化，负责有关此项目的问题并与客户进行及时、准确、有效的沟通。负责企业相关部门有关此项目的信息决策与沟通。

（5）协助技术部门做好设计进度管理与模具评审工作。

（6）督促采购部门做好物料采购工作及资源整合工作。

（7）关注模具成本控制，协调各个部门的项目实施。

（8）项目生产过程做到有效跟踪，掌握模具生产进度，及时解决项目异常问题，无法解决时向上级主管及时汇报。

（9）负责组织试模工作，确认试模后的修整方案，直至制品合格。

（10）保证模具项目顺利达标，由项目经理确认质量合格的模具才能入库和出厂。

（11）做好项目总结报告，协助技术部建立一模一档。

（12）收集客户的信息反馈，做好售后服务工作，解决客户反映的问题。

1.13.4　生产部门工作职责

（1）关注生产成本控制，合理安排车间人员和生产任务，避免待工现象发生。

（2）合理安排加工设备，保证设备的完好率。

（3）编制模具加工计划，抓好零件加工进度，按期完成模具生产任务。

（4）有效跟踪零件加工状况，碰到异常事情及时解决，如变更、加工出错等。

（5）加强工装、刀具、测量工具管理。

（6）做好上岗及技能培训工作。

（7）制订安全生产操作规程，并监督执行。

（8）积累各机床加工工时数据，建立绩效考核指标。

（9）严格按加工工艺加工，保证加工质量，杜绝加工出错。

（10）做好车间加工工时数据统计及模具加工的总结工作。

1.13.5 采购部门工作职责

（1）组织采购程序、采购监控、信息收集、价格体系等制度的拟订、检查、监督、控制及执行；组织对物资市场信息的收集和分析工作；实时掌控市场价格、技术信息，不断为公司推荐新产品、新技术。

（2）搜集、分析、汇总及考察评估供应商信息。按照企业的要求，筛选出合作的供应商。

（3）负责公司的原料、辅料、设备、配件的采购工作，负责采购合同的签订与审核。

（4）负责对所采购材料质量、数量的核对工作。

（5）按技术部材料清单订购，经质量部门确认后才可入库，不合格品进行退换货处理。

（6）负责办理交验、报账手续。

（7）负责保存采购工作的必要原始记录，做好统计，定期上报；负责对采购人员的培训、考核、评比、激励。

（8）负责审核申报的采购计划，严格控制采购成本。

（9）跟踪采购计划的执行进度，对异常情况随时做出调整，并及时上报。

（10）对所采购的物资、设备要有申购单并上报采购主管。

（11）协助做好物资采购工作。

（12）减少库存的单位保存时间和额外成本的产生，以达到存货周转的目标；总结经验，改进工作方式，提高效率，降低采购成本。

（13）采购人员的培训与管理，薪酬与考核管理。

1.13.6 质量部门工作职责

（1）贯彻执行企业的质量方针和目标，切实做好质量管理工作，提升企业的模具产品质量。

（2）负责组织公司质量管理体系的建立、维护和实施运行、监督、保持和持续改进。

（3）负责工程创优活动，参与模具设计与工艺等评审工作。

（4）负责组织调查、处理重大质量事故，组织各部门开展质量协调工作。

（5）负责质量工作统计、考核和相关人员的培训。制定质量管理规定，推行全面质量管理。

（6）负责工程资料的管理及协调档案移交工作。

（7）负责质量异常的加工零件的处理及鉴定。负责质量记录的统筹管理，定期进行质量分析和考核。

（8）按照技术文件编制检验标准和检验规范；组织实施对原材料、外协件、外购件、自制件的检验，以及对产品工序、成品的检验，并出具检测报告。负责公司质量工作的展开，如进料、重要工序过程控制、测量、试模点检、出货检验、产品检验等，并形成可追溯性记录。

（9）负责质量目标的建立、统计和监控；组织对不合格品的评审，针对质量问题组织制订纠正、预防和改进措施，并追踪验证。

（10）负责全公司产品的质量检验工作。负责模具总装、试模、成型制品检验，签发合格证。

（11）负责供应商提供的产品质量管理监控和年度考核评审意见。

（12）负责模具质量的回访。参与用户反馈意见的分析和处理。负责回复客户投诉并协助市场部处理客诉。

（13）负责计量管理工作，完成计量仪器的定期检定并做好检定记录和标识。

（14）完成公司交办的临时任务。

1.13.7　财务部门工作职责

（1）负责公司日常财务核算，参与公司的经营管理。参与模具项目合同评审和财务分析工作。负责总经理所需的财务数据资料的整理编报。

（2）根据公司资金运作情况，合理调配资金，确保公司资金正常运转。负责对财务工作有关的外部及政府部门，如税务局、财政局、银行、会计事务所等的联络、沟通工作。

（3）搜集公司经营活动情况、资金动态、营业收入和费用开支的资料并进行分析，提出建议，定期向总经理报告。

（4）严格财务管理，加强财务监督，督促财务人员严格执行各项财务制度和财经纪律。

（5）参与公司及各部门对外经济合同的签订工作。负责销售统计、复核工作，每月负责编制销售应收款报表。

（6）负责公司现有资产管理工作。负责全公司各项财产的登记、核对，按规定计算折旧费用，保证资产的资金来源。

（7）做好收款工作，并配合销售部门做好销售分析工作。

（8）负责公司全年的会计报表、账簿装订及会计资料保管工作。

（9）负责公司员工工资的发放，现金收付工作。

（10）充分运用会计资料，分析经济效果，提供可靠信息，做好经济周转工作。组织编制本公司的财务收支计划，绩效奖金核算，年度预算资料汇总，为公司决策提供依据。

（11）负责模具成本核算和利润核算，将模具成本计划和费用预算方案进行分解，逐步落实到各职能部门。

（12）督促本公司加强定额管理、原始记录和计量检验、绩效考核制度等基础工作。

（13）负责保管公司财务专用印鉴，并按公司财务制度使用印鉴。

（14）负责原物料进出台账及成本处理。负责外协加工料进出台账处理及成本计算。各产品成本计算及损益决算。

1.13.8　人力资源部门工作职责

（1）全面负责人力资源管理与开发工作，制定人力资源管理的方针、政策和制度。

（2）负责人员招聘活动，负责员工人事调整手续办理。办理员工人事变动及退休事宜。负责人员信息的完整及人事档案的保管。

（3）负责员工劳动合同的签订、档案管理和薪资管理工作，代表公司解决劳动争议、纠纷或进行劳动诉讼，积极和劳动部门联系，负责一般工伤事故的报案、处理、索赔。

（4）完善薪酬和激励制度，调动员工积极性，组织制定绩效考核制度，定期进行员工考核。

（5）负责企业员工的社保。

（6）全面负责工会各项事宜，组织开展各项活动，做好工会台账。

（7）负责对行政、工程、开发各类档案的分类、编号、注册、入档工作。

（8）做好档案信息化系统的数据维护工作。确保技术资料的绝对安全。

（9）抓好考勤制度，制订作息时间并贯彻执行。

（10）负责与政府有关职能部门保持联系，保证良好的外部环境。

· 第 2 章 ·
模具项目管理

项目管理是在有限的资源条件下，运用项目系统观点、方法和理论，对从项目策划到项目结束的全过程进行计划、组织、指挥、协调、控制和评价，以实现确定的目标。

项目管理无所不在，小到烹调，大到航空母舰制造。对模具企业来说，一副模具就是一个项目，一般注塑模具不会是重复的相同模具，它是单件生产。所以，模具项目更是一次性的，具有不可重复的独特性。

模具企业的项目与质量管理是技术性较强的工作，所以模具项目经理、质量管理者需要具备应有的综合知识。既要具有质量管理知识，又要懂得模具结构设计原理、制造知识、模具设计标准、加工工艺、成型工艺、制品成型缺陷原因及排除、模具验收标准及要求，还要求懂得模具的技术条件等知识。

如果企业能有一个既懂模具结构设计、制造工艺，又懂模具及注塑成型工艺和模具验收要求的、知识全面的资深专家把关，问题模具流入客户手中的情况就会极少。目前，大多数模具企业都是市场营销人员在负责管理，技术型人才来管理的企业极少。这种现象笔者认为不宜长期存在，只有大量的技术型人才充实到项目管理岗位，才能使企业做大做强。

大家都知道，注塑模具主要根据塑件形状与结构设计。有的客户对新产品的开发可能不成熟，会使塑件产品结构、形状的设计存在不合理性；会使模具设计增加难度、制品产生成型缺陷。这样，就需要变更产品设计，有时模具设计也要随着变更或者对模具进行修改。所以说模具项目有较多的不确定性因素存在，这就是模具项目的特殊性，也给模具项目管理带来一定的难度，有时需要双方（模具供应商和模具订购方）对存在的问题进行沟通来解决。

在模具合同规定的交货期内，模具的质量达到设计要求、成本在预期计划内受到有效控制，就说明这个项目完成比较理想。当交货期、质量、成本三者关系有矛盾时，项目经理首先要考虑交货期，在满足质量的前提下，把成本放在最后考虑。如果，模具质量一次性到位，少有修改，试模次数少，交货期就会缩短，这样模具的成本就低，赚取的利润就较高，并且在市场订单承接过程中具有独特的竞争优势。

大多数模具企业的模具项目尚处于摸索阶段，没有可参考的标准和模式，做好模具项目管理确非易事。

2.1 项目管理基本知识

2.1.1 项目的定义

项目是为创造独特的产品、服务或成果所进行的临时性工作；是必须在特定时间、资源和预算范围内按一定规范完成的，有明确目标或目的，有一系列独特、复杂并相互关联的活动。项目是一个任务，或者一系列任务，它们需要在特定的时间段内完成，而且有一定的成本制约，项目的目标是为了取得一定的成果。也就是说，项目是有限制的，它们都有一个明确的开始和结束。如果时间段不明确，或者目标不明确，就不是一个项目。

2.1.2 模具项目的特征与共性

（1）模具项目的特征

① 有明确的目标，满足三项性能指标（时间、成本、质量）。

② 必须要有协调的相关活动。

③ 有开始和结束的固定工作期限。

（2）模具项目的共性

① 一次性　所有的项目都有明确的开始和结尾，并以实现特定的目标为宗旨，而这个目标也构成了衡量项目成败的客观标准。无论成功还是失败，项目都不应该也不可能无限制地持续下去。成功的项目会在目标实现之时结束或转为运营；而失败的项目则在实现项目的必要性和可行性不复存在时终止。

② 独特性　注塑模具有非重复性的特点。因为它是单一产品，技术含量高、制造工艺复杂。

③ 渐进性　项目的实施过程，同其它项目一样，按规范的流程来体现一个目标逐步推进完善的过程。

④ 不确定性　导致项目非重复性的主要原因是外部条件以及实施过程的不确定性。同时它的订单取决于市场与客户的意愿，很难做到计划接单，更不同于别的工业、民用产品。

2.1.3 模具设计与制造的特殊性

模具设计与制造有以下特殊性。

（1）每副模具都是不同的，这给模具结构设计及制造带来了难度、增加了工作量。

（2）由于大多数制品是成套的系列产品，模具生产也具有成套性，订单会突然增多，很难做到计划接单。

（3）由于新产品更新换代和市场竞争，客观上要求模具生产周期越短越好。但是，模具项目导入的时间很短，往往一副模具洽谈花了很长时间，合同签订后，模具制造周期就非常短，有的需按天计算。

（4）对于模具项目来说，因制品形状结构较为复杂，制品设计很有可能存在问题，需要模具生产厂家与模具使用方相互沟通，并对制品进行变更，会占用很多的时间，影响了交模时间，同时也会影响模具的质量和成本。

（5）每副模具都需试模且试模后需修整，对制品最终测试装配后，才能判断是否合格。特别是汽车制品的模具较为复杂、难度大。因此，在模具设计与制造的管理过程中，必须预留试模和修整模具的时间。

2.1.4 模具项目工作结构

确定项目工作范围，规划项目工作结构分解。图 2-1 为某模具项目工作结构分解图。通过任务分解把笼统的、没有操作性的客户要求分解成不同阶段的细小的、容易控制和执行的、包含各种明确要求的、具有操作性的工作任务。最后让相关人员清楚项目的工作范围、工作量、各项工作所需时间，清楚项目组所需人员数量以及所需要的各种资源。项目启动时，项目工程师通过项目工作结构分解，让项目组成员迅速了解项目工作范围，并对项目工作范围进行确认，使他们明确各自的工作职责和内容，以便合理安排各自的工作。如项目范围发生变更，项目工程师应及时调整相应项目工作范围、项目成员的工作内容和职责，并及时通知相关人员落实和执行。

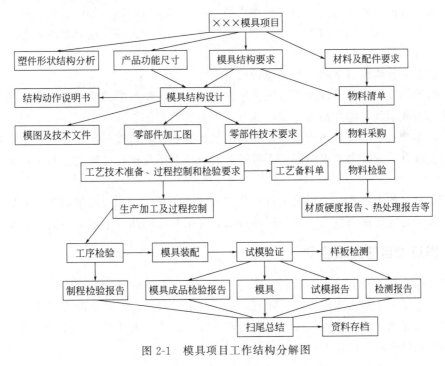

图 2-1 模具项目工作结构分解图

2.2 模具项目的合同管理

2.2.1 模具合同的评审目的

合同评审是指接到客户订单以后，为了确认是否能够保质保量地完成订单，对生产能力和物料进行确认，扫除生产过程中的不确定因素，避免因生产过程中出现解决不了的问题而影响产品质量和交货时间的一项活动。

合同评审实际上是可行性研究，是探讨此模具项目能否有把握做好？有无风险存在？通过合同评审可以达到以下目的。

（1）确保产品要求已得到规定，包括顾客明确提出或隐含要求、法律法规要求，特别是供需双方对合同或订单理解不一致的要求，并形成书面文件。

（2）对顾客口头订单和（或）电话订单，由模具项目管理部加以整理记录，形成书面文件，并采用传真等方式得到顾客确认。

（3）合同或订单中与客户端提供的资料与协议不一致的，要求给予解决。

（4）确认有能力满足已明确的要求。

2.2.2 合同评审的参加人员

参加合同评审的人员有：销售、技术、生产、计划、供应、财务等部门的具体负责人员和负责人。

2.2.3 模具合同输入评审内容

（1）审查合同、技术协议，对客户提供的资料数据进行确认，如模具的名称、数量、价格、交款时间及方式、制模时间、交货期、交货地点、注塑设备与模具是否匹配等。

（2）对客户提供的塑件形状、结构设计的合理性进行审查：是否存在妨碍模具设计制造的困难、是否有影响模具制品成型质量的问题存在。

（3）制品结构、形状设计是否合理及精度是否超过了塑件常规的公差范围，模具的制造精度要求是否能够满足塑件精度要求，成型周期是否苛刻。

（4）对客户提供的资料进行确认。客户提供的数据及其对模具技术协议要求合理否。

（5）审查合同的技术协议内容能否做到，分析模具项目在设计制造过程中，是否有风险存在？

（6）本公司的生产水平、市场管理等各种资源和质保能力能否满足顾客的全部需求。

（7）采购合同评审内容主要为合同的合法、完整及明确性，采购的目的及技术标准。

2.2.4 模具项目的立项启动

在招投标结束，合同签订之后。经合同评审，确认模具项目能够应对，才可报请总经理批准立项，并任命适当人选作为项目经理，给予一定的权责，同时企业高层要大力支持项目经理工作，最好能让所有成员在无压力下更熟悉彼此。然后由项目经理拟订项目计划，并召开相关部门项目启动会议，下达项目计划和要求。

2.2.5 模具合同管理内容

（1）合同的标的，即模具的名称、价格、型腔数、成型数、交款时间和方式、制作时间、交货时间、交货方式、交货地点。

（2）模具的具体技术要求：结构、材料、寿命、注塑机参数。

（3）制品的各项参数和尺寸精度、外观要求，装配及测试方法等。

（4）模具项目合同管理是对施工合同的订立、履行、变更、终止、违约、索赔、争议处理等进行的管理。

（5）模具项目合同风险管理是指对项目风险从识别到分析乃至采取应对措施等一系列过程。

（6）在承诺向顾客提供产品（投标、合同或订单接收）前组织有关部门对定型产品和特殊要求产品的标书、合同、订单进行评审。

（7）对模具进行成本核算和经济分析，报请总经理裁决，通过后立项。

2.3 模具项目范围管理

2.3.1 模具项目整体管理

（1）项目范围定义 项目所涉及的所有工作的集合。项目范围的管理是对项目应该"包括什么"和"不包括什么"进行相应的定义和控制。

（2）项目整体管理 项目整体管理贯穿项目启动到项目收尾，主要协调各个流程间的关系，也就是说对项目所要完成的工作范围进行管理和控制的过程和活动。主要内容包括：启动新项目、编制项目范围规划、界定项目范围、项目组成员对项目范围进行确认、对项目范围变更进行控制等。

（3）同项目管理范围相关的具体内容如图 2-2 所示。

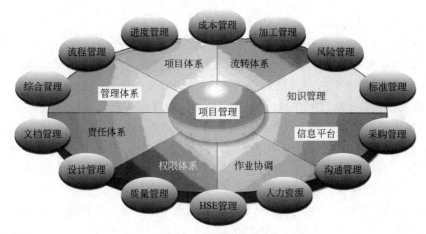

图 2-2 项目整体管理

2.3.2 项目管理的五个阶段

项目管理的整个过程经历五个阶段，包括项目立项启动、制定计划、执行、控制、收尾（和项目的后续维护）五个阶段。五大过程之间有着相互的联系，它们的关系如图 2-3 所示。从图 2-4 中得知整个项目过程是重叠性的，在各阶段内相互作用和在不同时间内的重叠。

项目管理领域在整个过程中的分布情况见表 2-1。

表 2-1 项目管理领域在整个过程中的分布

	启动	计划	执行	控制	收尾
集成管理		★	★	★	
范围管理	★	★		★	
时间管理		★		★	
成本管理		★		★	
质量管理		★	★	★	

续表

	启动	计划	执行	控制	收尾
人力资源管理		★	★		
沟通管理		★	★	★	★
风险管理		★		★	
采购管理		★	★		★

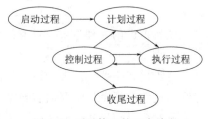

图 2-3　项目管理的五个阶段

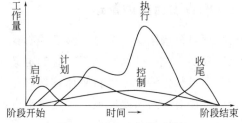

图 2-4　项目过程的重叠性

2.3.3　模具项目计划的制订与实施

（1）模具项目计划的制订

① 工作说明书。在项目开始之前，项目经理首先通过文控向所有项目成员下达《设计任务书》。《设计任务书》中规定了要完成的工作内容、模具的进度、模具的质量标准、项目的范围等与项目有关的内容，同时还含有项目有关人员的联系方式等内容。

② 模具项目计划的制订。在项目管理过程中，计划的编制是最复杂的阶段。模具项目计划编制要考虑模具设计与制造的整个过程中每个节点的时间安排，考虑实际问题的解决方案。如制品结构、形状的前期分析，模具结构、形状设计，模架及材料大件清单及采购，动、定模图样，制造工艺的编制，零件加工制造，零件检测，模具总装，试模，修整，模具及制品质量检测，交模等。

在计划编制的过程中，可看到后面各阶段的输出文件。计划的编制人员要有一定的工程经验，在计划制定出来后，项目的实施阶段将严格按照计划进行控制。今后的所有变更都将是因与计划不同而产生的。也就是说项目的变更控制是参考计划阶段的文件而产生的。

目前，一些企业为了追求所谓的低成本、高收益，压缩项目计划编制时间，导致后期实施过程的频繁变更。学过项目管理的人都知道，质量是规划、设计出来的，不是靠检查来实现的。有的企业过于追求产值，这样做既没有降低成本，也没有提高效益，利润空间较少。有的甚至导致项目的失败，造成客户投诉。

③ 进度表。包括起始日到项目终止日，所有排程均必须列入计划表内。

④ 项目分工。项目实施阶段是占用大量资源的阶段。在实施阶段中，项目经理应将项目按技术类别或按各部分完成的功能分成不同的子项目，由项目团队中的不同成员来完成各个子项目的工作。如果出现与计划相矛盾的地方或突发事情，项目经理要在第一时间内果断采取措施，进行现场解决，调整各节点的要求。

（2）项目实施阶段的管理计划

① 初步范畴说明书。

② 项目管理流程。

③ 企业环境因素（包括法律、标准、组织文化、关系人容忍程度）。

④ 组织流程资源。

（3）项目规划阶段的管理焦点

① 项目计划是否涵盖所有项目范围，所有成员是否投入。

② 关键时间点：项目计划表的检核点。

③ 关键要径：关键点在哪里，如果出现问题是否有替代方案？

④ 异议：利害关系人对此是否有异议？

（4）项目的执行关注点

① 每个项目都有四个限制："范畴、时间、质量、成本"，这四项彼此相关联，是否有必要取舍与折中。

② 必须清楚项目推行的职责，熟悉所需要时间及先后顺序。

③ 对各项计划节点必须进行整合。

2.3.4　模具项目管理评审输出内容

（1）模具项目过程有效性的改进决定和措施。

（2）与顾客要求有关的制品的改进决定和措施。

（3）与模具项目有关的资源需求的决定和措施。

2.3.5　模具项目管理过程中容易出现的问题

模具项目管理过程中常见的问题，主要是模具项目的不确定性，因此进行日常规划及事前检讨非常重要，更能显现项目管理的重要性。项目管理的目的在于使项目在预算内准时完成并取得成效，这就是监督与控制。如果知道项目偏离正轨，却没有采取任何行动，那只是"监督"并没有"控制"，身为项目经理无法处理偏离问题，那么这个系统只是监督系统，而不是控制系统。一般项目推进均有一定的容错范围，如果企业可以将偏差范围压缩到容许范围之内，仍然可以获得相当的利益。因此，项目经理特别要警惕模具结构设计出错、加工出错和零件报废的情况出现。有一定经验的项目经理对模具项目管理过程中常见的问题都比较了解，轻车熟路，可做到事前预防，减少问题的出现。

（1）人力资源不足，公司项目多而人员少，设计任务繁重。

（2）项目经理跟踪不得力，项目管理过程中出现了问题，没有及时发现。

（3）图样（3D与2D）同实际模具不一致。

（4）项目经理不得力，团队协调、执行力低，使项目延后。

（5）项目计划中的各项工作无法顺利衔接。

（6）项目计划中的工作时间会有"浮夸"的情况。

（7）项目计划、排程均变动。

（8）无法准确衡量项目进度或无法准时完成项目计划。

（9）超过预算。

（10）与其他项目资源冲突，如机床设备。

（11）合同签订细节不明确或技术要求（合同协议）的个别条款本身有问题，存在着矛盾，模具不好验收，造成纠纷。如成型周期过短、制品精度过高、变形量超出常规。

（12）制品的结构形状设计存在问题，更改频繁，使模具设计出现反复，占用了设计人员的精力和时间，降低了设计质量，延误了模具制造周期。

（13）客户提供的资料不全或存在问题，没有很好消化，就着手设计。

（14）沟通障碍和信息机制不及时、不准确、不完整。

（15）设计的源头存在着问题或设计出错，评审又没发现。

（16）文件管理混乱，版本发放错误。

（17）对产品的要求掌握不够透彻。

（18）不熟悉客户的设计要求，造成设计错误，评审时没有发现存在的问题。

（19）模架、模板材料、标准件清单和数量搞错。

（20）模板、标准件采购出错或时间延后。

（21）加工出错或加工不到位出现返工，如加工基准错误、对刀错误、刀具选用错误、编程问题、加工应力没有消除等。

（22）模具的设计进度和生产进度延后。

（23）上道工序质量有问题却流入下道工序，零件质量有问题却进行组装。

（24）检测误差，造成零件返工或报废。

（25）质量部门没有起到质量监控作用，事后发现或者总装才发现有问题。

（26）由于交模时间紧迫而需要经常加班，造成组员的情绪低落、效率低，影响模具质量差。

（27）模具质量达不到设计要求，不断进行试模，增加成本。

（28）试模后修整时间拖得较长，有的修整不到位，造成多次试模。

（29）制品外观和装配尺寸有问题，制品出现成型缺陷，问题排除和模具修整时间过长。

（30）缺少变更控制或缺少变更控制程序，所带来的问题。

（31）零件制造工艺问题。

2.3.6　模具项目质量管理的基本要求

（1）做好与项目有关的内外沟通工作，做好模具设计前客户的塑件结构形状设计评审工作，避免出现设计反复。

（2）项目经理要参加模具结构设计评审，从源头上关注模具结构设计有否问题存在、是否优化。

（3）项目经理要对模具项目的质量要求了如指掌；时刻关注模具的质量情况，事先应对模具制造难度、时间节点了如指掌，对模具的关键质量进行跟踪，加强检验，做到有效控制。要避免上道工序出了问题，没有发现，到下道工序装配时才发现，有的甚至试模时才发现，使模具质量达不到设计要求，项目完成时间延后。

（4）模具质量总检人员要懂得模具验收条件，把好质量关，避免不合格产品出厂，引起客户投诉。

（5）重视试模环节，懂得注塑成型工艺，能判断塑件成型缺陷的原因。避免产品和模具存在的问题没被发现，或者修整不到位、漏检、漏整改。

2.4　模具项目的时间管理

在目前激烈的市场竞争中，产品投入市场的时间往往也是成败的关键。注塑模具是高质量、高效率的制品生产工具，模具开发周期占整个制品开发周期的主要部分。客户对模具开发周期要求越来越短，不少模具供应商把模具的交货期放在第一位置，然后才是质量和成本。因此，如何在保证质量、控制成本的前提下缩短模具开发周期是值得认真考虑的问题。

模具项目时间管理就是指模具开发周期，包括模具设计、制造、装配与试模等阶段。任何阶段出现问题都会对整个开发周期造成直接影响，但有些因素的作用是根本的、全局性的。笔者认为，模具设计质量就是决定性因素。

2.4.1 模具项目进度计划

项目是有限制的，他们都有一个明确的开始时间和结束时间。如果时间段不明确、计划目标不明确，就不是一个项目。

（1）计划制定

在制定项目进度计划时，必须以项目范围管理为基础，针对项目范围的内容要求，有针对性地安排项目活动（设计计划、模流分析计划、生产进度计划、试模计划等）。

（2）项目计划的十要素

① 目的：为啥要做。

② 目标：模具项目的目标、客户的要求。

③ 方法：设计、生产、试模、验收等怎样做？

④ 人员及组织：由谁负责？

⑤ 时间进程：什么时候开始？什么时候交样？什么时候模具入库？

⑥ 怎样做：有关项目各部门（设备、人员、外协、采购等）逐项落实。

⑦ 成本控制：资金投入与周转、成本怎么控制？

⑧ 预案：设计变更、加工出错的应急措施。

⑨ 风险：如何规避？

⑩ 调控：资源整合，确保计划顺利完成。

2.4.2 模具项目计划衔接要点

表2-2提供了一个项目管理主要计划的衔接要点矩阵表，它基本上涵盖了项目管理八大知识领域中的主要计划。

（1）范围管理 工作范围的取舍决策，编制工作分解结构。

（2）时间管理 活动的排序，工时估算与工期计划。

（3）成本管理 资源需求计划，成本估算和成本预算。

表 2-2 项目管理计划衔接要点

集成管理计划衔接		范围		时间		成本		质量		人力		供应		风险		沟通	
		取舍	分解	排序	工期	资源	预算	标准	体系	授权	激励	采购	管理	识别	防范	发布	接受
范围	取舍				V	V	V	V				V		V		V	V
	分解			A	A	A	A	A		A		A		A			V
时间	排序		V		X	X	A					X	A			A	V
	工期	A	V	X		X	X	X	A	X		A	V	A		A	V
成本	资源	A	V	X	X		X	X		A	X	A	V	A		A	V
	预算	A	V	V	X	X		X		X	A	X	V	X		A	V

续表

集成管理 计划衔接		范围		时间		成本		质量		人力		供应		风险		沟通	
		取舍	分解	排序	工期	资源	预算	标准	体系	授权	激励	采购	管理	识别	防范	发布	接受
质量	标准	A	V	X	X	X	X		X			X		V		A	V
	体系			A	A		X		X	X	X	A	X	A	X	X	X
人力	授权		V	V	X	X	X		X			X		A	V	V	X
	激励			V	V	V			X	X		V		V	V	X	X
供应	采购	A	V	X	X	X	X	X	X				V	V	V	X	
	管理			V	A		A		X	V	A	A		V			X
风险	识别	A							X						V		
	防范				A	X	X		X	A	A	A	A			A	X
沟通	发布	A		V	V		V		X			A		X			V
	接受	A	A	A	A	A	A		X	X	X	X	X	A	X	X	

注：A 代表影响力的主动方，为计划衔接中的变量；V 代表影响力的被动方，为计划衔接中的因变量；X 代表互相影响力的关系，在计划衔接中互为变量和因变量。

（4）质量管理　质量管理目标和质量标准制定，质量保障体系的建立。

（5）人力资源管理　组织架构与授权模式，建立激励机制。

（6）供应管理　外部采购计划，建立内部管理程序。

（7）风险管理　建立风险识别机制，建立风险防范（控制）系统。

（8）沟通管理　信息发布计划，信息接受计划。

2.4.3　模具项目的进度管理

项目进度管理是指在项目实施过程中，对各阶段的进展程度和项目最终完成的期限所进行的管理。模具项目的进度管理主要是控制模具结构设计的时间、模具零件的加工时间、模具装配时间、模具试模的 T0 时间与交模时间。

模具项目时间管理的最大矛盾是客户定单交期总少于期望的制模周期。为解决该矛盾有三种办法可以尝试：一是项目洽谈阶段，争取让客户提供技术数据资料，提前进行模具结构设计，争取更多时间；二是项目成员积极参与前期洽谈和合同评审，尽可能提前了解客户需求、产品结构、技术规范和验收标准，以便签合同（定单）后能快速启动项目，避免挤占后期加工时间；三是采取有效措施，使模坯、大件物料的采购与模具的详细设计并行作业，压缩采购周期。得到确定的项目信息后，项目工程师首先明确项目工作范围、分解项目工作结构、评估各项工作所需时间。项目正式下达时，项目工程师邀请主管领导、职能部门领导和项目组成员，召开项目启动会，让大家确认项目范围和项目成员职责，同时组织大家讨论、制订、会签项目节点计划。然后各项目成员根据项目节点计划，编制设计进度计划、物料采购进度计划、模具加工进度计划。

（1）编制进度计划，对工期进行估算

① 进度计划编制的主要依据：项目目标范围，工期的要求，项目特点，项目的内外部条件，项目结构分解单元，项目对各项工作的时间估计，项目的资源供应状况等。进度计划编制要与费用、质量、安全等目标相协调，充分考虑客观条件和风险预计，确保项目目标的实现。进度计划编制主要工具是网络计划图和横道图，通过绘制网络计划图，确定关键路线

和关键工作，如表 2-3 所示。根据总进度计划，制定出项目资源总计划，费用总计划，把这些总计划分解到每年、每季度、每月、每旬、每日等各阶段，从而进行项目实施过程的控制。

表 2-3 模具项目进度计划表

内容	1	2	3	4	5	6	7	8	9	10	11	12	13	14	15	16	17	18	19	20	21	22	23	24	25
设计																									
订料																									
加工																									
装配																									
检查																									
试模																									

制订项目进展时间表，见表 2-4 和表 2-5。根据项目进展时间表，检查工程项目进度计划的执行情况，若发现实际执行情况与计划进度不一致，及时分析原因，并采取必要的措施进行调整或修正。项目进度管理的目的就是为了实现最优工期，多快好省地完成任务。但在模具项目时间管理中，很难做到越快越好，我们追求的指标往往是"准时"、"及时"。

② 模具结构分析　编制进度计划前要系统地剖析整副模具结构构成，包括各大系统的结构设计是否优化，实施过程和细节，系统规则地分解项目。将项目分解到相对独立的、内容单一的、易于成本核算与检查的项目单元，每个单元具体地落实到各责任者，并能进行各部门、各加工工序的协调。

（2）对项目计划进行控制，需要现场跟踪和调整

① 控制方法是以项目进度计划为依据，在实施过程（启动、规划、执行和结束）中，要对项目进度的实施情况不断进行跟踪、检查，收集有关实际进度的信息，比较和分析实际进度与计划进度的偏差，找出偏差产生的原因和解决办法，确定调整措施，对原进度计划进行修改后再予以实施。随后继续检查、分析、修正；再检查、分析、修正，以便随时发现问题，解决问题，直至项目最终完成。

② 对项目进度其实有两种不同的表示方法：一种是纯粹的时间表示，对照计划中的时间进度来检查是否在规定的时间内完成了计划的任务；另一种是以工作量来表示的，在计划中对整个项目的工作内容预先做出估算，在跟踪实际进度时看实际的工作量完成情况，而不是单纯看时间，即使某些项目有拖延，但如果实际完成的工作量不少于计划的工作量，那么也认为是正常的。在项目进度管理中，往往这两种方法是配合使用的，同时跟踪时间进度和工作量进度这两项指标，所以才有了"时间过半、任务过半"的说法。在掌握了实际进度及其与计划进度的偏差情况后，就可以对项目将来的实际完成时间做出预测。

（3）对模具生产进程进行有效控制的具体措施

① 应用信息化管理，更能有效地控制好模具设计和生产进度，做好模具项目管理，如使用表 2-6 所示的"模具进度跟踪管理表"。

② 项目负责人首先了解模具合同和客户要求、模具最终交货时间，尽量争取提早完成。项目总工时应该有一个应急的时间储备，工期计划的时间须尽量精确，应急的时间不能轻易动用，留有余地。

表 2-4 项目进度信息管理 1

计划制定日期：2012年10月18日
实际更新日期：

模具基本信息	部门	制造流程
模具名称：		产品评审
模具编号：		开模反馈
型腔数：		模架开框图
成型材料：		模架完整图
缩水率：		动模芯3D图
注塑机机吨位：	设计	定模芯3D图
模具大日程		斜顶3D图
T1时间：2012年11月10日		镶件3D图
MP时间：20 年 月 日		定模芯2D图
		动模芯2D图
模厂相关负责人		斜顶2D图
项目：		镶件2D图
设计：		其它3D图
采购：		其它2D图
钳工：	采购	全部模架
调度：		定模芯料
		动模芯料
		斜顶料
		热流道
		其它材料
	制造	CNC
		EDM
		散件加工
		组配
		省模、晒纹
		总装
		试模

说明：
■ 计划　☆ 提前　√ 实际　○ 已完成　△ 延迟

（月份：10月份、11月份；周数 2～7）

T1试模

备注：
会签：

表 2-5 项目进度信息管理 2

钳工：		计划
		实际
调度：		计划
		实际
采购	定模芯料	计划
		实际
	动模芯料	计划
		实际
	斜顶芯料	计划
		实际
	热流道	计划
		实际
	其它材料	计划
		实际
	CNC	计划
		实际
	EDM	计划
		实际
制造	散件加工	计划
		实际
	组配	计划
		实际
省模 晒纹		计划
		实际
总装		计划
		实际
试模		计划
		实际

说明		
■	计划	提前 ☆
√	实际	已完成 ○
△	延迟	

备注：

会签：

部门 | 制作流程 | 周数 | 月份 | 星期 | 日期 | 计划／实际

产品评审
开模反馈
模架开框图
模架完整图
设计
动模芯3D图
定模芯3D图
斜顶3D图
镶件3D图
动模芯2D图
定模芯2D图
斜顶2D图
镶件2D图
其它3D图
其它2D图
全部模架

10月份　11月份

模具基本信息

计划制定日期：2012年10月18日
实际更新日期：

模具名称：
模具编号：
型腔数：
成型材料：
缩水率：
注塑机吨位：

模具大日程

T1时间：2012年11月10日
MP时间：2012年11月10日
20　年　月　日

模厂相关负责人

项目：
设计：
采购：

表 2-6　模具项目进度跟踪管理表

模具名称编号			产品名称		材质收缩		外观要求			接单日期	
设计担当			钳工担当		CNC担当		计划 T1			合格交样	

序号	部件图片（名称、图号）		月 1 2 3 4 5 6 7 8 9 10 11 12 13 14	日 15 16 17 18 19 20 21 22 23 24 25 26 27 28 29 30 31 32 33 34 35 36 37 38 39 40 41
1		工序流程	0 : → → → → → → → →	→ →
		工序流程	0 : → → → → → → → →	→ →
		计划		
		实际		
2		工序流程	0 : → → → → → → → →	→ →
		工序流程	0 : → → → → → → → →	→ →
		计划		
		实际		
3		工序流程	0 : → → → → → → → →	→ →
		工序流程	0 : → → → → → → → →	→ →
		计划		
		实际		
4		工序流程	0 : → → → → → → → →	→ →
		工序流程	0 : → → → → → → → →	→ →
		计划		
		实际		

③ 当模具结构设计好后项目经理应及时提供给客户确认，尽量避免设计反复如果工作量增加，会无形之中延长设计周期，从而影响交模时间。项目负责人要高效地实施项目、加强动态管理；特别是中途的设计变更和加工出错处理，需要变更项目实施计划，压缩工期，加以调整。

④ 充分利用企业现有设备资源，合理安排使用，如企业模具订单任务较多，设备负荷较大的情况下，可考虑外协解决（外协单位应为"供应商"评审合格的单位）。

⑤ 项目经理要对模具工期进度控制，必须对模具动、定模的制造节点心中有数。估算零件加工工时，进行进度监控，督促有关施工人员按日、按时、按质完成。如果零件加工进

度延后，就需采取相应措施设法解决。

⑥ 根据编制的模具加工工艺规程（也可由丰富经验的模具钳工直接编制工艺来缩短设计进度），合理安排工艺路线，注意成本控制。

⑦ 加强现场已加工好的零件质量确认，发现问题及时解决。

⑧ 要特别关注模具总装和试模的工作能否按时完成，如有问题要采取相应措施。

⑨ 对 T0 试模的模具、塑件抓紧检验，如有问题要及时正确判断，下达修改结论，修整到位再进行 T1、T2 试模，直至合格。

⑩ 规模较大的模具企业，采用 ERP 信息化管理，提高效率。

⑪ 建立标准库，实施模具模块化设计，提高设计效率，减少设计出错。

2.4.4 模具项目的工时估算

2.4.4.1 工时、工期、期限

在项目的时间管理中，有三个基本概念需要搞清楚：工时、工期、期限。工期不等于工时，总工期与总工时之间有一个系数，就是资源（尤其是人力资源）的投入。工期也不等于期限，工期与期限之间的时间差是浮动时间。

期限往往在项目计划形成之前就预定了，通常作为约束条件输入工期计划。因此我们通常都是在期限已知的情况下，以估算出的工时累加来推算总工期。如图 2-5 所示，计算总工期有两种基本方法。

① 顺计时正推法 即首先确定项目最早开始时间，然后逐一累加每项工作任务的工期，直至计算出整个项目的最早结束时间。最早结束时间与项目最后期限之间的时间差，就是项目的总浮动时间。

② 倒计时逆推 即首先确定项目最迟结束时间，然后逐一减去每项工作任务的工期，直至计算出整个项目的最迟开始时间。最迟开始时间与项目可能的最早开始时间之间的时间差，即是项目的总浮动时间。

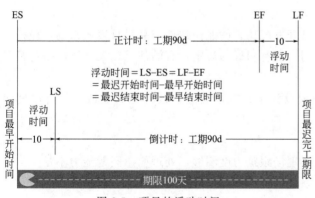

图 2-5 项目的浮动时间

图 2-6 利用时闽的排序原则

2.4.4.2 模具项目的工期、工时估算关注点

（1）整个项目工期进度是在所有工时汇总的基础上编制的。

（2）当项目中节点活动的属性更新，每一次的工时估算需要变更。

（3）模具零件的加工工时估算一般指有专项特长和特殊经验的工作人员根据自己所掌握

的知识和经验估算项目工作所需的时间，一般正确率能达到80%。

2.4.5 模具项目时间管理方法

（1）节约 节约就是要学会挤时间，所有的机动时间都是从各项活动中一分钟一分钟地挤出来的。省略不必要花费的时间，为项目积累一笔可观的时间财富。

（2）放权 放权是减轻领导负担的一个有效办法。事必躬亲往往是造成项目经理忙不过来的一个重要原因，而造成事必躬亲的原因往往是由于计划粗放、制度疏漏，一线工作意外事件频出，经理就像救火队员一样穷于应付。临时决策越多，完善计划和制度的时间越少，于是一线的漏洞就越多，按下葫芦浮起瓢，进入恶性循环。如此，项目经理不但自己辛苦，而且造成下属的依赖思想，凡事宁愿窝工也要等待上级做决定。既然如此，不如把一线处理问题的决定权下放，让下属成员分担更多决策的工作负荷，把更多的精力和时间放在制订计划和进度跟踪上。试想一下，若能设计出一套好的控制计划，设置好项目重要的控制点，许多决定还需要您亲自做吗？整个团队还会因为等待决策而窝工吗？

（3）优化 优化的最主要方法是排序。实际生活中，我们每天都会做出无数个排序的决定。如重要性指标，每个人都不难做出排序选择。然而，麻烦的是我们常常需要在许多相互冲突的指标中进行排序，尤其是碰到紧迫性指标（制品设计更改、模具设计更改、加工出错变更）的干扰时，就不能按原来设计的排序来进行了。所以把模具项目中每天面临的事情，按重要性和紧迫性两个指标分为四个象限，如图2-6所示。右上象限里是既重要又紧迫的事情；左上象限里是重要但不紧迫的事情；右下象限里是紧迫但不重要的事情；左下象限里是既不重要也不紧迫的事情。

（4）控制缩短零件加工和模具制作周期。

① 定期检查项目的推进进度，利用项目进度管理工具、时间表检查、控制项目进度。

② 工艺编制要合理，改善模具加工工序。

③ 避免出现加工出错、返工等现象。

2.4.6 避免交模时间延后

模具是新产品开发的工装设备，模具开发成功，就能使塑件产品早日投放市场，赢得了产品的竞争时间。所以模具交货期在合同上都有明确的规定，有的甚至按天计算。引起模具交货时间延后的原因如下。

（1）设计能力不够、缺乏经验，造成设计出错或模具结构设计重大更改，设计时间过长，占用了模具制造周期。

（2）成型零件制造加工出错与返工。

（3）项目的组织、部门之间的协调、现场跟踪力度不够，处理应急问题能力不足。

（4）公司流程、企业文化、质量体系、执行力等存在着问题。

（5）数控加工设备精度达不到设计要求，增加了配模工作量。

（6）钳工装配技能水平达不到要求。

（7）试模发现问题，但没有一次修整到位，导致修模时间过长。

（8）模具订单数量超过产能，没有按计划接单。

2.5 模具企业的人力资源管理

模具项目的人力资源管理就是把模具项目有关的人员（设计、采购、加工、模具钳工、注塑成型工艺、质量管理、检验人员）整合在项目经理管理之下，目标一致，同心协力完成模具项目。

项目人力资源管理包括制订人力资源管理计划、项目团队组建、团队建设和管理的各个过程，不但要求充分发挥参与项目的个人的作用，还包括充分发挥项目负责人、客户、所有与项目有关的人员，为项目做出贡献的个人及其他人员的作用，也要求充分发挥项目团队的作用。

人力资源管理要求建立各部门、各岗位的工作标准，规范各岗位的职能，使人尽其职、人尽其才，预防人浮于事的现象存在。

2.5.1 模具企业的人力资源开发

由于模具企业技术型的管理人才缺乏，以行政手段代替技术管理的现象普遍存在，可以说是整个行业的通病。容易导致各职能部门管理不得力、执行力低下，使模具交货时间延误，模具企业的利润降低。

企业要根据自身的组织框架、产品结构、产值等具体情况，设置岗位、配备人员。做好模具企业的人力资源开发工作，要注意以下几点。

（1）重视人力资源开发工作 做好人力资源开发工作是解决目前模具企业用工紧张、跳槽频繁问题的关键。

（2）人才的开发 目前，模具企业技术型的设计人员、项目经理紧缺，更需要重视第二梯队人才的培养。企业要发展靠人才，市场的竞争可以说就是人才的竞争。

（3）找对人选对人，才能用对人 找对人决定事情的成败，如果找错人，使这个人"坐到了自己不合适的位置上"会出现外行来领导内行的现象，可想而知执行力大大降低，这个的人的压力也一定会很大，又怎能胜任呢？

（4）企业需要建立有利于人才成长的平台 为什么有的人不愿当骨干，因压力太大，担心自己的能力不行，怕工作搞不好，这样的人有自知之明。但也有的不愿当骨干是因为报酬与付出不相称。

企业如果没有激励的工薪机制，员工跳槽现象就会频繁出现。企业关爱员工，员工才会安心在企业工作，实现人生价值。企业要根据员工在企业所创造的价值，给予合理的报酬。如有的企业跳槽员工回到原单位比没有跳槽的员工工资高，能力水平却是后者好，这样的结果会严重地影响员工的工作积极性。企业用工只有双方满意才能达到共患难、同享福，才能成为真正的一家人。

（5）企业用人要任人唯贤，不是任人唯亲 有的企业是家族式管理企业，用人唯亲，而不是任人唯贤。企业由于用人不善，效益不好，没有把人力资源充分开发出来，是最大的浪费，而且会挫伤广大员工的积极性。

（6）人无完人，要求根据个人特长扬长避短地培养和使用人才，让最擅长的人替你做事、让专业的人做专业事。

人才使用要求人尽其才，可分四个等级：高层管理者；中层管理者；车间管理者；一般技工。而模具企业有高层管理人才、项目与质量管理人才、设计人才、模具技师、工艺师、成型工程师、检测人员、操机技工等。

（7）人才培养开发立足于本企业　有的企业不是立足于自己培养人才，而是到别的单位挖人（加工资），甚至有的通过猎头公司招聘中、高层人才，被招聘的人员不一定能完全发挥作用。要知道所挖的人不一定是所需要的理想之人，因为对所挖来的人也不一定了解；有的自荐信写的很好，但且多数言过其实。另外，新来的员工，大多数需要一定的磨合期，由于工作环境不一样，有的还会水土不服。所以说，骨干人才还是立足本业培养好。

（8）重视人力资源的开发工作　人力资源开发工作，首先要解决企业的自身问题，不能长期把技术人员作为机器人使用，不要到人才紧张、短缺时才去想方设法到别的单位挖人，实在没办法才被动地考虑培养人才。

对于模具企业来说，技术型的人才需要建立有效的培训机制，需要投入一定的资金来开发人才、培养人才。

（9）企业不宜搞形象工程　有的企业大搞形象工程，照搬大公司的规章制度。如：宁海有家单位，照搬了富士康的管理制度和广东一家模具企业的管理流程，应用于模具企业，结果适得其反，弄巧成拙。

（10）人力资源部门没有从员工角度去调查员工满意度，往往是只走了形式，实际起不到应有的作用，因为没有了解到员工的真正呼声、意见和建议。

2.5.2　企业获得人才的途径

人力资源工作中最重要的是员工招聘。企业人才招聘要慎重，首先招聘人员一定要了解模具行业各岗位的技能水平要求；否则，虽有试用期，但还是要付出一定的成本费用。

选拔人才常用的三种方法是面试、笔试、试用，尤其试用不能省略。

获得人才的五种途径（图 2-7）如下。

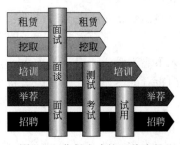

图 2-7　获得人才的五种途径

① 租用人才是一种特殊形式的定向选聘，这种方法比较灵活，有了问题招之即来，解决了问题挥之即去。

② 从模具行业的其他企业中挖人，不很道德，一般成本较高。

③ 通过内部培训选聘，因为对他的技能水平都较了解，试用期可免，只需要面试和笔试了解培训需求并测试培训效果；在选定目标之前应该进行业绩调查。

④ 通过资深人员举荐。

⑤ 招聘。

2.5.3　模具企业的技能培训

多数企业，新进员工没有上岗培训，让员工自己去摸索、磨合。如果新员工不熟悉工作程序和标准，工作效率明显低下，设计出错率相对来说也较高，存在的质量问题也较多。有的模具设计原理本身就存在问题，最后变成了灾难性设计。

因此，企业需重视上岗前培训，对员工进行应知应会的理论和操作技能培训。再以师傅带徒弟的形式或者作为助手工作一段时期，然后独立工作。

如果，企业模具结构设计师的设计能力水平相差较多，就更要做好技术培训工作，对提升企业的整体设计能力将起很大的作用。

（1）行业状况 目前模具行业，设计和管理人才缺乏、用工紧张、企业之间相互挖人、跳槽严重、模具行业的钳工和操机人员断档、用工成本增加。模具行业工作枯燥乏味、加班加点，且一线员工工薪横向比较偏低。设计人员压力大，很多年轻人不大喜爱这份工作。在这样的情况下，更谈不上企业的第二梯队人才的培养。以师傅带徒弟形式来传承，而大多数模具企业的师傅本身文化程度较低，虽然，实践经验较为丰富，但理论水平提升困难，所以存在局限性。

（2）企业必须重视上岗前的培训工作 上岗前培训是一项非常重要的工作，如果新来的员工未经过培训，那么对企业的设计流程、设计标准等不熟悉，边学边干，无形之中就会增加设计出错的风险。

为了使设计岗位的人员更快地进入角色，上岗前必须先培训，经考核合格后再上岗，这样可减少设计出错或重复设计。从而降低模具成本、提高工作效率和模具质量。

企业要立足于内部培训，做好技术培训工作。目前，培训机构对领导层培训的较多，一般偏管理，专业性的培训较少。企业的培训需要克服形式主义、拿来主义，有的单位花了很多的培训费用却没有达到理想的效果，其培训的结果没有多大作用。其原因是通用性理论没有切入企业的实际情况。

（3）培训内容与要求

① 机械基础知识和专业知识培训（设计、制造、管理）。

② 模具设计与制造的应用软件培训。

③ 机械基础知识、注塑模具结构与设计培训。

④ 模具零件加工、装配、制造工艺、注塑工艺、模具质量等有关知识培训。

⑤ 有关质量体系知识（工作标准、流程标准、设计标准）的培训。

⑥ 培训教材内容要求充实、有针对性、实用性强，特别要求贴近企业的现状。目前企业存在着哪些问题，应怎样解决？最好用案例结合讲解。

（4）培训方法

① 上课；电子文档、图片；案例；作业布置讲解；考试。

② 专题讲座：提高岗位技能水平。按工种（模具结构设计人员、钳工、编程、操机、注塑工艺、电火花、线切割、市场、模具项目、模具验收与质检、设备维修促养、合同评审、模具英语、管理知识）进行岗位专题培训。

（5）师资

① 同模具有关的机械基础知识由学校老师授课。

② 专业知识最好由企业内既有理论又有实际工作经验的师傅授课。

③ 上课老师的资格及讲课内容需要认定。

（6）培训对象

① 新招员工（包括职业院校学生）、在职员工（最好是艰苦地区的贫困学生，能吃苦、有兴趣从事模具行业的初、高中毕业生）。

② 听课的人员岗位与上课内容要对口。

（7）培训时间安排

① 专题讲座课时一般 2～3h，专业课一星期至一个月。

② 对培训时间做出妥善的安排，尽量避免因培训而影响生产。

（8）培训评估及颁发结业证书，并存入个人档案中。

2.6　模具项目经理的职能要求

对于大多数模具企业来说，模具项目完成很理想的不多。主要原因是模具企业中有经验的项目经理很少，技术型的项目经理就更加少了。大多数模具企业市场销售人员搞项目的较多，能说会道善于沟通的较多，但对于模具结构设计及制造的专业知识就相对来说差一点。这样，很多模具企业就存在着以行政手段代替技术管理的现象。

因此，企业最好培养既懂得模具结构设计，又做过模具钳工的，对模具设计、制造全过程非常熟悉的人担任项目经理。由于掌握的注塑模具专业知识较全面，同时具备沟通能力，这样，解决问题的能力就强，有利于模具项目的顺利完成，而不是靠项目经理的权力发号施令。

2.6.1　项目经理需要具备的基本素质

项目经理需要具备以下素质，才能达到有效沟通。

（1）准确定位　恰当把握自己在沟通中扮演的角色。一个人的角色无时无刻不在变化，在老板面前是下级，在员工面前是领导，刚在客户面前扮演基督徒，转身就得在供应商面前当上帝。因此，一个项目经理在与人交往中，必须具备迅速转换角色、准确定位的能力，否则角色错位将造成致命的错误，使沟通的效果变成灾难性的负值。如果你在需要倾听的时候，喋喋不休地扮演解释者，在需要仲裁的时候却在左右逢源地扮演谈判者，沟通效果可想而知。

（2）清晰表述　这是一个管理者需要具备的基本素质。一个人是否适合当管理者，不仅取决于他的专业能力，还取决于他的表达能力。领导的作用，就是要让员工把各自的作用力集中在统一的目标和计划上。如果一个管理者无法清晰表述项目的目标和计划，员工怎么可能形成合力？一个表达能力差的管理者领导下的团队，必将是一个缺乏执行力的团队。表达能力不但对下属时重要，对上级时更重要，如果你不能向上级清晰地阐述自己的思路，怎么可能指望获得资源和支持？

（3）有效聆听　既是获取信息的手段，也是有效沟通的润滑剂。沟通是人际间的互动行为，需要说听双方共同努力。若一个项目经理只善表达不善聆听，就好比一个光呼气不吸气的肺，不可能完整实现管理沟通的使命。关于如何纠正聆听中的问题和提高聆听技巧，我们将在后面的章节中进行详细探讨。

（4）应付冲突　这也是项目经理应该具备的基本功。同样一件事情，有的人去沟通就会制造矛盾，有的人去沟通就可以解决矛盾。其中奥妙全在沟通技巧。关于如何在沟通中解决冲突，我们将在后面的章节中给予详细探讨。

项目经理必须具备的素质见表2-7。

表 2-7　项目经理必备的素质

一	技术能力	合格程度	二	意识形态	合格程度	三	工作作风	合格程度
1	模具知识	80%	1	执行力度	100%	1	主动出击	100%
2	注塑知识	80%	2	沟通能力	80%	2	责任全担	90%

续表

一	技术能力	合格程度	二	意识形态	合格程度	三	工作作风	合格程度
3	品质管理	80%	3	解决能力	80%	3	速度效率	80%
4	加工流程	80%	4	服务能力	80%	4	文件整理	80%
5	工作软件	80%	5	决策能力	90%	5	发现问题	90%
6	技术运用	80%	6	应急能力	90%	6	总结报告	90%

2.6.2 项目经理需要具备的能力

目前，模具行业的现状是项目的综合型人才实在太少。懂管理的不懂技术，夸夸其谈很容易在技术环节出问题；懂技术的不擅长管理，不会做文件，不善于与客户沟通。

项目经理不但需要具备综合能力，而且要有满足客户的期望值的质量理念，并且以本人的理念和能力来促进企业质量文化的提升，带领团队顺利完成项目。

（1）项目经理要由懂得模具结构、工艺流程、成本管理的人来担任　模具项目工作技术性很强，工作内容却非常复杂与广泛，所以模具项目经理必须具备十八般武艺；需要懂得模具结构设计原理、懂得模具制造技术、能应对解决模具开发过程中发生的问题的人来担任；如果知识不足，就很难胜任。模具企业切忌以行政手段替代技术来管理项目；如果项目经理不懂技术，那就没有办法控制模具的制造进度和质量。在设计与生产过程中很可能会出现这样那样的问题，需要项目经理面对问题考虑轻重缓急做出决定。特别是面对突发事件，应采取果断措施，把问题及时解决，否则会使模具项目时间延误或质量达不到要求。

（2）具有较强的组织协调能力　模具项目经理需要有一定的经验、一定的组织能力、较强的判断和决策能力，善于管理和用人，这在一定程度上可以降低项目的风险。模具的设计、制造状态直接反映了管理者的能力。

（3）领导技能　项目经理应具有管理冲突技能、编制预算与管理预算能力、面对问题的分析应变技能、稽查核实技能、协商技能等。

（4）要有良好的技术沟通能力　项目经理需要懂得注塑模具设计与制造的相关专业知识，对企业的模具设计标准、客户标准、制造设备等要了如指掌，才能与客户进行技术沟通。

（5）环境适应能力　对项目所处的社会文化背景和环境具有较强的理解能力，并能迅速适应环境，为自己的角色准确定位。这种能力往往建立在本人学历、阅历、工作经验、综合背景和广泛的知识基础之上。

（6）人际关系能力　具体表现为与人沟通的能力，包括表达能力、理解能力、领导力、说服力、影响力、感染力、洞察力、判断力、决策能力、谈判能力、解决问题和处理冲突的能力。在某种程度上，上述能力是天生的，未必可以通过培训获得。培训可以挖掘一个人尚未发现或尚未开发的潜力，但很难凭空赋予他这种能力。

（7）项目经理对项目的进度时间有计划管理能力，制订详细的时间工作计划管理，对模具项目做到轻重缓急，优先排序。

（8）项目经理要有强烈的责任心，良好的心理素质，懂得轻重缓急，具有遇事快速反响，果断做出决定去解决问题的能力。项目经理就是需要举一反三的学习能力和触类旁通的领悟能力。一个只能举一反三的人，也许可以当好一个设备操作人员，但绝没有可能当好一个管理人员。然而当具备了举一反三的消化能力，通过努力工作，随着经验的积累，掌握管理原则和方法，也许未来能做一个好的项目经理。

2.6.3 项目经理需要的专业知识

（1）会使用 UG 和 CAD 等软件查阅零件的尺寸。

（2）了解并掌握客户的产品（塑件）使用和对模具的要求，知道向客户索要有关模具设计的具体资料。

（3）熟悉企业的模具设计、生产、装配、试模、验收等流程；熟悉模具项目操作流程，有相关的模具项目管理的经验和项目开发经验。

（4）能看懂注塑模具的零件图和总装图，熟悉模具结构设计的专业知识，能看懂 CAE 模流分析，判断浇注系统设计的合理性，能判断模具结构是否优化。

（5）掌握注塑模具制造的专业知识，知道成本分析及控制。

（6）熟悉塑料制品零件的成型工艺知识；能判断塑件成型缺陷的原因和模具试模后的修整结论。

（7）熟悉模具质量标准及塑件质量验收条件和要求。

（8）熟悉国内外汽车内外饰件的注塑模具制造有关标准、技术要领和规范。

（9）熟悉合同法，知道风险管理的相关知识。

（10）有一定英语水平，懂得模具技术术语。

2.6.4 项目经理需要的管理知识

（1）通用管理知识　需要具备五方面的知识，如图 2-8 所示。通用管理知识指管理中的一般性常识，如管理中涉及的财务知识、法律知识、营销技能、人事管理方法等。

（2）广泛的知识面　项目管理的十大知识领域如下：整合管理、范围管理、时间管理、成本管理、质量管理、人力资源管理、沟通管理、风险管理、采购管理、干系人管理。

项目管理知识即以 PMBOK 为基础的项目管理知识体系，包括项目管理专有的概念术语、管理工具和方法。整个项目管理知识体系如图 2-9 所示。

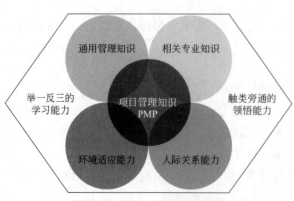

图 2-8　项目经理的知识结构

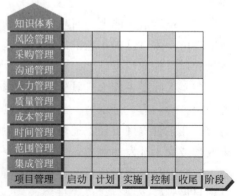

图 2-9　项目经理知识体系

（3）项目干系人管理知识　项目干系人管理是指对项目干系人的需要、希望和期望进行识别，并通过沟通来满足其需要、解决其问题的过程。项目干系人管理将会赢得更多人的支持，从而能够确保项目取得成功。

① 识别项目的所有潜在用户来确保完成需求分析。

② 通过制订对已知的项目干系人反映列表来关注对项目的批评。

③ 避免项目干系人在项目管理中的严重分歧。

④ 在进度和成本超越限度的情况下建立良好的客户关系。

2.6.5 项目经理的管理职责

项目经理是负责该项目达成目标的人。在实现目标的过程中，要始终克服时间期限、成本（资源供给）和质量标准的制约，负责模具项目的目标、计划、时间、质量、风险和成本的管理，如图 2-10 所示。

（1）项目经理要做好模具立项的有关工作，与客户做好制品前期评审的沟通工作（包括所需要的资料、塑件的设计合理性、接受客户修改产品设计的要求、反映需要与客户协商才能解决的问题）。

（2）审阅客户提供的设计资料，负责与企业各部门和客户的沟通工作。

（3）正确处理项目中的三要素：时间，成本和质量。项目中的三要素关系经常是三角关系，密不可分。三个要素在一个项目进行中也经常发生冲突。一般来讲，人们总希望在非常短的时间

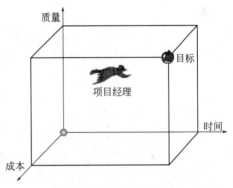

图 2-10　项目经理的目标

内，以尽可能低的成本获得最好的质量结果。然而，这三种要素中的任何一个都可能成为重中之重，一旦确定其中一点，那么另外两点就需要相应进行调整。大部分项目都被迫要服从至少一个要素，所以必须知道模具项目的重点。

（4）负责完成模具结构设计评审，优化模具结构和编制工艺审查，杜绝返工和出错。

（5）制定具体的项目进度计划，控制好模具生产进度。随时掌控项目进度并提出改善措施。

（6）项目经理要建立项目的变更系统。要及时解决模具项目实施过程中出现的问题。正确找出问题存在的原因，指导、协同各职能部门研究解决问题的方法，提高解决问题的能力，并及时做好试模后的整修工作。克服漏发现、漏改、修整不到位，避免反复不断地试模。

（7）项目经理是唯一在做整合的人，调动、利用一切资源及工具为模具项目服务。

（8）按公司指定的项目费用，严格控制零件内部或外协加工的各类相关费用，在不影响时间节点的情况下，做好成本控制工作。

（9）主导与指导项目计划的方向，负责制订本项目管理工作和计划的实施，对公司在制和潜在项目进行统筹调度，合理安排各项目工作，对项目进程中出现的疑难问题制定解决方案，并督促各方完成。

（10）定期召开项目协调会议及项目汇报会议，负责公司所有项目的进度的前期计划、过程跟踪、结果跟踪、成本监控、质量监控和各部门之间的所有项目协调。

（11）负责组内成员的工作分配、培训及考核和激励，为项目成员未来铺路。

（12）应是主动而不是被动工作，负项目成败之责，也对组内成员的过失行为负责。

（13）做好项目的扫尾工作，做好模具项目的设计总结，督促有关人员做好一模一档工作。

（14）及时做好项目的售后服务及信息反馈工作，达到客户满意。

（15）负责模具项目的评估工作。

2.6.6 项目经理需要考虑的问题

（1）项目经理要清晰了解该模具的工作范围、起止时间、成本、质量等四个目标要素，分析该模具制造全过程的每个环节，做到心中有数。项目经理根据四个目标要素思考、计划的问题如图 2-11 所示。

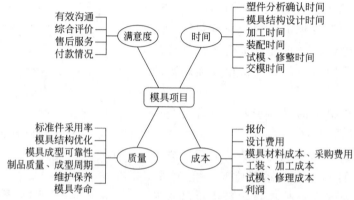

图 2-11 模具项目经理需考虑的问题

（2）客户有哪些具体要求？客户提供的资料是否齐全？提供的资料有否存在问题？项目（合同）经过输入评审确认否？当立项后，客户的技术要求是否以书面形式整理后及时发技术部门，使设计部门具有明确的设计依据。

（3）此模具项目何时开始启动？模具制造能否按时完成？时间期限较紧怎样想方设法按期完成？项目进度与允诺有矛盾时，是否按照原先的计划进行，是否遇到困难，是否在规定时间与预算内完成？

（4）模具项目的设计、加工等资源是否足够？是否需要外协解决？

（5）项目经理要关注每副模具的质控点是什么？模具项目存在哪些难度？模具精度和质量能否达到客户要求？项目经理要依靠质保部门做好质检工作，杜绝上道工序不合格的产品流入下道工序。

（6）模具由谁设计？模具何时评审？大件材料清单何时提交？总装图和零件图何时提供？

（7）模具零件的加工工艺是否合理？模具项目技术难点在哪里？

（8）技能和资源如何配置均衡，用哪些设备加工模具？怎样加工？是否需要外协？

（9）加工费需要多少？模具成本是否做到有效控制？

（10）模具怎样做？为什么要这样做？做到什么程度？客户对该模具有什么质量要求？对该模具质量如何控制？

（11）各部门碰到的问题、变更要求，如何及时沟通？怎样解决？

（12）模具由谁负责制造完成？T0、T1、T2、T3何时试模？

（13）试模后模具运行情况如何？工艺是否有记录？制品检验尺寸如何？制品外观如何？是否有成型缺陷存在？发现的问题如何修整？何时修改到位？何时第二次试模？何时入库？

（14）该项目是否有风险存在？

2.6.7 项目经理需要掌握解决问题的七个步骤

在项目管理过程中经常会碰到一些问题，解决问题的步骤如下。

（1）把存在的问题调查清楚，陈述问题。

（2）问题分解：问题类别、产生原因。

（3）优先排序，筛选掉非关键问题。

（4）提出方案，制订详细工作计划。

（5）分析关键问题，找出原因所在。

（6）综合调查结果，并建议方案论证。

（7）交流沟通，项目经理对解决问题的措施进行确认、并贯彻实施。

2.6.8 负责对项目进行绩效考核

企业管理的本质就是绩效管理，绩效管理的核心就是利润管理，利润管理的关键是成本与质量的有效控制。要想企业绩效增长，唯一的方法是把模具项目导入绩效考核。

（1）首先要完善绩效考核的标准，才能使绩效考核起到应有作用，避免走形式。某权威调查随机调查了3000多家中国不同行业和不同规模的企业（包括在华的世界500强企业），结果显示这些企业都在做绩效管理和考核，但他们对绩效工作的满意度如图2-12所示。所以，做好绩效考核工作非常重要。

有的企业根根模具的复杂系数及模具设计质量来确定绩效，这就需要透明度，特别要让设计人员事前心中有数，而不是事后才知道这副模具的绩效指标，这样更能激发设计人员的积极性。

图2-12 满意度调查

（2）项目经理负责对项目成员进行绩效考核，要做到公平合理。

（3）模具项目的相关人员的职、责、权要明确，才能提高绩效考核的准确性。

（4）对于设计出错要做出相应的处罚。

2.7 模具项目的沟通管理

目前，很多模具企业都使用了信息化应用MES系统，确保了项目信息的收集和传输，能清楚地了解项目从开始实施到最终结束的一系列过程，大大提高了工作效率。

在项目实施过程中需要一系列的沟通工作，需召开沟通会议，并做好会议记录，如表2-8所示。

表 2-8 项目沟通会议记录

新模双向沟通会议记录

模号：_____ 产品名称：_____ 日期：_____

参加人员	市场工程师：_____ 项目工程师：_____ 制作经理：_____ 制造工程师：_____ 设计师：_____
客户要求	
尚缺资料	

2.7.1 沟通的重要性

沟通无处不在：与他人沟通，与自己沟通；与亲人沟通，与朋友沟通；与上司沟通，与下属沟通；部门与部门之间的沟通；部门内部的沟通等。

目前，内部人员的沟通已经成为企业的重中之重。企业内部人员良好的沟通不仅能够节省办公时间、提高工作效率，更好的为客户服务，而且能够为企业决策服务，将信息化覆盖到企业的战略、目标、绩效、合同、客户、项目等层面，为企业决策提供依据。同时，有利于公司内部人员在一个良好的工作氛围下进行交流，让大家带着愉悦的心情去工作，大大提高工作效率。

沟通的关键在于能否及时、有效地掌握信息，只有掌握正确、完整的信息，才能更好地进行交流和沟通。

沟通管理在项目管理中具有特殊意义，它几乎渗透到模具项目的每个部门、每个环节，是项目管理的润滑剂。

沟通能力是项目管理中被唯一列出来的技能，说明了沟通能力的重要性。由于模具行业的特殊性，项目经理不但需要综合的知识技能，还需要善于沟通，因为项目管理能力更多地取决于项目经理的沟通能力。

2.7.2 沟通的质量要求

沟通工作就好像过滤器，信息的损耗是沟通中一个非常严重的问题。信息传输过程中的每一个环节都可以被视为一个过滤器，就像电阻对电流的损耗一样，信息在经过这些环节之后往往被丢失或扭曲，甚至可以导致非常荒谬的结局。所以，模具项目管理者之所以需要懂得模具结构与制造工艺过程、质量要求的技术人员来担任，就是为了避免信息在沟通后传达有误。

沟通过程中，要保证准确性、完整性、及时性。

（1）准确性　一方面需要发布者具有较好的表达能力，能够准确表述自己的思想；另一方面需要接受者具备较强的理解能力，能够准确地领悟对方表达的概念。另外，传输过程中其他环节的工作质量也会影响到信息传输的准确性。编码失误就成了乱码，媒介失误会导致信息扭曲，解码失误会造成误解。准确性要求在信息传输流程中把误差率控制在最小的范围内，是这三条指标中最难达到的。

（2）完整性　一方面要求发布者有意愿也有能力提供完整的信息；另一方面是接受者有意愿完整接受，也有能力完整理解。信息传输中最经常出现的问题：一是信息本身不完备，主要原因是信息提供者的隐瞒或缺失；二是沟通过程不充分，主要由于信息接受方不认真，或者能力不够而造成的遗漏或疏忽；三是信息传输过程中的过滤造成信息衰减。

（3）及时性　要求信息及时送达相关人员，并要求信息接受者及时反馈接受质量。项目管理中与决策相关的信息大多都有时效性，信息沟通滞后往往造成决策失误或延误，构成项目风险。设计更改信息沟通不及时的原因有主观的、也有客观的，主观原因往往是项目负责人和团队成员重视不够，客观原因主要为沟通层次过多，降低了信息传递的效率。如信息不及时会造成设计更改，增加了设计工作量，延误了设计周期，使设计人员情绪低落。

2.7.3　沟通的五个要素

沟通涉及五个基本要素：概念、形式、渠道、程序、格式。

在五个要素之中，最重要的是概念。概念是对事物约定俗成的定义。如果沟通双方的编码和解码方法相同，概念就会形成双方都可以理解的信息，就有了相互交流的共同平台。如果双方对某些事物的概念理解不一致，就会出现鸡同鸭讲的局面，误会大多由此而生。

2.7.4　模具项目经理的沟通内容

项目经理的职责是对外代表公司与客户沟通，对内代表客户传达模具设计制造的要求。

（1）项目经理应组织做好内部（与企业内部项目有关人员）与外部（客户）的沟通，需要考虑以下相关的几个问题：沟通什么，何时沟通，与谁沟通，如何沟通，由谁负责沟通。

（2）项目经理负责同此模具项目有关的公司各部门（采购、设计、制造、质量检验）的沟通。

（3）项目经理负责有关此模具项目的信息沟通、传递、反馈，且要保证及时、清晰、准确。

（4）项目经理需要同客户建立良好的沟通环境，在公司内任劳任怨，避免命令主义的粗暴工作方法。

（5）模具项目沟通内容

① 与顾客的沟通　合同及技术协议的内容、塑件结构形状设计的合理性、提供的资料内容、制品质量要求、模具验收及扫尾工作等。

② 与企业内部项目有关人员　模具设计、材料及标准件供应、零件生产、总装、试模等过程中，有关模具的进度和质量、成本等问题，做好协调工作。

2.7.5　沟通的原则和禁忌

沟通要注意以下几条最重要原则。

（1）讲出来　坦白地讲出你内心的感受、想法和期望。

（2）带着善意、真诚去沟通　不批评、不责备、不抱怨、不攻击。

（3）互相尊重　只有给予对方尊重才能有效沟通，若对方不尊重你时，你也要学会请求对方的尊重，否则很难沟通。

（4）注意措辞和表达方式　不说不该说的话，如果说了不该说的话，往往要花费极大的代价来弥补。沟通不能信口雌黄、口无遮拦，但是完全不说话，有时候也会变得更糟糕。

（5）沟通切记三不谈。

① 时间表不恰当不要谈。

② 气氛不合适不要谈。情绪不稳时不要沟通，尤其是不能够做决定。情绪不稳时沟通常常无好话，既理不清，也讲不明，甚至容易冲动而失去理性。

③ 对象不匹配不要沟通。

（6）项目沟通需要专业性　如果在沟通时发现不对，就要承认错误，承认错误是沟通的消毒剂，能够最有效地解冻、改善沟通的问题。

（7）耐心等待　如果没有转机，就要耐心等待，急只会治丝益棼；当然，空等待也不是办法，还需要努力寻找其他办法和机会。

（8）沟通时要少训斥，耐心倾听意见，应该让对方充分发表意见。不能以权压人，应以理服人。

（9）与客户沟通时切忌功利心太明显，要讲求沟通技巧。

2.7.6　沟通流程

各部门主管视实际工作情况召集部门有关人员开展部门协调会，以确保各部门工作的进度和质量。涉及跨部门的要求时，由管理者代表协同相关部门实施。

内部沟通如表2-9所示。

表2-9　内部沟通流程

流程	程序	表单	相关部门
沟通形式	各部门依据相关质量体系文件的规定,记录、收集、传递并处理日常质量信息。采用的沟通形式:晨会、周会、全体员工会、内审首/末次会议、管理评审会议、建议箱、内部刊物		
沟通执行	·晨会 每个工作日早晨8:00,各部门经理/主管组织部门员工召开晨会,向员工通报公司重大情况,并提出当日的工作要求;部门员工汇报前一个工作日的工作进展及异常情况,必要时请经理/主管协助解决		各部门
	·部门内部协调会 各部门主管视实际工作情况召集部门有关员工进行部门协调会,以确保各部门工作的进度和质量		各部门 管理者代表
	·每周生产会议 每周召开生产会议,总经理主持,各部门经理/主管及相关人员参加。各部门主管汇报前一个周的工作进展,提出需要其他部门协助解决的问题及其下周的工作目标		总经理 各部门经理/主管
	·全体员工会 每年年底,总经理主持,全体员工参加。总经理向全体员工报告公司当年的质量业绩、经营业绩、下一年的发展计划等		总经理 全体员工
	·内审会议 管理者代表主持内部质量体系审核首末次会议	内审 不合格报告	
	·管理评审会议 总经理按照计划的时间间隔主持管理评审会议,评价质量管理体系,确保质量管理体系的适宜性、充分性、有效性	管理 评审报告	总经理 管理者代表各部门

续表

流程	程序	表单	相关部门
沟通执行	・员工建议制度 任何员工都有权提出对公司发展有益的建议,员工可将自己的建议投入建议箱或交给人力资源部,公司对其中有效的建议及时纳入管理体系中,并对提建议的员工实施适当的奖励		全体员工
	・内部刊物 由人力资源部组织创办报刊,以汇报公司重大信息,并刊登员工投递的文章/稿件		人力资源部
	・外部信息的交流(与客户) 模具项目工程师会根据实际情况,召集设计部、装模部、工程部等相关部门人员进行相关会议	会议沟通记录	设计部、装模部、工程部

2.7.7 规范化的沟通平台

(1)沟通平台需要规范化的两个基石:统一标准的术语(如缺陷、不合格等);量化的指标。

(2)信息沟通的形式 信息沟通表达形式有4种基本类型,见表2-10。有时面对面的沟通效果最好。有关产品形状结构和模具结构设计的沟通,有时仅是口头和文字沟通会表达不很清楚,需要借助3D图样和工程图、PPT等才能做到有效沟通。

表2-10 信息沟通表达形式有4种基本类型

表达/表现	正式的	非正式的
口头方式	演讲、报告、汇报、谈判、会议	谈话、电话、打招呼、网络聊天
文字方式	合同、报告、计划书、通知、会议记录、报表	备忘录、笔记、便条、手机短信
非语言沟通	旗语、哑语、军号、配乐、敬礼、信号灯(弹)	表情、声调、肢体动作、拥抱、接吻、握手、招手
工具沟通	电话、传真、电子邮件、手机短信、呼机、信函邮件、电报、对讲机	

2.7.8 项目经理在沟通中扮演的角色

① 推动者 通过沟通推进计划的制定和实施,激励团队员工努力实现项目目标。

② 倾听者 通过沟通获取各方信息,了解各方的意图、需求、立场、条件。

③ 解释者 通过沟通表达或转达信息,让项目各方充分了解项目的目标、计划、理念,了解项目的实际绩效、进展前景。

④ 谈判者 通过与客户及供应商的沟通洽谈,争取更有利的条件和双赢的结局。

⑤ 协调者 通过沟通让各方相互了解各自的立场,协调他们之间的利益。

⑥ 仲裁者 通过沟通判断是非曲直,裁决团队成员在工作中的矛盾冲突。

2.7.9 项目沟通计划的干系人

项目的干系人有如下人员:客户、项目经理、模具设计人员模具生产人员、质检人员、采购人员、财务人员等。干系人会影响该具产品的质量、成本、交模时间,反过来项目也影响其本人的利益和结果。项目经理要以自己为中心,需要与上下左右前后六个方同项目有关的干系人打交道,如图2-13所示。

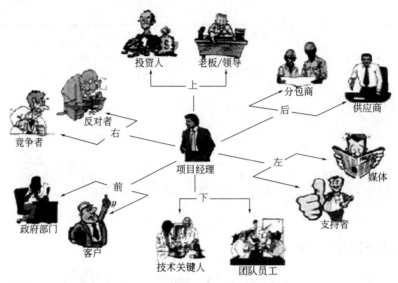

图 2-13　沟通计划的干系人

2.8　模具项目成本管理

模具项目成本管理是一项综合管理工作，是使项目实施过程中尽量使实际发生成本控制在预算范围内的一项管理工作。

模具企业是面向订单的单品种生产型企业，由于订单的市场随机性和生产过程的不稳定性，企业的生产计划和物料需求变化频繁，生产过程中难以得到有效控制，从而造成交货期延迟和质量无法保证等一系列管理问题，成本控制是模具企业管理上的一个难点。

模具企业的成本控制能力越来越突出地体现了企业的核心竞争力。目前模具行业面临着模具价格越来越低的沉重压力，模具增加几次修改，利润就消耗完，甚至要赔本。企业如果不能从根本上解决这个问题，将面临淘汰出局的危险。

如何合理地控制模具投资成本是相关制造企业亟待解决的重要问题。在成本管理中，并非越省钱越好，我们追求的目标往往是"经济"、"节约"，减少不必要的浪费。

不管怎样，核算模具项目各阶段资源成本，预估必须维持在预算之内，包括人力、设备、原物料及各项杂支开销等。

由于模具是单一产品，模具企业在模具产品的成本核算上，只有把类似的模具进行比较，才能实事求是地对该模具的实际生产成本进行核算。要求建立一模一档，才能正确地核算出每一副模具的成本和利润，否则是个大概数或者是一笔统算的糊涂账。

2.8.1　质量成本核算的意义和作用

成本核算是企业管理和财务决策中的重要一环，在现代成本管理过程中，决策、预测、分析和控制都与成本核算密不可分。成本核算对企业的利润和经营周转等情况产生影响，进而影响企业的投资收益。企业想要在竞争中立于不败之地，就必要降低生产成本，做好成本核算工作。成功核算可以提高利润率，降低企业的业务风险，促使企业更加重视成本控制，调动企业管理人员和员工的积极性，从而促进企业的持续稳定发展。

面对国内工业原材料价格上涨和劳动力成本持续上升的严峻形势，如何管理好企业成本对于模具企业来说是生存大计。众所周知"质量"和"成本"是一个企业的命脉,在有效的成本控制下获得高质量产品是对员工提出的一个基本要求。

企业质量成本核算是用货币形式来综合反映企业质量管理活动的成效,为企业质量改进提供依据,从而提高企业质量管理工作的科学性和可操作性。企业质量成本核算具有揭示质量问题,提供质量改进的依据;提供可靠数据,保证质量成本管理的成效;探求合理关系,提高质量管理的经济性和满足顾客要求;提供质量管理的证据等四方面作用。

2.8.2　模具成本的控制要点

模具成本核算需要财会人员跟踪各部门进行核算,如设计、采购、加工、外协、试模、售后服务等。同时规范各部门的工作标准,才能杜绝不利于企业的情况存在。

(1) 做好塑件形状、结构的评审工作,避免出现设计反复,不但花费了设计人员的精力,影响了交模时间,也提高了设计成本。有条件的企业最好能对客户有所选择。

(2) 设计　关注模具设计变更、加工出错、多次试模等的隐含成本。要求设计师优化模具结构设计,才能使模具成本和质量从源头得到有效控制。

(3) 采购　关注模架、模板材料、电极、标准件、紧固件、附件等采购件的品牌质量、库存有否积压。特别要注意采购件价格的合理性。

(4) 金加工　模具金加工的工序流程较为复杂,整个流程中每一个环节都在产生成本。这些环节中所产生的总和就是该模具的直接成本。但这些成本中是由四个部分组成:①第一部分是原材料成本:模架、模板、标准件、紧固件、附件等外购件;②第二部分是由工艺分析编制、设计、编程造型、检测四个环节所产生的技术系数成本;③第三部分是由 CNC、线切割、电火花、深孔钻、平面磨、合模机、钳工装配工资、试模所产生的成本费用等;④第四部分是包装、托运等附加成本。

(5) 外协　外协加工零件需要严格控制加工工时和零件表面粗糙度的质量,如果外协人员有可能会损害公司利益而达到个人拿回扣的情况存在,就影响了模具的制造质量。

(6) 注意售后服务费用及因模具质量问题产生的模具修理费用。

(7) 模具款是否及时结算,也影响着模具成本。

2.8.3　模具成本核算的要素

模具企业都需要模具报价,有效的模具报价是接单成功的决定因素之一。模具报价中的五个重要成功因素为精确、透明、速度、系统化、自动化。

(1) 精确　成本核算是否成功取决于预测成本对实际成本估算的精确度,过低的成本预测将会造成经济损失,而过高的成本预测会导致企业输给竞争对手,丢掉订单。

成功的企业实际价格低于报价价格,他们能拿到报价数量中的 30% 订单。在成本核算中进一步提高预估的正确性,依靠原始数据的设计与加工数据和经验的积累,指派经训练的人员专注于成本核算,避免成本陷阱。

德国模具企业的模具成本报价中有 88% 的模具项目在不超过预算下完成。

(2) 透明　透明度取决于模具成本核算的细致程度。在报价中,大部分模具企业区分设计成本、制造成本、材料成本、采购零件成本。德国模具企业计算成本的比例分别为:整套模具 29%、模具模板 14%、功能组件 14%、模具成型元件(动、定模)43%。

(3) 速度　除了报价的准确性外,计算速度对于能否获得订单也具有决定性的作用。平均 3.3h 生成一个报价，报价接单平均约为 4 个工作日。相对较快的报价速度是获得更多订单的重要因素之一。因此，有的企业甚至开发了报价软件，这样会赢得报价时间。

（4）系统化　系统成本核算的另一个重要方面是外部服务。成功的德国企业在设计和制造领域使用外部服务，并且在报价的成本核算中已经包含了这些费用，这些企业在模具设计、制造模拟和试模中使用外部劳动力的比例分别为 57%、71%、14%、14%，但在 CAM 和装配中，不采用外部服务。

（5）自动化　成本核算的自动化要依赖于软件的开发应用，目前市场上软件已经有了很快的发展，需要企业在使用过程来适应软件。同时，软件必须能够使用本公司的数据，并将其引入到成本核算过程中，注意软件要简单、直观、易于使用和能直接接口。

2.8.4　影响模具报价的因素和策略

要求负责模具报价的人员，做好成本报价预算，同时具有灵活机动选取估价参数的能力。报价策略参考以下的多方面因素，根据具体情况，采取不同的报价。

（1）根据模具形状复杂程度、模具精度、制造周期长短、客户源（新客户还是忠诚型客户、潜力型客户、一般客户）的不同进行报价。

（2）根据客户的地区不同进行报价。

（3）根据本企业的订单多少进行浮动报价。

2.8.5　模具的报价方法

（1）逐条核算方法：①材料费用（模架、动模、定模、标准件、紧固件、热流道元件、附件等），10%~35%；②设计费 6%~10%（及其他人员工资）；③零件加工（包括外协加工、工装夹具）、模具装配费用；④试模费用 3%~5%；⑤外协费用；⑥检测费用；⑦包装托运费用 3%；⑧工资、机床、房屋折旧、水电费、管理费等 20%；⑨增值税 17%；⑩企业利润 30% 左右。模具报价核算表可参考表 2-11、表 2-12。

（2）粗略的百分比报价：设计费 10%、材料费 15%~30%、加工费 15%、人工工资及管理费用 20%、试模费 5%、利润 15%~20%。

（3）按模具材料重量比价法，一般为材料费的几倍，注塑模具大约 6~10 倍。

（4）参考相似模具按经验报价。

表 2-11　模具的报价比较表

项目序列	计划成本/元	实际成本/元	差额/元
设计费	8000(5%~9%)	10000	2000
材料费	25000(20%~33%)	20000	5000
加工费	10000(10%~12%)	11000	1000
人工费	10000(8%~11%)	9500	5000
修改模费	5000(5%,据实际)	8000	3000
外协费	2500(3%,据实际)	2000	500
试模费	1500(1.5%~3%,据模具大小)	3000	1500
运输及寄板费	3000(3%,由客户承担)	3000	1500
刀具及辅料费	1500(1.5%,据实际)	1000	500
管理费	10000(5%~10%)	12000	2000

表 2-12　XX 模具有限公司报价核算表

客户单位：	联系人：		
地址：	E-mail：		
联系电话：	传真：		
项目名称：	开发项目的代号及常用的机型名称		
部件型号：	具体进行模具制作的部件的型号		
模具腔数	1×2		
注塑模具			

	产品零件名称	上盖	
	产品（外形）尺寸		
材料	PVC	厂家	
	生产周期		

费用名称	规格	费用金额/元	备注
模架		8000	厂家
前模部分型腔材料	（型号）CI 4045A90B100 1PCS	200	（牌号）
后模部分型腔材料	重量(kg)：240×230×85 1PCS	00	（牌号）
镶芯及行位等型腔材料	重量(kg)：240×120×45 4PCS	50	（牌号）
电极铜公材料	重量(kg)：80×35×65	300	（牌号）
加工费用	重量(kg)：150×80×40×2PCS	1800	总费用
	普通机床,时间,单价：90h×20 元/h	10000	总费用
	调整 CNC,时间,单价：50h×200 元/h	2400	总费用
	线切割机床,时间,单价,20h×20 元/h	400	总费用
试模费用	500 元/次×3 次	1500	总费用
设备折旧	3%	350	总费用
蚀纹、雕刻费用		600	总费用

续表

费用名称	规格	费用金额/元	备注
热流道		1850	总费用
热处理		750	总费用
标准件	（型号）正钢（包含螺钉、顶杆、日期、码头、浇口套、弹簧等）	1000	
人工费	平均人工小时数	4500	人工费、设计、加工、精光、装配等人员工资
辅料费	（刀具、砂轮、油石、砂纸、布碎等）费用	1000	
包装寄板费	3次	1500	
运输费		客户自理	
成本小计	38900		
管理费	成本小计的20% 金额：	7780	办公费、税费、水、电、房租、伙食等
利润	成本小计的30% 金额：	11670	含模具风险、售后费用10%
评估费用	□人民币 □港币 √美元 □欧元	58350	含模具风险、售后费用10%
费用总计	□人民币 □港币 √美元 □欧元	77800	报给客户价格
备注：	1. 含增值税 2. 付款方式：3D结构确定后3日内付40%，T1后付30%，模具验收合格5日内付30% 3. 模具寿命保证100万次 4. 模具送至客户指定地点		
业务员：	报价工程师：	批准：	总经理（GM）：
日期：	日期：		日期：

2.8.6 模具款的结算方式

模具款结算方式多种多样：①"四三三"，即预付模具价款40％，设计好后开始加工，再付30％，待模具试模验收合格后，再付余款30％；②"六四"即预付模具价款60％，余40％待模具试模验收合格后，再付清。③"五三二"，即预付模具价款50％，设计好后开始加工，再付30％，待模具试模验收合格后，再付余款20％。

2.8.7 影响模具成本的要素

（1）制品的形状结构设计是否合理是影响模具成本的最大要素。如果制品的形状结构设计不合理，并且在对制品进行前期分析时也没有发现，就着手设计模具，在设计中途，需要对客户的制品形状结构设计进行修改，并且需要对模具设计进行更改。这样，就会增加设计时间，消耗了设计精力。就会直接增加模具设计、制造成本。

（2）要求成本报价的预算正确率控制在3％以内。

（3）模具的设计好坏，模具结构设计是否完善、标准件的利用率，决定了模具的成本。如果设计更改频繁，如：结构落后、模板外形太大、模板过厚、材料选用不当、工艺不合理等，都会增加材料和加工制造成本。

（4）模具生产过程中的加工费用。设备资源等合理利用、安排和控制。

（5）模板、标准件、热流道元件等的质量好坏与采购价格，也影响着模具成本。

（6）零件加工工艺成本。工时估算、零件加工工艺不合理或加工出错，出现返工和修改，会增加加工成本。

（7）外协成本控制。加强外协加工单位的考核和认证，规范外协工作、加工工时和加工质量的认定和结算。

（8）动、定模的加工精度与零件加工后的检测合格率，特别是动、定模分型面的合格率。

（9）模具试模前的零件质量检测、模具总装检查，模具试模及试模后修整费用，成型制品的检测与验收。

（10）因模具的质量原因产生的售后服务费用。

（11）企业的流程是否规范、工作效率高低、职工工资与绩效考核的合理性都会影响模具设计与制造的成本。

（12）交货期是否按时完成？模具质量的满意度如何？如没有投诉，售后服务费用少。

（13）市场开发费用，客户源的体系、实力及与本企业的关系。

（14）资金周转、银行贷款与设备投资的利用率。

2.8.8 模具成本的预算控制

模具项目成本管理的好坏，同项目经理的本身能力有很大的关系。做好在计划目标之内所作的预测、计划、控制、调整、核算、分析和考核等管理工作，对模具成本控制有很大的作用。

目前模具行业面临着模具价格越来越低的沉重压力，模具增加几次修改，利润就会消耗。企业要生存、降低成本是关键。成本控制是模具企业管理中的一个重点。成本控制必须基于一定的管理水平，需要依靠一套有效的管理体系。项目经理要关注有关模具成本的几个主要因素，并做好如下工作。

（1）模具报价过程实际上是成本预算的过程。模具企业是按订单设计、生产的企业，每套模具都各不相同，因此，要针对每套模具进行成本预算，确定成本控制的目标。然后根据成本预算，制定各项费用的计划成本，以确定预期的材料费用、加工费用、设计费用及修改模费用。

（2）模具结构设计要求优化，这是关键也是源头。

（3）模架、动定模零件、标准件、热流道元件等材料的采购质量与价格要规范。

（4）大型模具的外形与模板厚度的控制要达标。

（5）模具设计标准化程度高，标准件的使用率达到 65％以上。

（6）成本控制与模具的质量和交模周期成正比例关系；设计变更尽量做到一次性，少有修改，否则会增加模具设计和制造成本。

（7）正确编制工艺，合理利用机床，管理好数控加工刀具，提高零件加工精度，缩短配模时间，杜绝加工出错和返工。

（8）减少试模次数，保证在 3 次以内。

（9）建立信息化平台，做好沟通工作，达到信息共享。

2.9　模具项目的浪费现象及原因

有的模具企业，由于生产任务紧张，为了完成模具项目，对浪费现象只能视而不见，也没有精力去考虑。但是，随着模具生产的继续，时间的消逝，这种浪费现象好像已经成为模具企业的潜规则，习以为常了。

模具企业浪费现象来自多方面，有人力资源的浪费、模具设计不合理的浪费、模具用材不当的浪费、设计和加工出错的浪费、时间等待的浪费、外协加工和零件采购不当的浪费、库存积压的浪费、多次试模的浪费、质量不好增加修理费用的浪费或客户投诉的索赔、罚款等浪费。

当今，模具企业竞争越来越激烈、管理难度又大、人才缺乏、企业用工成本大幅增加。浪费现象的存在，使利润空间越来越小，使企业负担加重。这些问题的存在，长期困扰着企业管理人员，也严重制约了模具企业的发展。因此，笔者认为企业管理人员有必要深入了解目前模具企业存在的浪费现象的状况，并采取相应措施，使浪费现象逐步得到克服。

2.9.1　技术部门的浪费现象及原因

（1）目前，模具企业的技术部门组织框架较多：以 2D 和 3D 为个人设计负责制、以 2D 组和 3D 分开为大组设计、以 2D 和 3D 分成两大组为单位的设计负责制，有的制品设计前期专人评审组等。其体制主要有设计承包制或按月工资制加绩效工资两大形式。

但是，企业设计部门组织或设计框架不合理及人员的配置不适应企业的现状，使整个部门的工作效率不高，造成浪费。

（2）设计部门的绩效工资透明度不高，没有真正发挥设计师的主观能动性。有的企业绩效工资事后结算，会使设计人员有所顾忌，并存在观望态度；有的企业，绩效考核流于形式，有细则不合理的情况存在，不利于企业，也不利于个人。

（3）设计标准存在问题，影响模具的设计质量和设计效率，甚至出现设计随意性。目前，多数企业存在如下情况。

① 有的企业没有设计标准，模具设计不统一。这样，模具设计花费的时间多，出错率也高。

② 有的设计标准本身有问题。

③ 有的有了标准，但没有很好地进行宣讲、贯彻、执行。

④ 有的模具设计没有按客户的企业标准设计，造成客户投诉。

⑤ 模具设计应用标准件比例少，模具质量达不到设计要求。

（4）由于模具设计师的设计理念和成本意识及能力等原因，模具结构设计不合理，没有优化，浪费了材料。

（5）由于设计师工作粗心大意、责任心不强，设计出错经常发生，造成浪费；有的模具企业出错后没有及时总结处理并吸取经验教训，甚至出现同样设计问题重复出错。

（6）材料清单搞错。模具图样零件的规格、数量同清单不符或漏报，标准件型号规格错误。使模具工需要重新申请和采购，有的造成装配等待。有的数量太多，造成采购零件积压。

（7）由于模具复杂，设计师能力之故，所设计的模具存在问题。有的企业模具结构设计输出评审程序不规范、走形式，而且效果不好。评审时，缺乏有经验的模具设计评审师，存在问题没有被及时发现，造成设计多次更改、评审；甚至模具零件投入生产中途才发现，造成浪费（设计更改的材料费用、时间延误、加工费用增加）。特别是浇注系统的不合理设计在评审时没有及时发现，出现浇注系统方案反复，所造成的损失是很大的。

（8）零件结构设计没有考虑到工艺，如图 2-14(a) 所示，不必要的台阶，增加了加工工时，增加了编程和加工费用。

(a) 错误　　　　　　　　　(b) 正确

图 2-14　避免结构设计不合理

（9）模具材料、零件热处理选用不当或错误，造成了浪费。

（10）由于企业的档案管理不规范，图样文件数据发放错误，造成设计出错，如：版本搞错、型腔数的要求搞错等。

（11）模具图样更改不规范，造成加工出错。图样更改了，但加工时仍用没有更改的图样。

（12）设计部门负责人安排工作不妥当，造成模具设计周期延迟。

（13）由于模具设计（或制造）原因使模具质量存在隐患，出现客户投诉时，处理客户投诉的所增加一切费用及其后果，危害性就更大。

（14）无形资产流失，造成资源浪费。企业没有建立一模一档，技术沉淀较小，平时没有对企业的模具归类、总结提升，存档归类，碰到相似模具又需重新设计，造成没必要的浪费。

（15）2D图样不能作为零件化生产用，有的企业2D图样质量差，仅作参考，这样还不如就直接用3D，可减少2D设计人员。

（16）模具设计水平达不到设计要求所造成的浪费，频繁的设计更改：设计不合理的设计更改、设计出错的更改、加工出错需要设计更改等不必要的加班。

（17）设计任务紧张，设计人员不够，依靠设计人员长期加班加点完成，有的时候需要外放设计解决，但外放的设计人员对企业标准不熟悉，加重了设计审查和评审时间。

（18）有的企业，模具合同没有经过评审就立项，结果是不可能达到合同的条例要求的事情发生，使供方和需方两败俱伤。

（19）对客户所提供的塑件形状、结构、塑件的装配要求、客户的设计标准等没有进行分析就设计模具。或者由于与客户的沟通工作不到位，就设计模具，导致设计反复，浪费了设计时间。

（20）技术部门没有开发和应用二次软件，重复劳动较多。

（21）设计人员过多，人浮于事，造成浪费。

（22）工作结束，电脑、打印机的电源没有切断。

2.9.2 项目管理存在的浪费问题及原因

（1）项目经理管理不得力，起不到项目经理的应有作用。大家都知道，模具项目管理对项目经理的素质要求高。责任心强、知识全面、沟通能力强、熟悉制造流程和工艺、懂模具结构和成型工艺、懂模具质量要求等。然而，模具企业项目管理人才缺乏，其原因是大多数搞项目的是营销人员出身，不是很懂模具结构和模具生产工艺。这样在模具项目管理上缺少解决实际问题的能力，要想带好整个团队，做好沟通工作就比较困难。在碰到问题时，由于受到知识、能力的制约，不够接地气，就可能出现处理不及时、不妥当、不得力等问题，影响了模具项目顺利完成。项目经理应能读懂模具结构并审查模具设计有否问题存在，对模具了如指掌，才能整合同模具有关的所有资源来搞好项目管理。有的企业项目管理只是与客户沟通的传令兵，发号施令而已。据笔者了解，很多的模具项目完成很不理想，为了赶时间，就牺牲了模具的成本或者忽视了模具质量，甚至模具质量存在着被客户投诉的隐患。

（2）项目经理没有把所有设计资料的原始数据及时向客户索要，一次性提供给技术部门，影响设计进度。

（3）项目经理没有协同技术部门做好与客户关于模具结构设计的沟通工作，存在不利于模具设计制造的问题，事前没有向客户提出修改意见，中途发现再更改塑件和模具结构，影响了项目顺利完成。

（4）有的企业由于模具项目管理流程存在的问题，会使部门之间出现沟通障碍，就会出现互相扯皮、推诿，使项目进展中出现的问题得不到及时解决。

（5）项目负责人没有把试模情况与客户及时沟通，或者与客户沟通不得力，使模具设计等待，造成时间上的浪费。有的需要设计人员自己出差与客户直接沟通，占用了大量的设计时间。有的企业的翻译，由于不懂技术术语，把国外客户的要求翻译错误或没有表达清楚，就会直接影响模具设计和制造。

（6）当客户要求与实际情况有所冲突时，如制品形状结构设计存在问题或客户要求模具的外形实在太大时，没有找到理由去说服客户，认为多一事不如少一事，认为顾客是上帝，作了让步，却增加了成本费用，也影响了质量。

（7）有的模具企业，没有做到计划接单，使模具项目任务过重，第一副模具项目时间延误，第二副模具又接上来了，造成恶性循环。工作不得不靠加班加点完成，长期打疲劳战，工作效率明显降低。

（8）模具试模后，项目经理（或质量部门）下错修改结论或模具修改不到位，需重新修整、多次试模，造成时间浪费和延误。

（9）试模后对塑件没有及时验收，对模具质量存在的问题没有一次性做出正确的判断。

（10）有的企业由于不经常接单（模具的特殊行业，加上没有品牌），造成冗员；或者一下子订单又很多，设计人员和模具工明显不足。这样的模具企业的客观状况，令人很难管理，造成模具制造成本提高。

（11）大多数模具企业没有建立一模一档，可以说是一笔糊涂账。模具项目的成本没有核算或者不正确，多数模具企业关于这副模具到底有多少利润不很清楚，只知道大概有多少利润。一副模具成本，包括这副模具实际费用的一切数据只是以市场报价作为依据，其实报价是不能作为核算成本的依据的。

（12）由于多数模具企业的项目管理流程不规范，项目经理没有做好现场跟踪工作，没有及时发现存在的质量及对时间延误进行处理，造成不合格的模具产品出厂，直到客户投诉才知道，其后果是可想而知的。

2.9.3 生产过程管理的浪费及原因

（1）生产计划性不强，没有充分利用企业现有的设备，且把模具零件进行外协加工。

（2）零件加工工时定额出入较大，造成加工成本增加，浪费现象产生。

（3）零件加工出错，造成返工，需要二次用料和二次加工，增加了成本、浪费了时间。

（4）滥用设备，大炮打麻雀，精密机床加工粗活。

（5）有的企业由于刀具没有跟上高速铣的需要，没有充分发挥机床和刀具的效能。

（6）零件加工质量达不到设计要求或达不到图样要求，需重新加工。

（7）不应加班的加班：工作效率不高造成的加班，加工出错更改造成的返工等加班。

（8）人员配备不足，长期需要加班、加点。

（9）企业有编制工艺，但工艺力量薄弱，所编工艺仅供参考；有的企业依赖模具工编制，质量得不到保证。

（10）加工工艺编制不合理，增加了加工成本，如支承柱高度用数控铣加工。

（11）工具放置没有固定位置，需要花时间寻找工具。

（12）零件任意堆放，损坏零件精度。

（13）上道工序不合格产品流入下道工序继续加工。

（14）所加工的零件没有及时加工好，需要模具工等待。

（15）吊环螺钉没有旋到位就使用，使吊环螺钉损坏，安全生产存在隐患。

（16）有的企业，零件装配前没有进行检验就装配。有的企业模具钳工任意改动标准件，造成客户质量投诉、扣罚模具款事情发生。

（17）模具总装后，模具明显存在质量问题还进行试模，增加了不必要的试模费用，且浪费了时间。

（18）有的企业，模具零件烧焊没有审批手续，有的企业电焊放在车间中央，并且没有遮光板。

（19）有的企业对设计出错、加工出错没有统计，即使统计，也与原始数据不符，使模具成本核算失去实际意义。

（20）有的企业 6S 工作做得不好。

（21）装配质量达不到设计要求，没有立即采取措施，事后又需要进行返工。

（22）有的企业没有对铜电极或石墨电极进行有效管理，特别是外协加工。

（23）有的企业模具工的绩效工资透明度不高，事后结算，会使模具工有所顾忌，没有真正发挥模具工的主观能动性，工作消极，影响了模具项目完成时间。

（24）有的企业，员工手脚碰伤的小事故时有发生。企业没有关于安全生产的醒目标语，提醒员工牢记安全生产第一。

（25）工作结束，人离开后，没有切断电器设备的电源。

2.9.4 采购部门存在的浪费及原因

（1）模具标准件采购的单位没有通过定点认证，任意购买，造成质量达不到设计要求。

（2）企业应有市场价的采购标准和有关规定，否则会使采购人员有机可乘，建议企业最好有采购件价格不得高于同行或市场价的有关规定，最好指定财务人员跟踪管理。

（3）设计更改时，没有及时更改采购清单，图样与清单不符或采购件与图样或清单不符，造成采购零件留守仓库。

（4）有的企业长期不盘查和进行五金仓库的物资账目核对，导致库存积压。

（5）有的企业的工具仓库所借用的工具没有及时归还，定位保管。

（6）对报废零件或材料没有进行及时处理。

2.9.5 外协加工的浪费及原因

（1）有的模具企业，对外协加工单位和采购件供应商没有通过评审认证，也没有关于外协和采购的价格、质量的标准规定。这样，就使某些外协人员有机可乘，就会损害企业的利益，甚至有的成了"二老板"。

（2）有的企业外协加工管理薄弱，没有制定机床加工的每小时加工费的企业标准（动、定模数控铣、线切割、电火花、雕刻机等）、零件外协质量的具体验收标准。如果外协负责人素质不高，就会出现各种各样的漏洞。

（3）零件的加工质量验收达不到设计要求，且付了合格的加工工时费用，如零件加工表面的粗糙度达不到设计要求，粗糙度很高，但付了精加工的费用。

（4）对外协加工单位没有认证，有的企业外协加工出错的损失及其危害是极大的。

（5）没有充分利用企业的设备资源，计划性不强，随便确定外协加工。

（6）有的企业模具试模需要外协，试模后没有及时拿回试模的塑料（回料和精料）入库。

（7）有的试模模具出厂时有吊环，运回厂的模具没有了吊环。

2.9.6　质量管理引起的浪费及原因

（1）有的模具企业只是略懂一些质量管理流程，但对模具质量的具体要求不很了解，就会中气不足，就会出现质量管理不到位现象，甚至会把不合格的产品流入用户之手，造成客户投诉。

（2）有的模具企业没有模具验收标准，或者有模具质量验收标准，但没有很好地执行，到客户投诉才引起重视。

（3）质量管理仍停留在检查阶段，不是受控阶段。只是把发现的问题通报一下，并没有对其深入分析，找出解决办法和预防措施，有的会出现重复错误。

（4）有的企业质量部门形同虚设，上道工序不合格的流入下道工序，并且进行总装。如有的企业隔水片比隔水片孔大，装配时不得不把它打磨小，标准件成了非标准件。

（5）有的模具企业的质量报表报喜不报忧，对设计加工出错的统计与原始数据有出入，对存在的质量问题没有及时跟踪发现，出现事故后分析又不到位。

（6）有的企业对原材料和外协件不是由质检部门专人验收，由模具工直接下结论。

（7）有的企业试模塑件的验收标准不规范，有的不了解塑件产品的应用要求，质量达不到顾客要求，反复修整模具和试模。

（8）质检工作不得力，造成试模次数多。大型模具试一次模要花费几万元。有的企业，汽车制品模具，平均试模达到九次。

（9）质量部门工作不得力，使企业的产品质量长期得不到提升，由于质量问题造成的浪费现象长期存在。

2.9.7　企业的人力资源浪费现象及原因

（1）模具企业缺乏技术型的管理人才，以行政手段代替技术管理，是这个行业的通病：管理不得力，执行力低下，使模具交货时间延误，模具企业的利润降低。

（2）大多数模具企业，质量体系不健全，没有三大标准（技术标准、工作标准、管理标准；甚至老板就是标准，使人无所适从。所以职业经理人的平均工作年限不到二年，原来主管人离职，新招来的又需磨合期，对企业的正常运转影响很大。

（3）有的企业过分追求利润，节约用人成本，一人多岗，忙于事务，影响了工作效果和质量，其实浪费了人力。只想花精力赚钱，不肯花精力去把模具质量提升。笔者认为，模具企业创业时较困难，但办了许多年的企业，当产值已达五千万以上的需要考虑提升企业管理能力，再也不能光顾赚钱了。应把企业做精而强，而不是很大的家庭作坊。

（4）有的企业组织框架不合理，机构重复，总经理助理兼任技术部长，同时又设有技术总监，职责不清、双重领导。企业应以岗定人，并选用有能力者担任。

（5）有的企业家族式用人唯人是亲，不是唯人是贤。企业由于用人不善，效益不好，没有把人力资源开发出来，可以说是最大的浪费。因为，它会挫伤广大员工的积极性。

（6）人力资源部门的负责人，对员工的实际工作能力及个性不了解，或者没有根据他本人特长爱好，安排工作。造成工作安排不妥当，人才使用不当，没有能力者占着位置起不到应有的作用。

（7）有的企业不是立足于自己培养人才，而是依靠到别的单位挖人（加工资），甚至有的通过猎头公司招聘中、高层人才，被招聘的人员未必全都能发挥作用。

（8）有的企业没有重视人力资源的开发工作或人力资源的开发工作不规范，需要专业人员去做人力资源的开发工作。有的企业没有认识到此项工作的重要性，只是以老板的意图去做。实际上人力资源的开发工作，首先要解决企业的自身问题。不能长期把技术人员作为机器人使用，不要到人才紧张、短缺时才去想方设法到别的单位挖人，实在没办法才被动地考虑培养人才。

特别是对于模具企业来说，技术型的人才需要建立有效的培训机制。企业需要考虑如何开发人才、培养人才，建立一个有利于人才成长的平台。

（9）部门负责人忙于日常事务（或者由于本人能力的关系），没有带领好整个团队，没有使员工的技能水平得到提升。如果企业不重视第二梯队的培养，就会相当被动。

（10）有的企业的有些制度不合情、不合理、不合法，这样会严重挫伤员工的积极性。

（11）有的企业大搞形象工程，照搬大公司的规章制度。如：宁海有家单位，搬了富士康的管理制度和广东一家模具企业的管理流程，应用于模具企业，结果适得其反，弄巧成拙。

（12）薪金制度不合理，严重的挫伤了员工的积极性。企业如果没有激励的工薪机制，员工跳槽现象就会频繁出现。企业关爱员工，员工才会安心在企业工作，实现人生价值。企业要根据员工在企业所创造的价值，给予合理的报酬。

（13）人力资源部门没有从员工角度去调查员工满意度，往往是只搞了形式，实际起不到应有的作用，因为没有了解到员工的真正呼声或建议。

（14）企业没有培训机制。多数企业，新进员工没有上岗培训，让员工自己去摸索、磨合。这样，工作效率明显低下，设计出错率相对来说也较高，质量存在问题也较多。因此，企业需要重视上岗前培训，以师傅带徒弟的形式或者作为助手工作一段时期，再独立工作。

2.9.8 设备管理和使用不善造成的浪费

（1）设备档案管理不规范，有的企业没有使用说明书，没有设备档案的有关维修记录等。

（2）企业对设备管理不重视。设备安装全权委托供应商，企业没有设备科专人验收管理。设备维护保养没有专业人员负责，有的企业仅靠电工维护。设备维护保养不规范，没有定期检查和维护，使设备精度降低。有的机床带病运转，如经 $3+2$ 数控铣加工的模具动、定模分型面，在合模机上配模，需要电磨头打磨好几天。由于使用维护不当，设备没有到使用期限就提前失效，不能使用时低价转让。

（3）高速铣起不到高速铣的作用，大多数使用一万多转，刀具与机床不配套。

（4）编程不合理，空行程太多。精刀与粗刀的三要素没处理好。

（5）设备使用不当，使设备提前失效。

（6）设备布局不合理或错误安置，有的设备没有按生产工艺流程摆布。如：粗、精设备、大小设备混合，有的精密设备没有防震沟等。

2.10 模具项目风险管理

项目风险管理是指对项目风险从识别到分析乃至采取应对措施等的一系列过程，如图2-15所示。项目经理必须了解和掌握项目风险的来源、性质和发生规律。如何在一个肯定有风险的环境里对潜在的意外损失进行辨识、评估，并根据具体情况采取相应的措施把风险减至最低的管理过程就是风险管理。

对于复杂的、技术精度高的模具，更需要做到有备无患，在风险发生时可以找到切实可行的补救措施，从而避免或减少意外损失。

模具项目风险管理包括风险管理规划、识别、分析、应对和监控，通过评估来应对各种风险，以阻止和减少风险所带来的损失。首先必须判断哪些事情会影响项目正常运作；再对风险的概率和影响进行评估，并提出应对方案，降低风险影响程度。

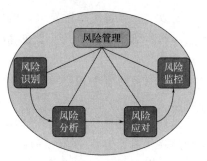

图 2-15 项目风险管理

项目风险管理是一项积极主动的管理，在每个风险管理周期都应该从设计、合同、进度、质量、费用、沟通等管理工作中收集相关信息，并将这些信息反映在风险管理过程中的各环节工作中，并及时进行反馈。模具项目风险管理主要从事前控制、事中控制以及事后控制三个方面来进行。

（1）风险形势评估　风险形势评估主要对未来风险状况进行有效的风险预测与评估，主要以项目计划、预算、进度和其他相关基本信息为基本依据，以实现项目的目标为根本目的，重点关注具体的项目目标、战略、战术、方法和资源。为了认清项目未来的潜在风险和远景规划，主要通过项目审查的方式来实现，同时又揭示隐藏的一些项目假设和前提条件，所以在项目初期便可以识别出早期的一些风险。需要对其各种因素进行分析。同时需要生产部门对工艺可行性及生产能力进行可行性和风险分析、质量部门负责对模具质量保证能力进行可行性和风险分析、财务部门对模具成本、价格及客户付款能力进行可行性和风险分析。

① 模具设计、制造周期、交模时间能否达到客户要求。

② 本公司的加工设备及利用外协资源能否解决。

③ 模具的设计加工难度在哪里，模具的质量能否达到客户要求。

④ 模具价格和结算方法审查，对方信誉是否可靠，模具应收款能否按合同结算。

同时我们应该清楚，风险是动态的、变化的事物，在环境条件改变及预测与分析等存在不确定性的情况下，是不可能实现绝对的精确和可靠性的。任何风险分析和评价的目的只有一个，那就是尽量提供足够的后备措施和缓冲空间，避免对项目失去控制以及在具体的项目实施中出现意想不到的问题。

（2）事前控制　事前控制也可称为风险管理规划，是指如何着手与规划管理风险的过程，事前控制是项目风险管理中最为关键的内容，一般在项目正式启动前期或初期对整个项目从全局性的角度进行全方位的思考、分析和规划，包括风险形势评估、风险识别、风险分析与评价等。

模具项目的事前控制有以下几个重点：①合同的评审；②塑件形状结构分析评审；③设计评审。

（3）事中控制　就是生产过程中的控制，也就是控制风险。通过对风险监视和风险规避来消除一部分潜在的、威胁项目健康的事件。风险的管理贯穿于项目全生命周期，并且持续、反复连续地进行，消除了某些风险来源后，又可能会出现其他未知的风险，同时为了减少风险损失而用风险管理的方法，可能也会造成新的风险。例如，管理风险消耗的项目资源会造成项目其他部分的可用资源变少，规避风险的行动影响既定的项目计划从而带来风险等。所以，在项目实施过程中，项目管理人员必须制订相关标准并分阶段衡量项目进展情况，不间断地监视项目实际进展情况，同时根据风险状况来果断地调整和纠正项目原有行动。

模具项目的事中控制有以下几个重点：①模具制造过程及工艺控制；②装配、试模、修整。

（4）事后控制　模具项目如出现风险就要采取针对性的措施从速解决，减少损失。模具与制品验收属于事后控制。特别要注意模具的总检验收，杜绝不合格或质量有问题的模具出厂，流入客户手中。如果模具出现严重的质量问题，客户就会投诉，通过法院起诉要求索赔。

（5）风险监视　由于时间等相关因素对项目的影响是难以预估的，因此项目风险监视的实施便成为一项非常重要的工作。监视风险即对风险的发展与变化情况进行全程监督，并根据需要进行应对策略的调整。因为风险是随着内外部环境的变化而变化的，它们在决策主体经营活动的推进过程中可能会增大或者衰退乃至消失，也可能由于环境的变化又生成新的风险。

模具项目的风险因素很多，如图 2-16 所示。

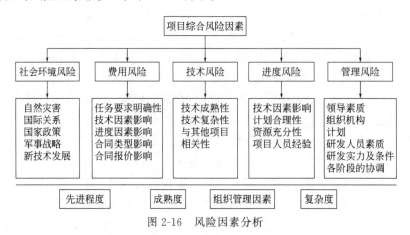

图 2-16　风险因素分析

2.11　模具项具供应管理

模具项目推进过程中，有些同模具有关的产品（模架和动、定模材料、标准件、热流元件、油缸、紧固件、附件、水管接头等）或是服务并非本团队可以生产，以外包较为合适，采用外协生产。

采购是保证企业进行产品开发，保证质量，提高生产效果，进行成本控制的关键环节，企业必须重视采购管理。

2.11.1　模具项目的供应目标

项目供应管理的目标是及时、经济、稳定地保障项目的资源供应。按下达的生产订单与明细表规范采购、物资出入库、发货管理，理顺物料供应链，注意库存量，预防生产脱节。

可以说，项目采购供应主管就是项目的半个当家人，需要在资金、时间和质量三方面的约束条件下运筹帷幄，通过一系列有效的制度、方法和流程，保障供应链的稳定运行。

2.11.2　供应管理的重要意义

俗话说，兵马未动，粮草先行，当模具结构设计好，供应部门首先要按技术部门提供的模架和动、定模模板材料清单，动、定模型芯材料清单，热流道元件、标准件、附件等外购件清单，及时按计划采购到位。

随着模具制造周期越来越短，采购时间要求尽可能缩短；标准件、配件日益增加，采购批次越来越多，以减少资金占压，降低库存；搜集更加详尽的市场信息，并及时跟踪市场动向，提高应对突发需求的反应速度。

2.11.3　供应链形成的三要素

资源的供应链意味着在供需双方建立稳定持久的交易关系，它的形成依赖于三大基本要素。

（1）信息　它是连接需求与供给的纽带，需求方要知道供应方何处何时有供给，而供应方要知道需求方需要什么，何时需要。没有信息渠道，供需双方均在黑暗中摸索，靠碰运气达成交易，关系不可能是稳定的。

市场信息货源和品种的选择，需要建立在对市场信息充分了解的基础上。所需资源从何处可以获得？用什么方式获得？性价比如何？哪个供货商的服务更好？供货周期能否满足要求？都需要通过信息分析做出判断。

（2）标准　仅有供需信息渠道还不够，交易双方还需要就产品的适用标准达成共识，这个适用标准最终将建立在一套统一的质量标准基础之上。质量的适用性不对路或者不稳定，交易也不可能持久。

（3）利益　光有供需信息和适用标准还不足以促成交易，还需要有互利双赢的结果。只有一方得益的交易，即使成交了也是一锤子买卖。供应链既然是建立在稳定基础上的持续交易，没有互利互惠，何谈稳定？

2.11.4　项目供应管理全过程

（1）供应管理决策　决定哪些资源自制，哪些资源外购或外包，这是整个供应管理最基本的决策；如果决定自制，则属于质量管理和时间管理范畴；如果决定外购或外包，则根据项目的资源需求计划制定采购供应计划。

（2）制定采购计划　采购供应管理计划包括两个部分，一是制定采购的需求计划，包括获得资源的策略和评价指标；二是制定采购的作业计划，包括安排采购或招标的工作流程、日程安排，使供应工作的进度与项目实施的进度相互衔接。

（3）实施采购计划　根据采购计划进行市场调研，向供应商发盘询价，考察产品和供应商，洽谈交易条件，起草采购合同，实施招标。

（4）合同跟进收尾　根据合同履约跟进记录，检查合同履约状况，对未尽事宜进行善后处理。对采购合同及附属文件整理归档，进行合同审计。

2.11.5　供应管理的根本决策

作为项目供应主管，往往要面临供货期紧迫、资金不足、资源短缺、价格波动、市场信息不完备、质量缺陷等多重压力，其中任何一个链条的断裂，都会造成项目拖延，甚至终止。

根据项目的资源需求计划，供应管理首先要确定，哪些资源由项目组织内部制作，哪些应当从外部获得。做出这一决策需要考虑以下几个因素。

（1）质量因素　项目组织者要对可交付成果的最终质量负责，因此资源的选取首先要保证满足项目的质量要求。质量问题的背后，实际上是高度专业化分工造就的核心竞争力。专业化程度越高，核心竞争力越明显，质量越有保证。

（2）成本因素　外部获得资源，往往可以充分享受社会分工所带来的好处。选择专业技术水平高的供应商，一般可以在同等质量的条件下降低制造成本。但是外部获得资源的同时也会增加交易成本。因此，决策时需要在降低制造成本与增加交易成本之间进行权衡，如果前者较大，则取外部供给，如果后者较高则宁愿自制。

（3）工期因素　项目对资源需求多有时间约束，特别是关键路径上的资源供应，时间约束往往比成本约束更加刚性。在同等质量条件下，虽然有时自制的成本较低，但是如果生产周期较长，有可能突破时间约束，那么即便多出一些成本，也可以考虑从外部获得。

项目组织从外部获得资源，也有三种主要模式：外购、外租、外包。选取何种模式，也需要对各种因素进行综合考虑，其中最主要的是成本因素。

2.11.6　采购的基本要点

采购计划要点如图 2-17 所示。

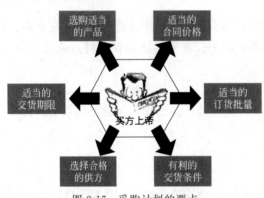

图 2-17　采购计划的要点

（1）编制采购计划，需要考虑六项指标：符合性、规范性、经济性、通用性、可获性、可扩展性，获得最高的性价比，见图 2-18。

（2）什么时候采购？即确定恰当的订货周期和交货期限，一方面最大限度地降低停工待料的风险，另一方面最大限度地减少库存成本。

（3）采购多少？即确定适当的订货批量，包括各种资源的适当比例关系，以便使项目的采购和库存综合成本降到最低。

（4）以什么价格购买？即争取有利的合同价格，除了节约采购成本之外，还要考虑尽可能降低交易风险。

（5）如何交易？即争取有利的交货条件，包括包装要求、运输条件、交货地点、保险条款、检验方式、付款方式、违约处理、售后服务等。

2.11.7　采购原则

采购适当的产品，关键是为选购产品设置质量指标。适用的产品不是追求高精尖的最优值，而是追求性价比的满意值。

（1）因此采购零件和材料要求达到如图 2-18 所示的六项指标。

符合性：产品的功能可以满足项目的使用标准和质量要求；

规范性：产品质量必须符合国家法规及标准；

经济性：在成本约束的前提下，最大限度地满足使用功能；

通用性：不是针对性非常强的专业产品，尽可能考虑满足多项功能的需求，以便提高资源的利用率；

可获性：尽量选择能够方便及时采购到的产品，这对缩短供货周期和及时售后服务有好处；

扩展性：选购产品要有适当的前瞻性，考虑到当前，又考虑到今后发展的前途。

（2）采购员职责

① 争取有利的合同价格。除非购买标准化的产品，否则供应商往往需要根据订货合同加工后交货，这就涉及合同定价的问题。如图 2-19 所示，项目采购的合同定价基本上可以分为四大类。

② 价格不得高于同行的市场价，高于市场价报请总经理批准。

③ 产品质量达到项目的设计要求。

④ 供货时间要及时、准确。

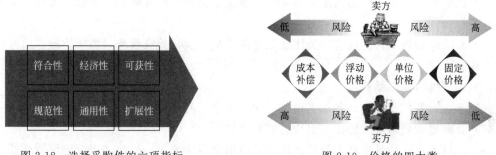

图 2-18　选择采购件的六项指标　　　　　　图 2-19　价格的四大类

2.11.8　采购交货条件

在选购零件的材料品种、规格型号、合同价格、数量、供应期限、供应商这五个主要问题确定之后，剩下的交易条件主要是围绕交货前后的合同条款。如图 2-20 所示，这些条件主要包括包装要求、运输保险、交货地点、检验方式、付款方式、售后服务和违约处理、争议仲裁。

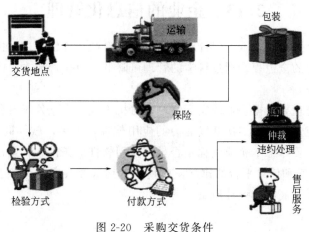

图 2-20　采购交货条件

2.12　模具外协管理

模具外协在交期紧迫、企业无法按期完成（企业模具饱和情况下，模具整套外发外）时，可缓解企业人员和设备（或企业内部加工设备无法达到精度）的紧张现状，保证模具项目按期完成。外协管理职责如下。

（1）负责填写"外协加工申请单"与"模具加工报价单"报请主管审批。

（2）对外协加工单位进行认证体系的考察、认证、评估，并做出总结。

① 注塑外协加工单位需要具备5S工作环境，考察其是否达到安全生产的要求。

② 注塑外协加工单位是否具备质量意识，是否将质量作为第一用户负责，确定其工作态度是否认真。

③ 注塑外协加工的设备精度以及加工能力、管理能力、精加工能力和水平是否达到生产要求。同时还要确定加工质量以及交货工期。

（3）做好外协加工单位的沟通工作，使其接受本企业的设计要求、质量与价格、交期要求，并签订合同。

（4）跟踪外协加工件的进度，关注加工零件质量，制订验收规范，协同质检部门对产品验收入库。

（5）填写外协加工结算单。

（6）掌握行业信息，制订各加工设备的加工定额工时和价格。

（7）及时妥善处理好外协加工出错的突发事情。

（8）制订本企业的外协加工管理办法，避免出现口头要求，外协加工应按照图样要求。

（9）对所有外协加工的合同、加工图样、外协加工申请单与模具加工报价单、结算单整理归档，存放三年。

（10）加强对外协人员素质与水平培训，避免拿回扣现象出现。

（11）做好外协管理工作。对于外协加工件的加工，不仅要考虑加工价格，还需要考虑加工质量。如何在保证加工质量的同时降低成本是每个外协加工企业需要注意的问题。

2.13　企业的信息化管理

模具企业信息化管理是一款专门针对模具管理的系统，详细描述了模具设计、制作、质量检验、使用和保存的全过程。通过科学的管理可降低模具生产成本、提高使用效率，切实为保证产品质量服务。

企业的信息化管理要根据企业的实际情况，时机不成熟、条件不具备的情况下，不要着急上该系统。企业应选用具有二次开发能力的应用软件，如果，软件同企业流程不一致时，可进行更改。同时需要考虑本企业流程是否具备使用软件的条件，否则没有效果。

企业3D标准件库和信息平台的建立，有利于达到资源共享；有利于提高设计效率，避免设计出错；有利于提高模具设计质量。

2.13.1　信息化的重要作用

（1）制造业信息化的意义　我国确立了"以信息化带动工业化，发挥后发优势，实现国民经济的跨越式发展"的战略决策，将信息化放到与工业化同样重要的高度，实现工业化与信息化的融合，如图 2-21 所示。信息化和工业化都是推动经济发展的基本方式，是不断从较低级阶段向较高级阶段发展的过程。同时，信息化的发展建立在工业化基础之上，并能促进工业化的发展。从总体上讲，工业化主要解决生产活动中的动力和机械问题，既解决人的体力不能直接解决的问题，又可将人从繁重的体力劳动中解放出来。信息化主要解决信息编码、传输和处理等问题，是解决人的智力不能直接解决的问题，将人从繁重的脑力负担中解放出来，在许多方面能代替人脑的记忆、计算、推理、思维等。信息化的工作对象主要是信息知识，通过解决信息的编码、传输和处理等问题，能在更高层次扩大物质生产的数量和提高物质生产的质量，同时也能实现信息的综合和提高。

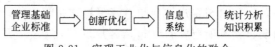

图 2-21　实现工业化与信息化的融合

（2）模具行业对管理信息化的需求　模具行业是很辛苦的行业，既要体力又要脑力。20世纪 80 年代，很多模具是依靠模具钳工用手锤与錾子手工加工出来的；90 年代，由于引入了数控加工机床、EDM 等较先进的设备，大大地提高了模具的生产水平，生产周期及模具的品质也有了很大的缩短与改进。另一方面，CAD/CAM/CAE 等工具在模具行业也得到了广泛的应用，模具的设计及数控加工水平有了很大的提高。目前，模具行业面临着新的压力，客户对模具交付期要求越来越短，模具价格越来越低。如何保证按期交货，有效地管理和控制成本就显得越来越紧迫。模具行业的上游（客户）为了追求利益最大化，提升自身的市场竞争力，需借助全球化的网络，寻找对其更有利的供应商，这对于老字号的模具企业就形成了新的压力。模具企业如何不断地开拓更多的客户，保持订单的稳定，对模具企业管理和业务人员显得尤为重要。模具行业的工人借助工业化的机器解放了繁重的体力劳动，技术人员借助 CAD/CAM/CAE 等信息化的技术减轻了复杂的脑力劳动。如何把模具业的管理及业务人员也同样从烦琐的事务中解放出来是摆在我们面前的另一个课题。所以，模具企业管理的信息化已经成为模具行业发展和进步的必然趋势。

（3）模具企业管理信息化　现代管理技术的进步与发展为我们提供了众多先进的信息化管理手段，包括企业资源管理系统（ERP）、客户关系管理（CRM）、供应链管理（SCM）、项目管理（PM）以及基于互联网的电子商务等。模具企业管理信息化就是根据模具行业的特点，融合上述现代化管理技术，把模具企业上下游业务过程、技术沟通过程以及模具企业内部业务管理过程，以 IT 的形式固定下来。最终提高模具企业的管理水平，把模具企业和管理者及业务人员从繁杂的事务中解放出来。

2.13.2　模具企业完整信息化布局范围

模具企业完整信息化以 MES 为核心，五大系统互联互通，完全覆盖人、机、料、法、环、测之工厂管理六根本，如图 1-13 所示。

2.14 模具项目完成后的验收和评价

在模具企业中，由于许多原因，大多数模具项目不能按时完成，这种现象普遍存在于模具企业中。为了争取时间，有的在不考虑成本条件下，虽然按时完成模具项目，但质量达不到要求，这样的项目可以说是失败的。有的模具项目按时完成，但模具质量达不到要求，这样的项目也不能算成功的。有的以高成本且能按时完成，并获得最好的质量结果；这样的项目可以说是成功的，但不算理想。长期这样做，企业利润就减少。

企业中的模具项目完成好坏，决定着企业的命运。项目完成的是否理想，体现了企业的综合能力。如果一个企业的模具项目完成较好，证明其企业从设计、生产、到管理的理念都比较好，团队协作气氛好；也说明企业具备了真正的企业文化、员工整体素质高。模具项目成功，顾客满意度肯定好，其企业发展潜力就大。

当模具项目完成后，应及时与客户按合同做好模具款结算工作。并认真总结这副模具项目的经验、教训，同时要求整理所有资料（包括客户反馈信息），提交文控员存档。对企业来说，存档的资料、所积累的经验是非常重要的，它能给相类似的模具项目起到借鉴作用。

项目经理对模具项目的相关部门（营销、设计、采购、工艺、制造、装配、品质、仓库、标准化、项目管理）进行部署，主要包括下列内容：时间绩效、成本绩效、过程绩效、项目计划与控制、顾客关系、团队关系、沟通质量、过程中问题的确认与解决、创新与建议等。项目的安排时限、计划时间、实际完成、异常分析、整改时限、效果验证等汇总后提交档案室。

模具企业是特殊行业，因为模具产品是单一产品。模具企业是典型的面向订单的单件生产型企业，由于订单的随机性，就很难做到计划接单；同时，模具产品的复杂多样性，给模具结构设计带来一定的难度，使工艺生产过程的不稳定性、试模的不确定性增加。

由于新产品开发的不成熟性，制品形状、结构的设计可能存在着问题，会增加模具设计难度、会使制品出现成型缺陷。这就需要对制品形状、结构进行变更、修改，与此同时带来大量的工作量，占用了模具制造周期，从而影响了交模时间。

这些客观条件与复杂因素的存在，给模具的设计、制造、项目管理带来一定的难度，模具的质量和成本就很难得到有效控制。要想使设计、生产过程得到有效的管理和控制，就需要有规范的设计、制造流程。

很多企业的员工，甚至企业老总对内部运作并不十分清楚，这听起来荒诞，但千真万确，而且极为常见。因为，对流程管理的认识不确切，误以为企业制度与规定等于流程，单纯地制定制度和规定不能等同于流程管理。模具项目的管理需要根据企业的客观实际，结合企业发展的实际情况，将企业各部门的管理实现标准化、规范化、程序化，这个过程就是流程管理。

3.1　流程管理的重要性

模具业内同仁们都认为"累、难"，其原因何在呢？这是企业家都在苦苦探索和思考的问题。模具行业问题的存在，关键是没有优化的流程管理。

如果企业有了优化的流程管理，并重视员工培训，具有企业质量文化氛围的保障，这个企业肯定会欣欣向荣、如虎添翼地飞跃发展。因为，只有优化的流程管理，才能实现顾客的最大期望值。有了优化的流程管理，才会使模具企业设法做大、做强，创立一流模具公司的目标也能实现。

然而，规范工作流程，需要立足于企业的现实状况，设置、健全、规范各级流程，不断地优化流程，同时需要企业的高、中层直至全体员工共同为其努力奋斗，才能实现流程管理的目的。

3.2　项目管理流程的要求

管理就是走流程，只有好的过程管理，才会有好的结果，企业需要规范的流程。企业在制定流程时，要立足现实，实事求是，一切从实际出发。要求流程简单，可操作性、实用性强。无论是管理者还是员工都可以非常清楚地知道企业是如何运作的，而且运作要透明，规则要清晰统一。因为透明，大家才能有共识，有共识才能形成合力，而且让问题无处可逃。组织的各级管理者可以一目了然，而部门之间不能随意插手干扰。

3.2.1 项目流程的六要素

流程化管理是建立在客户需求的基础上的。客户分为内部客户和外部客户。内部客户是指企业内接受活动或流程输出结果的下一道工序的进行者；外部客户是指使用模具产品的客户及有关供应商。所以，制定工作流程前，必须做好企业与市场调查，了解内外客户需求。

（1）流程的定义是一个或多个输入转化为客户有价值的输出活动，也可认为业务流程是一系列结构化的、可测量的活动集合，并为特定的市场或特定的客户产生特定的输出。

（2）流程的六要素，如图3-1所示。①输入资源（客户资料数据）；②若干活动（设计、制造、试模、验收）；③活动之间的相互作用和实现方式；④输出结果（活动之间的相互承担者）；⑤客户；⑥价值（产品满意度、产品考评）。

（3）流程六要素的核心是价值，即一个流程设计是否有效的判断标准是对客户是否产生增值，或者说客户是否因此而愿意买单。

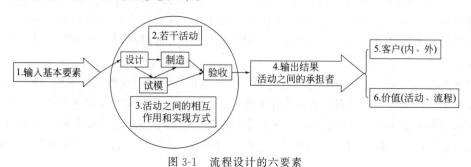

图 3-1　流程设计的六要素

3.2.2 项目流程要求

项目流程到底分几级呢？这个问题没有定论，具体可以到几级，主要基于公司管理的需要，与精细化管理的程度有关。流程是否越精细越好？也不是，因为管理是需要成本的。这主要基于管理的需要，很多企业会有疑问："我们已经有了ISO体系"现在是否需要重新建立另外一套流程体系？"当然是需要的，因为流程体系和其他标准管理体系是"过程管理"和"结果管理"的关系。所以，一个企业只要建立了流程管理体系，其他管理标准的要求都可以直接体现在流程管理的节点中，而无须根据各类标准管理体系建立文件体系。

工作流程是根据项目的特点设定的，但是它一旦设定，就会反过来决定项目的组织框架结构和管理模式。而应用管理模式的原则是具体问题具体分析。

（1）制定流程时，要立足现实，实事求是，一切从企业的实际出发，不能闭门造车。如果企业的基础工作较差，可先搞大流程，再搞二级流程，然后逐步健全三级流程，并且根据企业发展状况，持续改进。

（2）流程的目标要求明确清晰、有的放矢。制作工作流程是企业管理中常用的一种方法，工作流程可以使每一项工作均能清楚地呈现出来，有助于相关人员对整体工作的掌握。

任何人只要看到流程图，便能一目了然。

（3）流程要求简单、不繁琐、规范、可操作；流程需要一套图、表，就是一套目标明确、责任到人的一目了然的流程图和表格。并且要根据企业管理的需求进行持续改进，调整和提高。

（4）管理工作的大忌是不知如何管理，所以流程要以结果为导向，注重结果，做好过程。流程的终端往往是产品质量，最后是客户的满意度。所谓的结果导向，即强调在管理工作中，每一个动作、每一个步骤都要符合结果的要求，否则一切都将失去价值和意义。

（5）跨部门的流程一定要指定流程所有者，比如招聘流程，虽然各部门都使用，但招聘流程所有者是人力资源中心。

3.2.3　流程的制定与设置

（1）流程的形式：图文并茂、层次清晰，包括流程的岗位责任分类和流程活动的先后顺序和步骤。

（2）流程图的设计，使用图表，进程排列和连线技巧对美化流程图有很大影响。通用的工作流程图是"矩阵形式流程图"，它分为纵横两个类型，纵向表示工作的顺序，横向表示工作的部门和职位，通过纵、横两个象限坐标，可以达成我们的工作要求，既解决了先做什么后做什么的问题，也解决了某项工作由谁负责的问题。

（3）流程图使用一些标准符号代表某些类型的动作，如椭圆表示流程的结束与开始、决策用菱形框表示、具体活动用方框表示、信息来源用矩形表示、信息传递用平行四边形表示，常用的图形形状所表示的含义如图 3-2 所示。

这些过程的各个阶段均用图形块表示，不同图形之间以箭头相连，代表它们在系统内的流动方向。下一步何去何从，要取决于上一步

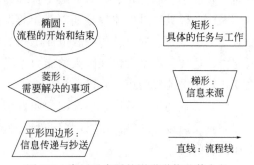

图 3-2　常用示意图的图形形状及其含义

的结果，典型做法是用"是"或"否"的逻辑分支加以判断。但比这些符号规定更重要的，是必须清楚地描述工作过程的顺序。流程图也可用于设计改进工作过程，具体做法是先画出事情应该怎么做，再将其与实际情况进行比较。

（4）流程图的功能：流程图是指显示各系统中要素之间相互关系的一种图，是揭示和掌握封闭系统运动状况的有效方式。作为诊断工具，它能够辅助决策制定，让管理者清楚地知道，问题可能出在什么地方，从而确定出可供选择的行动方案。

（5）流程的设置：环环相扣，有枝有叶。制作工作流程时必须站在企业发展的高度上，在企业发展规划的范围内，按照精准定位、精细梳理、调整组织框架、合理设置部门岗位的原则行事。流程是从整体出发，不是"各自为政"来制作流程。

（6）流程管理环节设置上的问题主要表现为以下 5 个方面，如表 3-1 所示。从表上看到有"真空地带"，这个"真空地带"，才是当前需要解决的问题，不确定性太高，出现差错的概率就大。所以，系统性的流程管理是做好工作的根本保证，制作流程就要消除管理上存在的"真空地带"。

表 3-1　流程管理环节设置上的 5 大问题

问题	说明
流程之间环节过多	例如,某企业的财务部门,总监督核查与会计科主管由同一人担任。但对于一些单据的审核,会计科完成后,再经预算科审核完还要由总监督核查进行监督核查
流程之间环节跳跃过大	这类问题较为常见。指在两个环节之间缺失了一个必要的步骤的情况。如培训流程缺乏评估环节、设备采购缺乏试运行环节等。"环节跳跃"与"关键控制点缺失"和"缺乏必要的信息反馈"有所区别
流程环节顺序不合理	例如,某企业的年度经营计划制定流程中,各分厂先向总部计划管理部门上报了计划初稿。再与设备管理、案例管理等部门协商进行调整
缺失关键控制点	对于重要事项的控制环节缺失。如计量仪器的购买缺乏质量部门的审核环节、劳保用品的发放缺乏超标审核等
缺乏必要的信息反馈	一些需要进行信息反馈的工作缺乏信息反馈环节,在一些人力资源相关岗位调整、考核等流程中容易出现这一问题

3.2.4　流程的发展阶段

（1）由于模具企业是典型的离散型加工企业,在模具行业管理中,被认为是人治、师父导向、管理不易制度化、不易电脑化管理的行业。

因此,模具项具的流程是随着企业的发展逐渐形成的,刚开始时流程仅仅存在于员工的脑海中。员工只能通过言传身教或在不断的挫折中获取知识。而工作的好坏与绩效取决于个人能力;这样,经常会出现因人的能力差异、人员调动或部门运作发生变化,部门绩效也随之变化。这是流程的第一阶段。

（2）流程的第二阶段,各部门的职责用文字书面规定,以制度的形式出现,来描述各部门的职责及岗位的内容。而以部门的利益为导向的流程会产生相互扯皮现象,不能真正解决工作协调问题。

（3）流程的第三阶段,流程用跨职能流程图的形式描述,体现岗位间工作的逻辑性。

（4）流程的第四阶段,小流程逐渐合并为大流程,短流程逐渐合并为长流程,流程分类分级实现精细化管理,而且流程节点的知识被梳理出来,流程开始有了记忆。

3.2.5　项目流程的判断标准

（1）流程的合格条件

① 所有流程一目了然,使工作人员能掌握全局。

② 更换人手时,按图索骥,容易上手。

③ 所有流程疏忽之处,均可适时予以调整、更正。

（2）流程的判断标准

① 是否跨岗位。

② 是否重复发生。

3.2.6　流程分级清单

为什么有的企业有流程,但效率却很低呢？因为很多企业的流程文件描述非常简单,往往描述流程大的阶段，并没有细化到岗位的每一步操作，结果很多事实真相被掩盖了。所以流程需要细化。那么流程到底分几级好呢？其实对这个问题没有定论，主要根据公司管理的需要，具体见表3-2。

一级流程：一般指业务域，比如公司级流程图，如公司预算、员工管理、客户销售往来、IT等。

二级流程：具体部门级别的流程图，比如人力资源、市场部门、技术部门。

三级流程：部门内的具体工作流程图，比如招聘管理流程、培训流程等。

三级以下：子流程，比如普工招聘流程、高管引入流程等。

表 3-2 流程清单

一级流程	二级流程	三级流程	四级流程	流程名称	流程所有者	流程简介	流程绩效指标	……	备注

3.2.7 模具项目策划管理程序

模具项目策划管理程序，见表3-3。

表 3-3 项目策划管理程序

1. 目的

此程序文件规范公司对模具开发与制造过程的控制,保证模具的使用性能符合客户的要求

2. 范围

适用于本公司对模具开发与制造所进行的项目管理策划的控制

3. 定义

项目管理策划程序是指从接到订单到模具质保期满这个阶段,模具质量、时间、成本的控制程序

4. 职责

| 项目 | 模具事业部经理 | 营业部 | | 工程部 | 品质部 | 采购 | 制造部 | | | 仓库 | 财务部 |
		办公室	项目工程师				办公室	模具组	外协		
1 询议价邀请书		R									
2 注塑模具技术标准		R	A	A			A				

项目		模具事业部经理	营业部		工程部	品质部	采购	制造部			仓库	财务部
			办公室	项目工程师				办公室	模具组	外协		
3	报价数据接收		R									
4	报价	A	R	A	A			A				
5	议价/协议签订	A	R									A
6	开发任务书		R	A								
7	与客户技术沟通		A	R	A	A		A				
8	注塑模具技术标准签订		A	R								
9	项目阶段性提交文件确认		A	R								
10	注塑模具验收标准		A	R	A	A		A	A			
11	注塑设备信息输入表		A	R	A	A		A	A			
12	运输包装方案说明		A	R		A						
13	开模数据接收		R	A		A						
14	模具开发进度表	A	A	R	A	A	A	A	A	A	A	A
15	模具开发规格书与设计方案整合书		R	A	A			A	A			
16	模具开发关键尺寸要求		R	A	A			A	A			
17	可行性分析报告		V	B				V				
18	模流分析		A	R			A	A				
19	模架初审表及 3D 数据(内部)		A	R	A			A	A			
20	模具结构评审表及 3D 数据(内部)		A	R	A			A	A			
21	注塑模具初步设计评审表及 3D 数据		A	R								
22	注塑模具最终设计评审表及 3D 数据		A	R								
23	日程工艺时间表		A	A				R	A			
24	日常进度跟踪记录		R					A		A		
25	模架采购要求		R	A			A	A				
26	供应商选择/订单签订	A		A	A		R	A				A
27	模架采购计划(客供)		A				R					
28	模架加工图纸确认(附图)			R			A					
29	模架品质检验报告(客供)					R	A					
30	探伤检验报告(客供)					R	A					

续表

项目		模具事业部经理	营业部		工程部	品质部	采购	制造部			仓库	财务部
			办公室	项目工程师				办公室	模具组	外协		
31	硬度检验报告（客供）					R	A					
32	模架接收清点表						A		A		R	
33	模架品质检验复核报告（内检）					R			A			
34	零配件采购要求		R		A		A	A				
35	供应商选择/订单签订	A		A	A		R	A				A
36	模具标准件、电极、小料采购清单（附图）				A		R					
37	模具标准件、电极、小料采购计划			A			R		A	A		
38	标准件、电极、小料检测					R	A					
39	模具标准件、电极、小料领用记录									A	R	
40	热流道询价函				A		R					
41	热流道图纸确认（附图）				R		A					
42	供应商选择/订单签订	A		A			R					A
43	热流道采购计划			A			R	A				

注：A 表示主负责；R 表示协助部门（工作流程中核心内容）。

3.2.8　企业导入工作流程的条件

企业高层重视，才能成功导入工作流程。很多企业都已经认识到企业内部形成统一的流程非常重要，但仅仅靠宣传口号效果甚微。有人说："现在社会太浮躁，再加上平时工作忙，没有几个人真正肯花时间把一本书看完，更不要说理解了"。这就需要下决心、下精力去力推，要求员工首先重视流程的作用、对流程的理解透彻，然后认真执行流程；使企业形成流程文化，为企业应用信息化打下扎实的基础。否则即使有规范的流程也很难导入，所以企业要上下一致重视流程标准的建立，才能成功使用，这就是企业导入流程的条件。

3.3　模具合同评审程序

（1）设计合同评审时，销售、技术、生产、计划、供应、财务等部门的具体负责人都应参加，最后报请总经理批准。

（2）技术部门确认模具设计的可行性，生产部门确认加工机床、人工工时、制造工艺方法的可行性及生产计划安排的评审，供应部门确定标准件、模架动定模材料和价格的可控性，财务部门进行成本核算和经济性分析。

（3）合同评审流程如图 3-3 和图 3-4 所示。

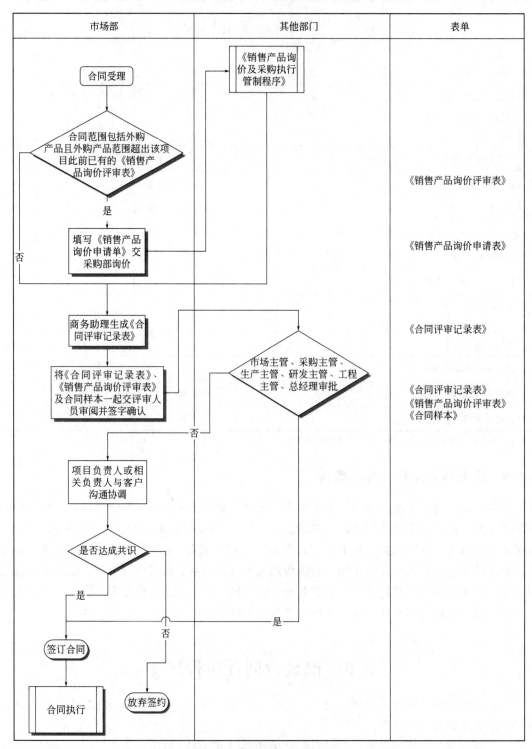

图 3-3　合同评审流程图（1）

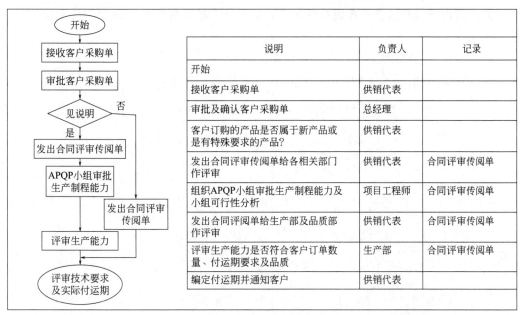

图 3-4　合同评审流程图（2）

3.4　模具设计、制造总流程

（1）模具总计划甘特图，如图 3-5 所示。

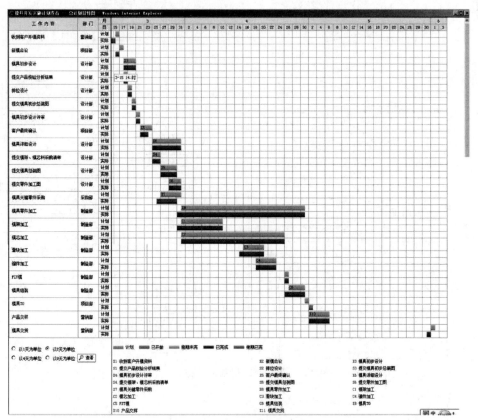

图 3-5　模具总计划甘特图

（2）模具设计与制造总流程版本较多，大同小异，具体的如图 3-6～图 3-8 所示。

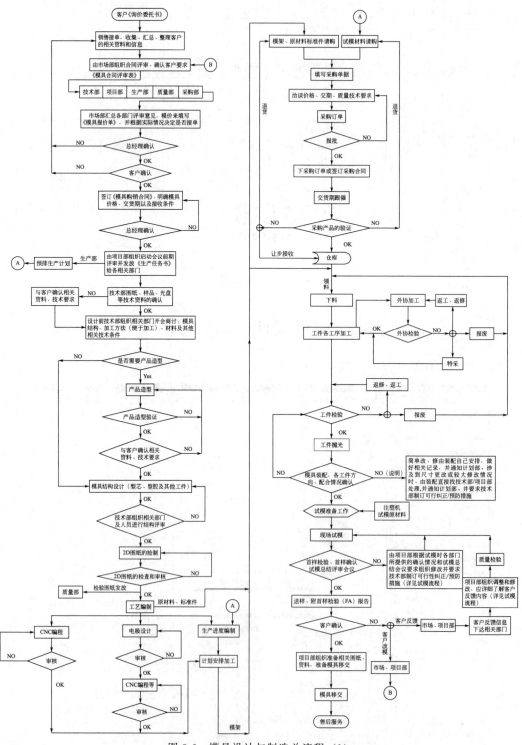

图 3-6　模具设计与制造总流程（1）

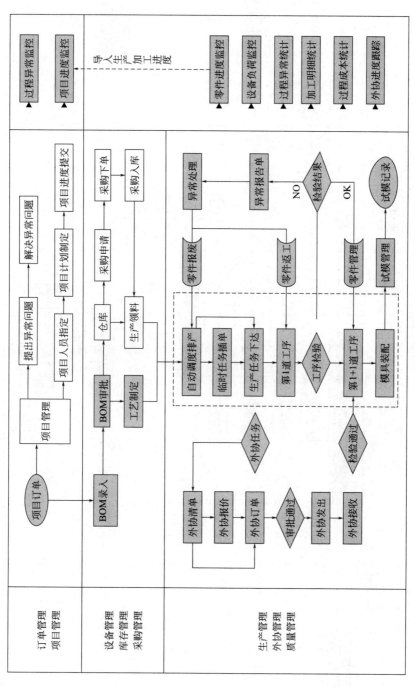

图 3-7 模具设计与制造总流程 (2)

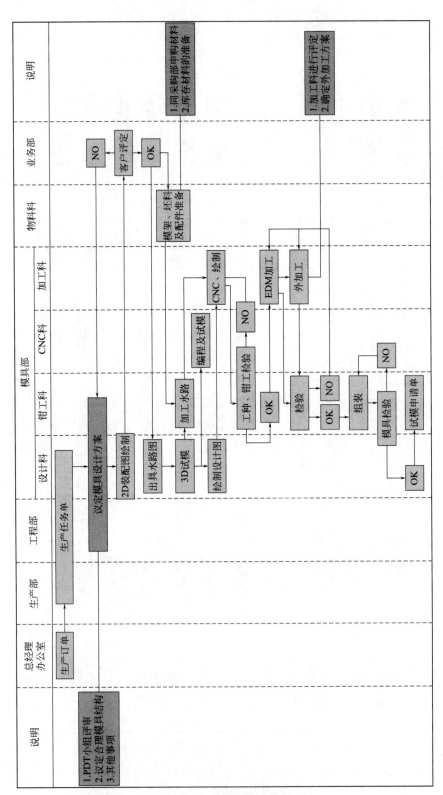

图 3-8　模具设计与制造总流程（3）

3.5 模具设计流程

3.5.1 模具结构设计流程

（1）模具设计总流程图，如图3-9～图3-12所示。

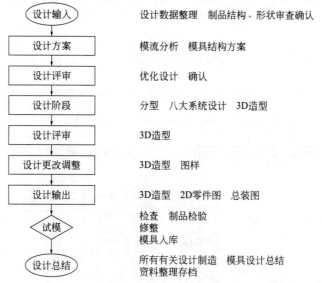

图 3-9 模具设计总流程（1）

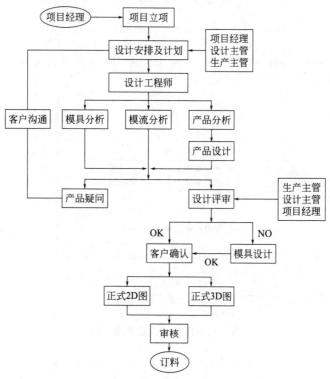

图 3-10 模具设计总流程（2）

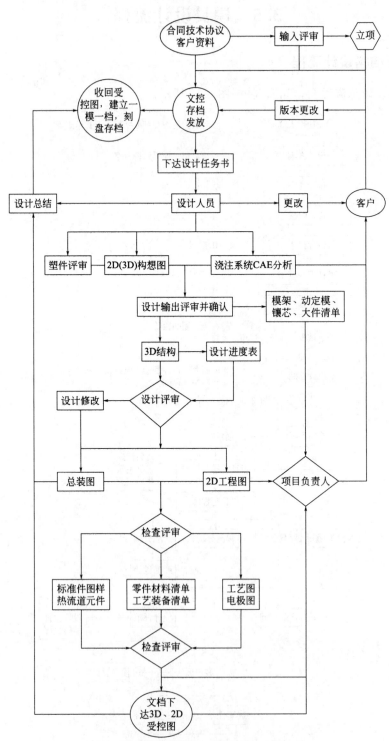

图 3-11　模具设计总流程（3）

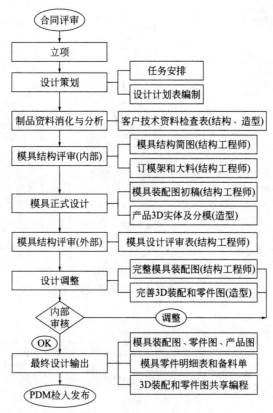

图 3-12 模具设计总流程 (4)

（2）模具分型面设计流程，如图 3-13 所示。

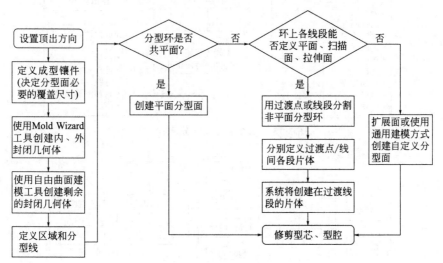

图 3-13 模具分型面设计流程

（3）模具设计分流程，如图 3-14～图 3-16 所示。

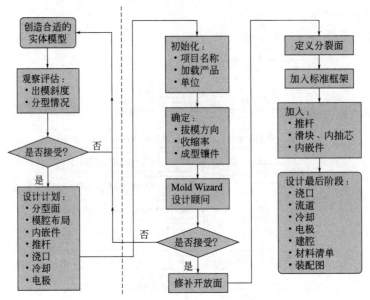

图 3-14　模具结构设计分流程（1）

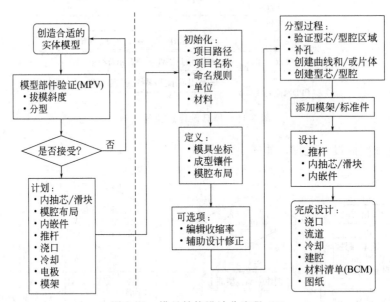

图 3-15　模具结构设计分流程（2）

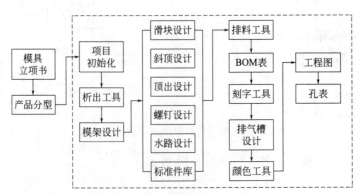

图 3-16　模具结构设计分流程（3）

3.5.2　设计输出的评审流程

设计好后，按照设计评审流程，做好模具结构设计的评审工作，对减少设计出错，提高模具质量有着重要的作用。具体要求做好下面的有关工作。

（1）模具结构设计初评　设计人员根据所提供的数据进行整理、检查、分析，确认塑件结构形状设计没有问题存在，才可进行模具设计（3D造型、2D结构装配草图）。由设计人员根据部门负责人下达的设计方案，进行内部初评，通过后再设计。

（2）模具结构设计复评和客户评审　设计人员对所设计的模具结构进行自检，确认无误，提交模具项目经理，组织有关人员评审。

（3）模具结构设计最终确认　根据评审结果进行修改后提交客户评审。最后确认后才可发放图样文件，如图3-17所示的评审流程。

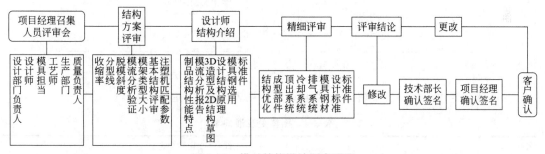

图3-17　模具结构设计评审流程

（4）模具设计员打印最后数据的全套模具图样并编制"产品订单"。

（5）模具设计文件经整理后提交审图者审核验收。确认图样审核无误后，审图员签字确认。

（6）经审图员签字通过的模具设计文件由模具设计员提交设计部主管或设计组长签字批准。

3.5.3　设计变更流程

（1）模具结构设计变更流程，如图3-18和图3-19所示。

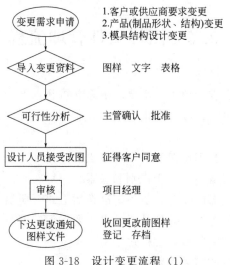

图3-18　设计变更流程（1）

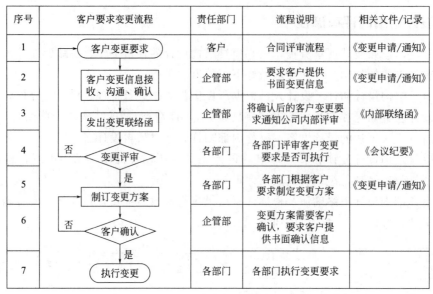

图 3-19 设计变更流程 (2)

（2）设计变更后把图样文件和更改通知单（见表 3-4）一道下发。

表 3-4 图样更改通知单

图样文件代号：		图样（文件）更改通知单号：	
名称：		更改级别： 秘密□ 一般■	
		有无二维或三维图： 二维图■ 有三维图■	
更改理由（依据）：			
更改前： 封存旧版本		更改后： 换发新版本	

3.6 图样文件管理流程

图样文件控制流程图，见图 3-20。

（1）对现行文件按规定进行评审，必要时更新并重新批准。

（2）文件更改应提出申请，办理审批手续，并制定识别文件更改和现行修订状态的控制清单。

（3）所有文件需由文件管理员对其分发和接收，并做好分发/回收记录。

（4）所有文件必须保持清晰，易于识别和检索。

（5）外来文件由各收到部门相关人员签字确认后汇总至质量部文件管理员处统一控制。

（6）过时或破损的文件应回收并作销毁处理，要保留的旧版文件加盖"作废"章，参考用的作废原版文件加盖"作废"章和"仅供参考"章。

（7）图样与更改图样发放需要用登记表备案。

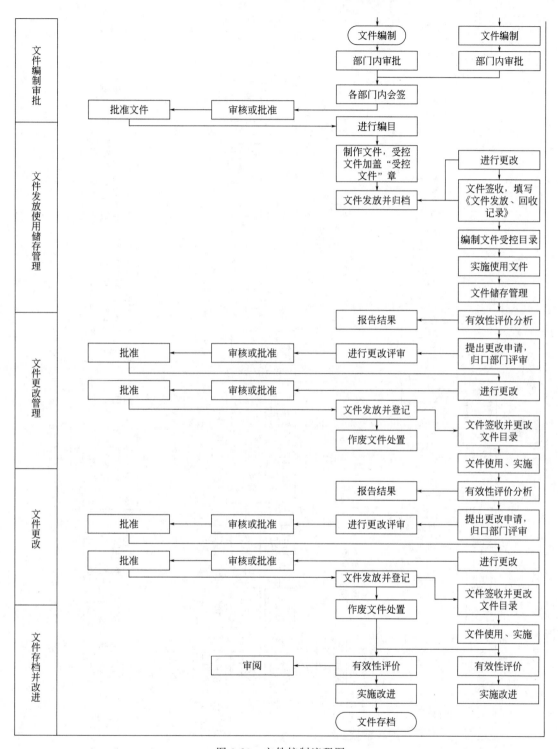

图 3-20 文件控制流程图

3.7 工艺编制流程

（1）模具制造工艺编制流程如图 3-21 所示。

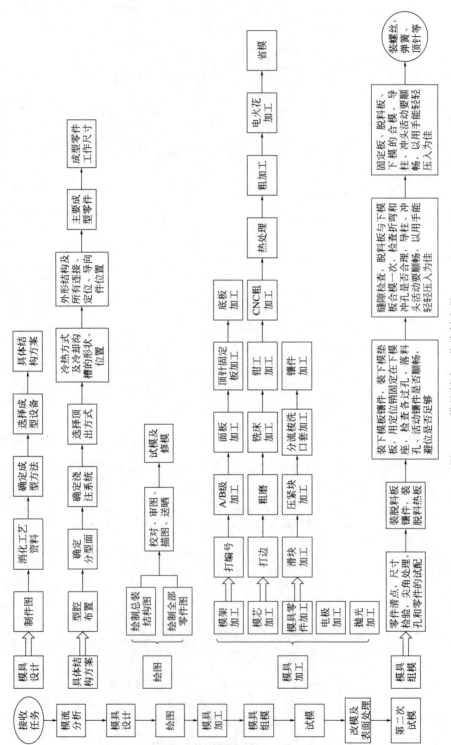

图 3-21　模具制造工艺编制流程

（2）注塑模具常规制造工艺流程，如图 3-22 所示。

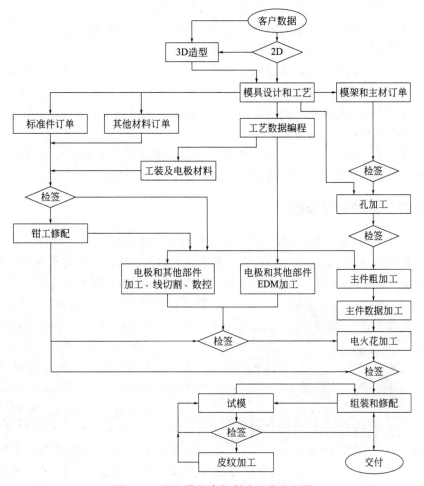

图 3-22　注塑模具常规制造工艺流程图

3.8　采购管理流程

项目采购的实施可以分为内外两个流程，外部流程为交易流程，内部流程为管理流程。

3.8.1　采购实施的交易流程

外部流程为交易流程，如图 3-23 所示。其有关内容如下。

（1）发盘询价　通过各种渠道了解产品性能、质量和价格等消息。经内部初步筛选后，给潜在供应商发出采购需求说明书，以便供应方明确具体的采购要求。

（2）获得报价　在潜在供应商回盘报价之后，要求其解释报价的依据，确认包括售后服务在内的各项信息，明确报价的实际内涵。

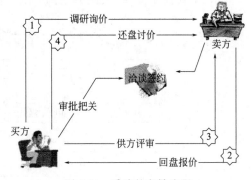

图 3-23　采购的交易流程

（3）供方评审　对回盘的供应商的资质、信誉、实力、价格、供货条件进行评估，首先排除没有资质的供应商，其余的可采用加权综合评分的办法筛选。

（4）还盘讨价　对评选入围的供应商还盘，讨价还价时不能致卖方于死地，既要争取最大利益，又要给对方留下盈利空间，立足于建立双赢的合作关系。

（5）谈判签约　能够进入以签约为目的的谈判的供应商，说明已经进入核心圈，在关于品种、价格、数量、质量标准等主要问题上已经基本达成共识。以签约为目的的谈判将进入短兵相接，主要围绕着交货期限、交货方式、支付方式、违约条款、争议处理等细节条款。双方签约之后，合同将进入履行阶段。

（6）审批把关　对于评审、签约、验收、付款等重要环节，有必要请技术专家、会计师、律师及有关部门负责人审查，防止操作失误和采购人员受贿。

3.8.2　采购实施的管理流程

图 3-24 是采购实施的管理流程，从计划采购到签订合同需要四个环节。

（1）采购申请程序　已经纳入项目资源需求计划的采购项目，不需要申请。如果因计划变更需要追加资源采购的情况，则需要相关人员填写规范的资源需求申报单。当产品或图样变更时，原则是任何变更都需要申请，并存档。

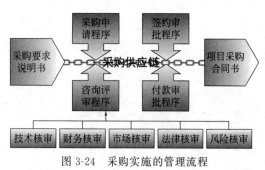

图 3-24　采购实施的管理流程

（2）咨询评审程序　评审的对象集中于两点：一是采购产品的性价比，二是产品供应商的实力和信誉。咨询评审目的是筛选不合格的产品供应商，提供入选的产品。

（3）付款审批程序　付款审批程序的作用：一方面将采购工作流程与财务管理对接，另一方面可防止财务漏洞和腐败现象。付款审批程序的原则是审核签单、批款。预付款要根据合同条款、采购款根据产品验收单和质量检测验收报告等。

（4）签约审批程序　签约审批属于采购管理流程中最重要的一步，一般掌握在项目经理手中，或者由项目发起人亲自掌握。参与评审者往往只关注局部或专长的领域，可能缺乏全面考虑问题的高度和立场，这就需要项目经理站在全局立场，综合平衡利弊，做出最后决定。

3.8.3　来料控制流程

（1）来料检验流程，如图 3-25 所示。

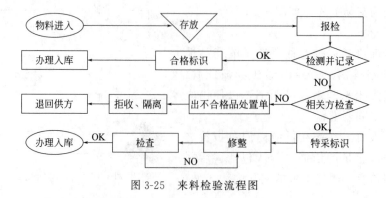

图 3-25　来料检验流程图

（2）来料异常处理流程，如图 3-26 所示。

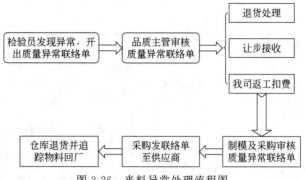

图 3-26　来料异常处理流程图

3.8.4　外协模具采购流程

（1）外协零件及加工采购流程如图 3-27 所示。

（2）外协模具采购流程如图 3-28 所示。

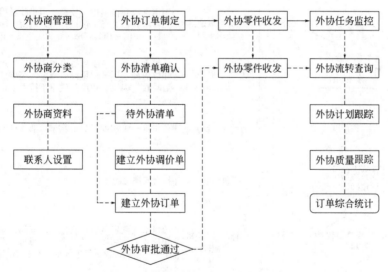

图 3-27　外协零件及加工采购流程图

3.8.5　仓库管理控制程序

（1）物资管理程序，如图 3-29 所示。

（2）采购件入库管理程序，如图 3-30 所示。

（3）不合格品、不良品控制流程见图 3-31。

（4）仓库管理的相关文件与表格名称如下。

相关文件：标准件采购指导书及样本、采购件验收指导书、采购件账目。

相关表格：入库单（原材料、标准件、采购件）、退货单、物料存放标识卡、领料单、补料单、出库单（模具、原材料）。

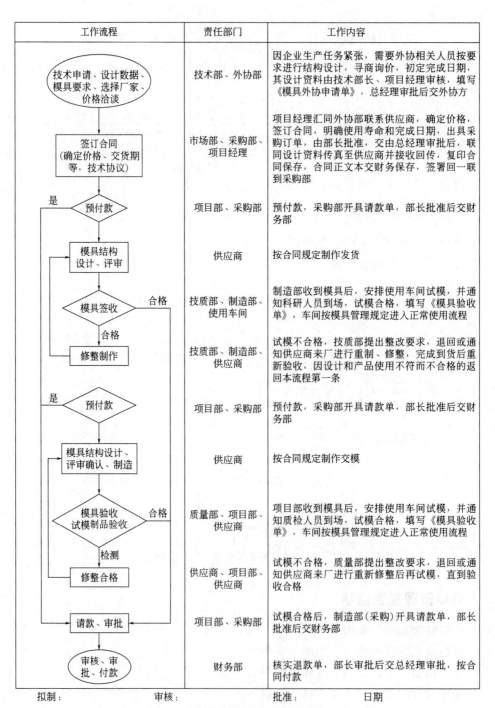

工作流程	责任部门	工作内容
技术申请、设计数据、模具要求、选择厂家、价格洽谈	技术部、外协部	因企业生产任务紧张，需要外协相关人员按要求进行结构设计，寻商询价，初定完成日期，其设计资料由技术部长、项目经理审核，填写《模具外协申请单》，总经理审批后交外协方
签订合同（确定价格、交货期等，技术协议）	市场部、采购部、项目经理	项目经理汇同外协部联系供应商，确定价格，签订合同，明确使用寿命和完成日期，出具采购订单，由部长批准，交由总经理审批后，联同设计资料传真至供应商并接收回传，复印合同保存，合同正文本交财务保存，签署回一联到采购部
预付款（是）	项目部、采购部	预付款，采购部开具请款单，部长批准后交财务部
模具结构设计、评审	供应商	按合同规定制作发货
模具签收（合格）	技质部、制造部、使用车间	制造部收到模具后，安排使用车间试模，并通知科研人员到场，试模合格，填写《模具验收单》，车间按模具管理规定进入正常使用流程
修整制作	技质部、制造部、供应商	试模不合格，技质部提出整改要求，退回或通知供应商来厂进行重制、修整，完成到货后重新验收，因设计和产品使用不符而不合格的返回本流程第一条
预付款（是）	项目部、采购部	预付款，采购部开具请款单，部长批准后交财务部
模具结构设计、评审确认、制造	供应商	按合同规定制作交模
模具验收试模制品验收（合格）	质量部、项目部、供应商	项目部收到模具后，安排使用车间试模，并通知质检人员到场，试模合格，填写《模具验收单》，车间按模具管理规定进入正常使用流程
修整合格	供应商、项目部、供应商	试模不合格，质量部提出整改要求，退回或通知供应商来厂进行重新修整后再试模，直到验收合格
请款、审批	项目部、采购部	试模合格后，制造部（采购）开具请款单，部长批准后交财务部
审核、审批、付款	财务部	核实退款单，部长审批后交总经理审批，按合同付款

拟制：　　　　　　审核：　　　　　　批准：　　　　　　日期

图 3-28　外协模具采购流程图

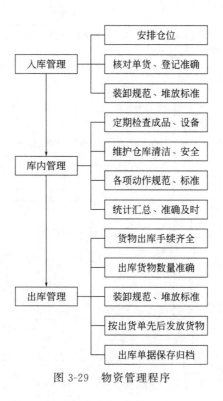

图 3-29　物资管理程序

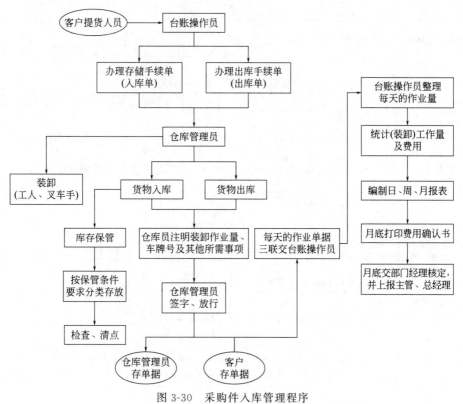

图 3-30　采购件入库管理程序

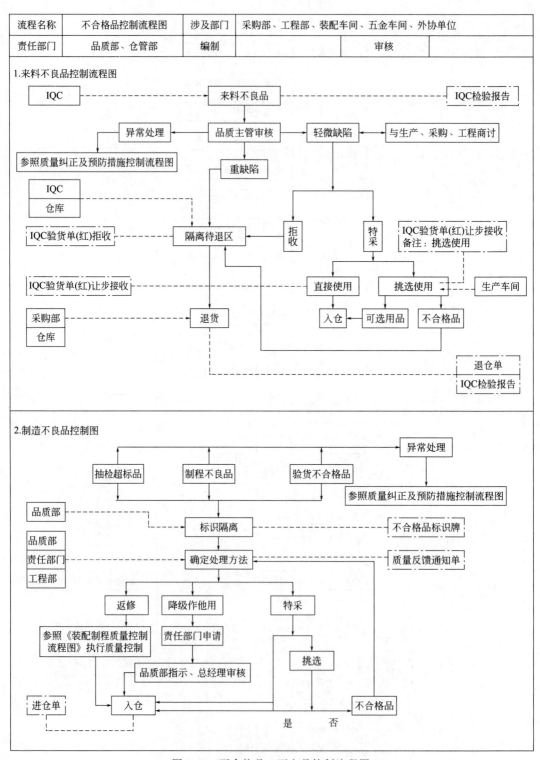

图 3-31　不合格品、不良品控制流程图

3.9 模具制造流程

3.9.1 模具开发立项策划流程

模具开发立项策划流程如图 3-32 所示。在模具设计的基础上，根据设计要求完成以下过程。

（1）生产准备，即材料准备、标准件的配置和采购件检测、工艺文件制订。

（2）成型零件与非标件的加工。

（3）组件与部件的组装。

（4）总装、检测与试模、修整、验收直至合格。

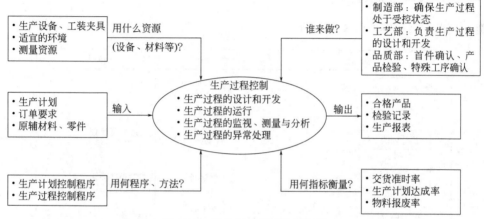

图 3-32 模具开发立项策划流程

3.9.2 模具制造基本流程

模具制造过程示意图，如图 3-33 所示。

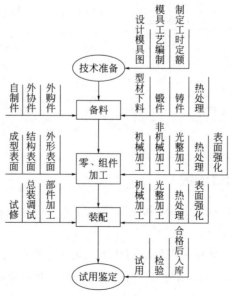

图 3-33 模具制造过程示意图

3.9.3　模具加工工艺流程图

模具加工工艺流程图如图 3-34 所示。

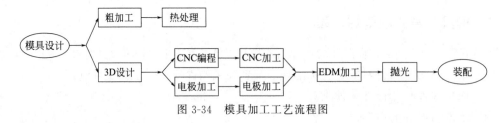

图 3-34　模具加工工艺流程图

3.9.4　生产过程控制程序

生产过程控制程序如图 3-35 所示。

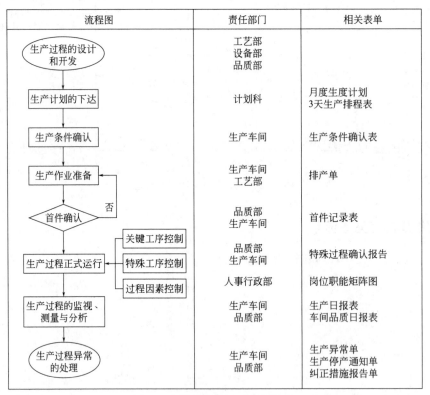

图 3-35　模具生产过程控制程序

3.9.5　模具加工出错返修流程

（1）PQC 进行常规的 CNC、EDM 加工工序的外观、尺寸检验。

（2）PQC 进行深孔位检验。

（3）CNC 检验中发现尺寸异常可以申请使用三次元进行确认。

（4）检验出现异常（如过切、破孔、弹的刀等）需要开出质量异常联络单，评审后进行处理。

3.9.6　模具装配流程

模具装配顾名思义，就是根据模具装配图和规定的技术要求，将模具的零件、部件按照一定工艺顺序进行配合和连接，装配流程如图 3-36 所示。

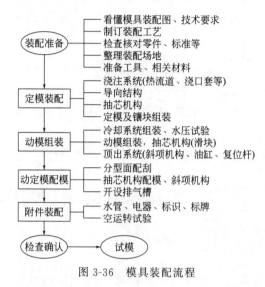

图 3-36　模具装配流程

3.10　模具质量控制流程

（1）零件质量检测控制流程，如图 3-37 所示。

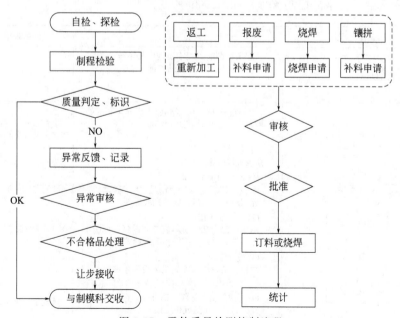

图 3-37　零件质量检测控制流程

（2）制品质量控制流程，如图 3-38 所示。

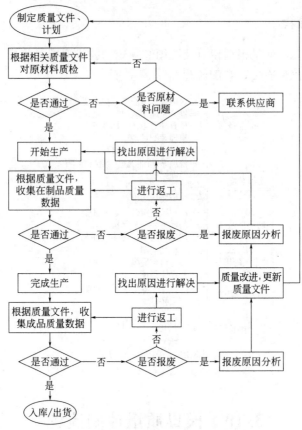

图 3-38　制品质量控制流程

（3）模具质量不合格品控制流程，如图 3-39 所示。

工作流程	工作内容说明	使用表单
装配过程 Ⓐ	装配工在装配过程中发现产品不符合装配要求时，应及时通知品质部	
Ⓑ 不合格品返修 品质通知部 召开会议 修改方案 品质部跟踪 统计相应损失 异常汇总	1. 品质部开据《不合格品/生产异常状况处理单》，并及时通知生产部、技术部 2. 由生产部与技术部共同协商，签字，确定修改处理方案 (1) 本公司加工错误 由生产部根据《不合格品/生产异常状况处理单》，返修，以达到装配要求 (2) 外协加工错误 由生产部通知外协单位拉回返修，或由本公司为其返修，扣除相应返修费用 (3) 设计错误 由设计部发放《模具工装设变申请单》，生产部根据设变单返修，以满足装配要求 (4) 品质部负责跟踪，追查相应责任人，并计算异常所造成相应损失 (5) 每月月底，品质部对所有异常汇总，制成《模具异常分析表》，发送采购部、财务部、生产部、人事、技术部、总工	《不合格品/生产异常状况处理单》 《装配考核标准》 《模具工装设变申请单》 《装配后异常记录》 《异常处理单》 《采购申请单》

图 3-39　模具质量不合格品控制流程

（4）质量统计分析流程图，如图 3-40 所示。

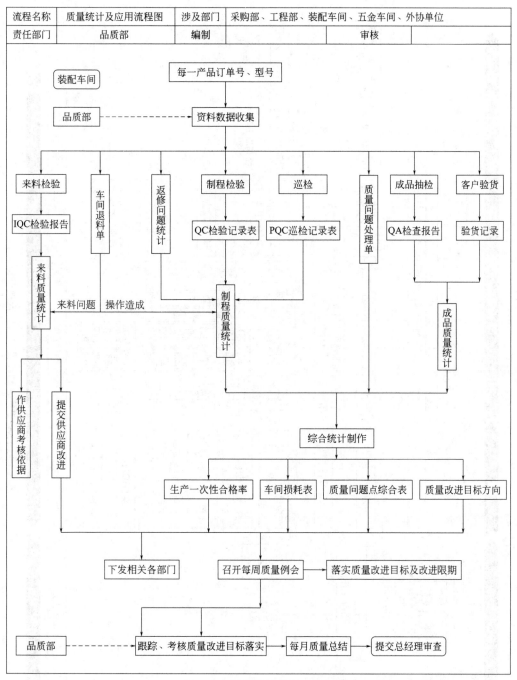

图 3-40 质量统计分析流程图

（5）汽车零件注塑模设计质量管理流程，如图 3-41 所示。

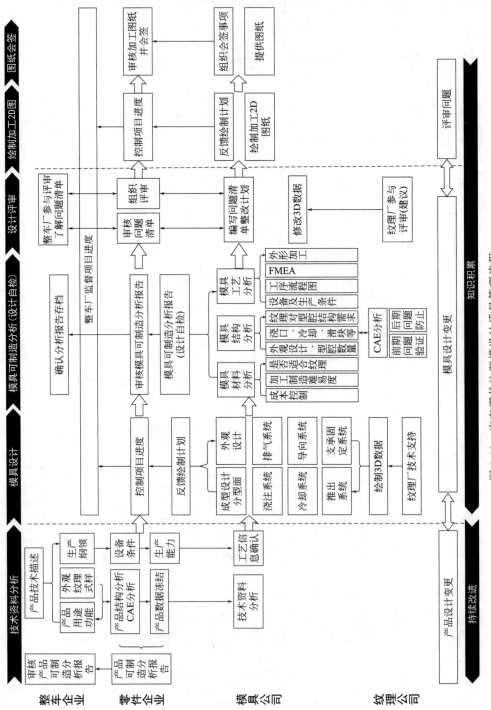

图 3-41 汽车零件注塑模设计质量管理流程

3.11 模具试模流程

（1）模具试模流程，如图 3-42 所示。

（2）模具试模评审流程，如图 3-43 所示。

（3）塑件生产流程，如图 3-44 所示。

（4）注塑制品成型验收流程，如图 3-45 所示。

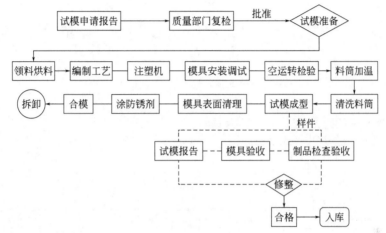

图 3-42 模具试模流程

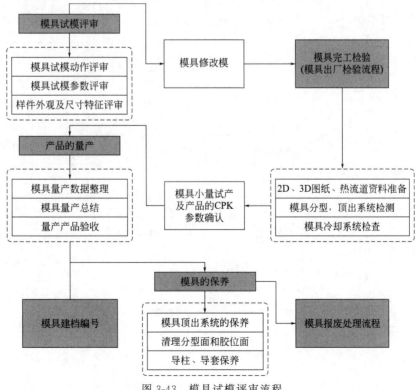

图 3-43 模具试模评审流程

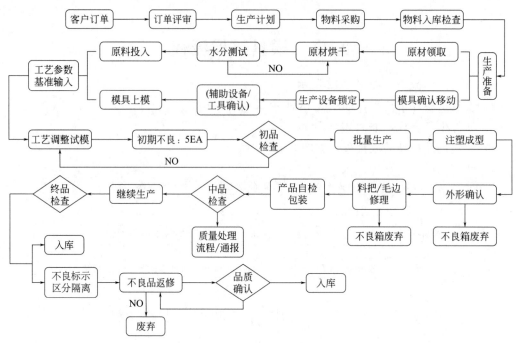

图 3-44　塑件生产流程

流程	相关单位	相关表单	简要说明
试模计划申请	项目经理	试模联络单	项目经理根据实际需求以《试模联络单》的形式提出试模计划申请并发至试模协调人处
计划审核 NO YES	试模协调人/计划员	试模联络单	试模协调人和生产计划员共同对试模计划进行审核并回复反馈意见
试模排程	计划员	试模联络单	计划员结合生产实际安排试模排程
试模准备	计划员	试模联络单	计划员将回复的试模联络单复印发放至工程部、生产部相关人员手中。准备项目包括：人员、机台、材料、工具、记录表等
模具到厂	项目经理	模具出厂单	项目经理负责协调模具运输与装卸事宜
模具安装、调试	装模工	试模联络单 试模检查确认记录表	在模具安装调试过程中要注意机台参数设置、模具结构检查，并根据《试模检查确认记录表》进行检查和确认
开始生产	试模人员	试模检查确认记录表	安装、调试完成，并经项目经理确认合格之后开始生产
自检 是	项目经理/试模人员		自检合格之后才能交给品质工程部的人员检查确认
首检检查 是 YES	品质工程部	试模报告	品质工程部人员依据客户要求填写《试模报告》，包括对外观、尺寸等的确认
模具暂收/货运	品质工程部		经检查确认合格之后，则运回公司或发往客户

图 3-45　注塑制品成型验收流程

3.12 模具验收流程

（1）外协模具验收流程，如图 3-46 所示。

（2）模具总验收流程，如图 3-47 所示。

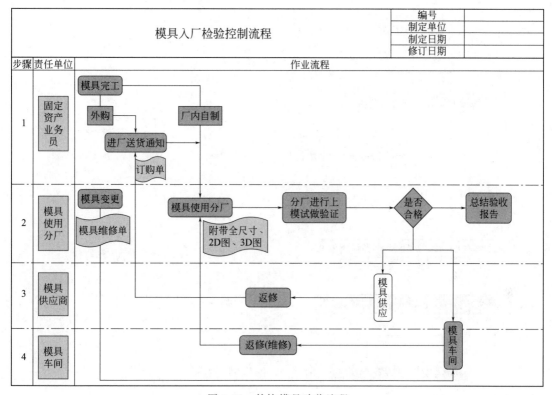

图 3-46 外协模具验收流程

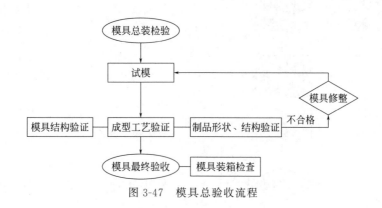

图 3-47 模具总验收流程

3.13 模具售后服务流程

（1）模具售后服务流程，如图 3-48 所示。

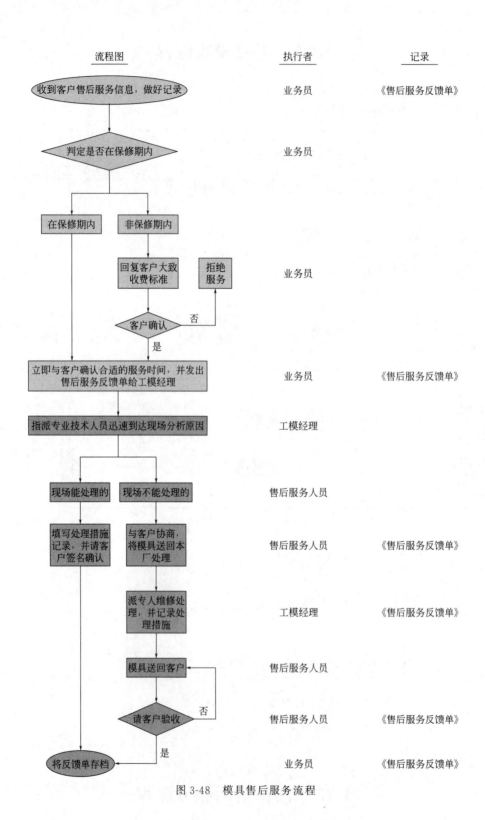

图 3-48　模具售后服务流程

（2）模具维修管理流程，如图 3-49 所示。

流程图	担当	作业要求	备注
模具异常	生产 品管	1.生产过程中自检发现的尺寸，外观等异常 2.品质检验发现的异常 3.客户反馈的异常	
组长确认	生产 组长	1.由各小组组长对异常现象进行现场确认 2.由组长会同相关修模人员拟定修模方案 3.在异常现象确认及修模方案拟定过程中，如果需要设计及技术相关人员帮助，可直接对接相关责任人	
模具日常维护维修（OK→生产；NO→组长确认；NO↓）	钳工	1.钳工修模人员根据组长拟定的方案实施模具维修 2.模具维修及试模过程中，有异常情况需及时向组长报告 3.模具维修合格，按正常流程做首件生产 4.模具维修不合格，需再请组长确认	《模具维修日报表》 《模具维修履历》
修模检讨会	生产 经理	1.由生产经理会同组长整理异常相关问题点 2.由生产经理召集设计、技术、品管、生产组长等相关人员，召开修模检讨会 3.共同讨论拟定修模方案，并制定修模日期	《修模会议记录》
模具日常维护维修（OK→生产；NO→修模检讨会）	生产 组长	1.根据拟定的方案实施模具维修 2.模具维修及试模过程中，有异常情况需及时向经理报告 3.模具维修合格，按正常流程做首件生产 4.模具维修不合格，经理会同组长决议下一步行动	《模具维修日报表》 《模具维修履历》
经理会报告	生产 经理	1.利用每天经理会的时间，报告每天生产中的模具状况 2.经过以上流程还是不能完成维修的疑难杂症模具，需于经理会上提出申请，会议决议同意后由技术部直接挂帅担当维修	《调度会议记录》
修理专案检讨会	设计	1.由模具设计人员收集整理该模具的异常情况及维修情况 2.由模具设计人员召集相关人员会诊，制定改模、修模方案，并拟定修模日程	《修模会议记录》
模具专案维修（NO→修理专案检讨会；OK↓）	设计	1.根据拟定的方案实施模具维修，有异常情况需及时向设计人员报告 2.模具维修合格，按正常流程做首件，批量生产顺利后移交生产部门 3.模具维修不合格，由设计人员召集相关人员会诊，制定改模、修模方案，并拟定修模日程	《模具维修日报表》 《模具维修履历》
生产（NO→模具异常；OK↓）	生产	1.生产过程中按既定的模具保养规定实施维修保养 2.生产中出现模具故障，按此流程执行	《模具保养计划表》 《模具定期普通保养记录》 《模具定期全面保养记录》
入库	生产		

图 3-49　模具维修管理流程图

3.14　相关技术文件与使用表格的名称

　　模具设计、制造流程还需要必要的表格和图样，以便有利于模具设计、制造、质量验收及成本控制等流程更好地展开工作。

　　这里只简单介绍与模具设计、制造流程相关的主要文件和表格的名称。根据企业需要和具体情况，可自行设计，边应用、边修改。

3.14.1　程序控制文件

（1）质量手册

（2）文件控制程序

（3）记录控制程序

（4）经营计划控制程序

（5）管理评审控制程序

（6）顾客满意度测量控制程序

3.14.2　相关技术文件

（1）《模具技术标准》

（2）《塑件结构、形状设计标准》

（3）《2D 图样绘制标准》

（4）《图样文件档案管理规定》

（5）《3D 造型图层规定》

（6）《客户提供的设计资料》

（7）《项目计划》

（8）《模具验收标准》

（9）《模具档案》

（10）《模具设计制造流程》

（11）《抛光作业指导书》

（12）《外放模具质量管理规定》

3.14.3　设计部门使用的图样文件

（1）《模具结构草图》

（2）《模架图》

（3）《2D 结构草图》

（4）《UG-3D 造型结构图》

（5）《CAD-2D 零件工程图》

（6）《模具总装图》

（7）《零件 2D 工程图》

（8）《电极图》

（9）《零件加工工艺图》

（10）《零件加工工艺卡》

（11）《模具易损件图样》

3.14.4　设计部门使用的表格

（1）《模具立项通知单》

（2）《模具立项清单》

（3）《注塑模具管理表》

（4）《模具设计任务书》

（5）《塑件结构、形状分析评审表》

（6）《模流分析报告》

（7）《POM 模具清单》

（8）《模具设计进度表》

（9）《模具设计流程》

（10）《塑件设计更改通知单》

（11）《塑件更改评审记录》

（12）《塑件更改确认函》

（13）《模具结构设计更改通知单》

（14）《设计出错报告单》

（15）《模具结构评审表》

（16）《模架数据检查表》

（17）《模具标准件及非标准件清单》

（18）《客户信息沟通确认表》

（19）《模具归档资料清单》

（20）《文件分发放回收登记表》

（21）《模具使用说明书》

（22）《模具保养手册》

3.14.5　模具制造表格、图样文件

（1）《机加工任务安排一览表》

（2）《模具制造流程》

（3）《标准件领料单》

（4）《电极材料领料单》

（5）《更改工艺申请单》

（6）《模具加工进度表》

（7）《现场问题记录单》

（8）《零件加工工艺卡》

（9）《电极工材料清单图》

（10）《加工出错报告及处理单》

（11）《数控加工编程单》

（12）《烧焊申请单》

（13）《电火花加工图》

（14）《零件加工工序图》

（15）《模具质量跟踪表》

（16）《零件外协加工明细表》

（17）《模具外协加工单》

（18）《工件自检报告》

（19）《抛光工件自检报告》

（20）《CNC 出错记录》

3.14.6　模具试模表格

（1）《模具试模前检查单》

（2）《模具试模申请单》

（3）《模具试模通知单》

（4）《注塑成型工艺卡》

（5）《试模记录、验收报告单》

（6）《塑件检测报告单》

（7）《模具修整通知单》

（8）《模具修整跟踪表》

（9）《模具验收意见反馈表》

（10）《模具总检验收报告单》

（11）《模具装箱清单》

（12）《模具易损件清单》

（13）《发货通知单》

（14）《模具报废单》

3.14.7　质量验收表格

（1）《零件检测报告单》

（2）《零件热处理检验单》

（3）《外协零件检验单》

（4）《模具质量分析跟踪表》

（5）《质量改善工具表》

（6）《加工出错报告单》

（7）《模具总装检验单》

（8）《模具合格证》

（9）《模具入库通知单》

（10）《检验工时日报表》

（11）《来料检验报告》

（12）《不良原因分析表》

（13）《品质异常报告》

(14)《模具空运行测试报告》

(15)《模具拆检问题点报告》

(16)《模具水路流量报告》

(17)《TO 制品检验报告》

(18)《TO 模具试模报告》

(19)《外协加工检验记录表》

(20)《工件硬度检验报告》

(21)《零件返修加工检验单》

(22)《常用材料硬度对照》

(23)《客户反馈问题分析表》

(24)《模具项目总结评估报告》

(25)《检验合格表》

(26)《模具检验合格证》

(27)《客户满意度调查表》

3.14.8 市场营销表格

(1)《注塑模具报价单》

(2)《模具合同》

(3)《合同评审表》

(4)《经营目标计划表》

(5)《电话、信息记录表》

(6)《合同台账》

(7)《客户名录单》

(8)《合同评审表》

(9)《经营目标统计表》

3.14.9 采购管理表格

(1)《供应商调查表》

(2)《供应商评审表》

(3)《供应商名录》

(4)《模板材料采购单》

(5)《标准件采购清单》

(6)《供应商复审表》

3.14.10 设备管理表格

(1)《进货设备检验单》

(2)《设备管理台账》

(3)《设备维修记录》

(4)《设备报废记录》

3.14.11　人力资源表格

（1）《培训签到记录表》

（2）《会议记录表》

（3）《年度培训计划》

（4）《员工培训效果评估记录》

（5）《员工档案表》

（6）《教育培训申请书》

（7）《员工满意度调查表》

3.14.12　财务表格

（1）《年度质量成本统计表》

（2）《质量成本统计表》

· 第 4 章 ·
模具结构设计的质量管理

20 世纪 70 年代时，没有 3D 造型，设计人员根据制品的 2D 工程图，用三角板与丁字尺（后改用电脑）、铅笔在纸上画成模具装配图和零件图，然后描图，再晒图。由钳工划线取样板，用通用机床（锯、车、钻、铣、刨、磨等）加工动、定模等零件，最后进行模具装配。

现代的模具设计制造质量，不再像过去那样依赖钳工，以传统手工、个人技艺来保证。制品的立体造型与 2D 工程图、模具设计都是用电脑完成的；模具的零件加工应用了电脑编程的数控机床及专用加工机床。由于模具设计和加工手段的变革，模具的设计质量决定了模具质量。模具行业流行一句话"一个不懂得模具结构及制造原理和注塑成型原理的模具设计师是模具工厂的灾难"。

在这里笔者把模具设计师的技能水平分为五个等级：

一等设计：创新优化，高效低廉；

二等设计：设计完整，瑕不掩瑜；

三等设计：模具结构，评审确定；

四等设计：软件工具，门外徘徊。

等外设计：不知规矩，怎成方圆；

模具设计师责任重大，模具设计质量对模具产品的质量、企业的经济效益等都有重大影响。模具设计质量管理是企业管理体系的重要环节，是质量管理工作的重中之重。

对于一个优秀的模具设计师来说，首先要有质量意识，模具设计应该充分满足顾客的需求。不仅是使用 UG、CAD 等软件，更需要懂得并掌握与模具设计、制造相关的综合知识（如模具结构设计、零件制造工艺、模具装配和验收标准、注塑成型工艺、制品成型缺陷原因等知识）。只有这样，才能使所设计的模具结构更优化，使模具成本控制与制造工艺更加合理。

模具设计前，设计者首先需要对客户提供的设计数据进行可靠性审查。接下来对客户的制品结构、形状设计进行审查和评审，这是模具产品开发的源头。如果，原始数据正确，会使模具结构设计工作非常顺利，避免设计或加工中途返工现象出现，浪费精力和增加成本。

模具结构设计好后需要模具结构设计输出的评审。评审是模具生命周期质量管理的关键阶段。评审的质量，会直接影响模具的制造周期、制造工艺、试模次数、塑件生产的成型工艺调试、制品质量及批量生产的时间等。因此，企业要重视模具结构与设计的评审工作，按规范的设计评审流程实施，达到评审要求，而不是搞形式主义。避免经过评审的模具还有问题存在，到加工时才发现，有的严重到试模时才发现。

注塑模具设计质量决定了模具质量。需要对客户提供的塑件形状、结构及设计数据进行输入评审，评审它的完整性、合理性，对企业所设计的模具结构是否优化进行输出评审。这是项目质量管理中的关键阶段，所以项目与质量部门的负责人务必协同设计部门认真参加评审会议。

作为一个模具设计师应该知道影响模具寿命的因素有哪些，应该知道注塑模具常见的失效形式，才能设计出优秀的模具，这些内容将在本章阐述。

4.1　注塑模具设计的理念、宗旨和要求

对于注塑件来说，一副模具可能有不同的结构设计方案。因此，需要举一反三地选择最佳方案，这就是优化模具结构设计。

模具的设计质量决定了模具质量，从源头上控制模具结构的设计质量，就会达到事半功倍的效果。所以，我们必须提高设计理念，重视模具结构设计与制造过程中的质量控制，具体要求如下：

（1）设计理念：满足顾客的期望值。

（2）设计宗旨：创新、优化、完美、高效。

（3）图面质量要求：正确、合理、完整、清晰。

（4）优化模具结构设计，达到优秀注塑模具的评定条件。

4.2　设计模具应注意的问题

（1）必须保证塑料成型制品质量，充分利用塑料成型的优越性，制品结构形状尽量用模具成型，以减少后加工工序。

（2）必须注意塑料特性与模具设计的关系，这是塑料模具设计的重要基础。

（3）优化模具结构设计，应注意结构的合理性、经济性、适用性和切合实际的先进性。参照资料上的典型模具结构或自行设计的模具结构都必须根据产量和实际生产条件，认真分析，吸收精华部分，做到结构合理，经济、适用。对目前生产中广泛使用的先进而又成熟的模具结构和设计计算方法，积极加以采用，如热流道模具、气体辅助成型技术等，对产品质量、生产率、经济性等方面能收到很好的技术经济效果。

（4）成型零件对塑料制品质量及成型工艺顺利进行影响很大，设计时必须注意结构形状及尺寸的正确性、制造工艺性、材料及热处理正确性，视图表达、尺寸标准、形状位置误差及表面粗糙度等符合国家标准。注意细节，模具零件各表面的转角或交角处应尽量设计成圆角过渡，避免应力集中。

（5）便于注塑成型操作、安全可靠，模具使用维修方便。

4.3　影响模具寿命的因素

模具失效的原因很多，主要有模具结构设计、制造加工工艺、模具材料选用及热处理、

使用和维护保养，如图 4-1 的鱼翅图所示。

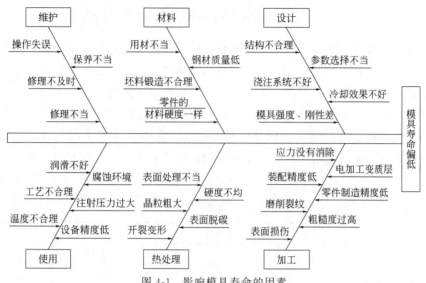

图 4-1　影响模具寿命的因素

（1）模具结构设计。合理的模具结构有助于提高模具的承载能力，减轻模具零件的承载机械负荷。例如，模具零件对应力集中十分敏感，当承力件横截面尺寸变化很大时，零件交角处和尖角处，最容易由于应力集中而开裂。因此，零件横截面尺寸变化处理是否合理，模具零件的插碰、锥度设计的合理性，对模具使用寿命影响较大。

（2）模具材料选用。应根据产品零件生产批量的大小选择模具材料。生产批量越大，对模具使用寿命的要求也越高，应选择承载能力强、使用寿命长的高性能模具材料。

模具材料的基本性能包括使用性能和工艺性能，提高模具的使用性能可以从强度、硬度、耐磨性及热疲劳性能等方面考虑。模具的工艺性能包括锻造工艺性能、切削加工性能、热处理工艺性能及淬透性。

根据模具的工作条件合理选用高强度、高韧性的合金材料，是保证模具安全和经济合理的关键因素。

（3）模具零件的制造工艺及加工质量。模具零件在机械加工、电火花加工、锻造、预处理、淬火硬化，以及表面处理时的缺陷都会对模具的耐磨性、抗咬合能力、抗断裂能力产生显著的影响。例如，模具表面粗糙度、残存的刀痕、电火花加工的显微裂纹、热处理时的表层增碳和脱碳等缺陷，都会给模具的承载能力和使用寿命带来影响。切削加工中，不当的磨削工艺如进给量过大、冷却不充足等，容易烧伤模具表面或产生磨削裂纹、降低模具疲劳强度和断裂抗力，导致模具变形、开裂和表面剥落。

（4）零件的尺寸及装配精度、表面硬度等都和模具使用寿命有直接的关系。

（5）模具的维护。模具工作时，使用设备的精度与模具表面的清洁、滑动部件的润滑、模具的热平衡等都会对模具使用寿命产生影响。

（6）模具的使用。如模温和熔料温度、注射压力、注塑量的参数选用操作不当，都会使模具损坏提前失效。

4.4　注塑模具常见的失效形式

模具失效是指模具工作部分发生严重的磨损，不能用一般修复方法（抛光、锉、磨）使其重新服役。模具失效之前所成型的制品总数即为模具寿命，模具寿命是由制品的生产批量多少决定的，分为四个等级，制品的数量在100万模次以上的为一级，50万～100万模次以上的为二级，10万～50万模次以上的为三级，10万模次以下的为四级。

（1）模具的失效形式　模具失效分偶然失效（因设计错误或使用不当，使模具过度磨损）和工作失效（正常使用的磨损，到了所使用的期限）两类。注塑模具常见的失效形式见表4-1。

表4-1　模具失效形式

失效形式	
磨损失效	疲劳磨损
	气蚀磨损
	冲蚀磨损
	腐蚀磨损
断裂失效	脆性断裂失效
	疲劳断裂失效
	塑性断裂失效
	应力腐蚀断裂失效
塑性变形失效	过量弹性变形失效
	过量塑性变形失效
	蠕变超限失效
腐蚀变形	点腐蚀失效
	晶间腐蚀失效
	冲刷腐蚀失效
	应力腐蚀失效
疲劳失效	热疲劳失效
	冷疲劳失效

① 表面磨损和腐蚀失效　由于塑料中增强树脂填料对模具的模腔表面产生冲刷，使模腔表面严重磨损和腐蚀；其表现形式为粗糙度增大，动、定模间隙增大，塑件产生废边增厚，型腔壁拉毛，尺寸超差，刃门钝化，棱角变圆，平面下陷，表面沟痕，黏膜剥落等。避免方法为应用耐磨性良好的钢材，表面氮化处理。

② 疲劳和热疲劳引起的龟裂、咬合　注塑模具的机械负荷是循环变化的。由于注塑模具长期受热（模温50～100℃，熔料温度更高）、冷却，温度经常会出现周期性变化。同时，注塑模具在充模和保压阶段，型腔承受高压熔体的压力，而在冷却和脱模阶段，外加负荷完全解除。一次接一次的重复工作，使型腔表面承受脉冲拉应力作用，从而可能引起疲劳破坏。这样，容易使模具材料在使用过程中发生热疲劳，导致模腔表面出现龟裂、裂纹。

模具相互运动、摩擦产生的热疲劳也会导致零件表面咬合。可选用热模具钢制造。

③ 局部塑性变形失效　注塑模具型腔在成型压力和成型温度作用下，因局部发生塑性变形而导致模具不能继续使用的现象叫做塑性变形失效，表面出现麻点、起皱，局部出现型腔塌陷或凹陷、型腔胀大、型孔扩大、动模棱角纵向弯曲等。产生变形失效的主要原因是材质选用欠佳，模腔材料强度不足，热处理工艺不合理或不当，表面硬化层太薄，造成氧化磨损、粘离磨损。

④ 断裂失效　注塑模具使用过程中，模腔内或动模芯局部因为应力集中而发生裂纹或断裂的现象叫做断裂（裂缝、劈裂、折断、胀裂等）失效。这种失效形式多发生在几何形状比较复杂的模具，发生部位一般都是型腔的尖角处或薄壁处。材质选用高韧性的钢材，设计时采用镶块结构，当失效发生时，便于更换和维修。

（2）模具顶杆损坏原因　顶杆由于制造精度和装配精度达不到要求，在使用时会发生顶杆折断现象，其原因如下。

① 各顶杆孔、顶板导柱、顶板导套与相关零件的同轴度超差，其中心线与相关零件的垂直度超差。顶杆、顶板导柱、导套的中心距位置偏移。顶杆与顶杆孔没有达到 H7/f6 配合要求。

② 顶杆与动模芯没有避空。

③ 顶杆与顶杆固定板的端面装配尺寸没有间隙，没有消除积累误差，使顶杆不会自由摆动。顶出时，顶杆与动模芯容易发生干涉，容易磨损而咬合。

④ 模板与垫铁、动模固定板无定位销连接，装配精度达不到要求，注塑时会使模板与垫铁、动模固定板产生移位。

⑤ 顶杆孔的粗糙度达不到要求（R_a 在 $0.8\mu m$ 以上）。

⑥ 顶杆顶出时承受不了制品的过大包紧力而折断。

⑦ 顶杆失效。

4.5　设计技术标准

设计技术标准系指为保证与提高产品设计质量而制定的技术标准。

目前，大多数企业都没有规范的设计标准。企业发展到一定的规模，建立规范的设计标准是迫在眉睫的事。可遵循国标和行业标准及客户适用的规范标准执行，建立模具设计准则、模具产品评价和验收准则。

4.5.1　建立规范的设计技术标准意义

工欲善其事，必先利其器。设计质量对模具产品质量、竞争能力以及企业的经济效益等方面都有重大影响，"设计标准"的质量及其完善程度，很大程度决定了设计质量和效率。

对于大而强的模具企业来说，更有必要把设计标准搞好。如果客户是个内行的专家，他可以不看企业的标准体系和管理，就能从企业的设计技术标准的质量中看到企业的设计水平和实力。其意义体现在如下几个方面。

（1）规范的设计标准与技术标准是企业的设计准则、技术规范，它反映了企业设计方面的综合能力，是模具质量的保障。

（2）规范的设计标准是企业的技术沉淀、技术经验与数据积累的结晶。模具标准化设计的实施，有助于稳定、提高和保证设计质量和制造中必须达到的质量规范，使模具的不合格率减少到最低程度。

（3）设计标准水平的高低及其完善，决定了设计质量和设计效率。规范的设计技术标准，能避免设计不统一，能克服设计的随意性，避免原理性的设计错误。如产值几亿的大企业，没有建立规范的设计标准，导致模板导套的盖板的形状设计五花八门，如图 4-2 所示。试问一下这样随意设计的模具，其模具的质量和成本能控制得了吗？

图 4-2　五花八门的导套盖板

（4）规范的设计技术标准，能使企业的模具质量和成本得到有效的控制。对于提高模具制造水平、提高模具质量、缩短制模周期、降低成本、节约材料都有十分重要的意义。

（5）采用模具设计技术标准可使设计师摆脱重复的一般性设计，将主要精力用来优化模具设计、解决关键技术问题、解决高难度的设计工作。

（6）规范的模具结构设计标准，可作为企业的上岗技术培训教材，也是检查、验收模具的依据。

4.5.2　设计技术标准内容

设计标准一般包括下列内容。

（1）设计符号、代号、术语标准。

（2）产品安全、环境和其它法规要求，国际惯例要求的标准（把国内外客户的企业标准的共性与特性标准分类整理归档）。

（3）设计准则、专业设计规范。

（4）设计参数与数据标准。

（5）模具设计计算方法标准。

（6）模具设计的工艺标准及模具验收规范。

（7）设计中用于评价产品和工序的试验方法和试验准则。

（8）计算机辅助设计规范及标准（3D造型与2D工程图的模具结构图的图层、颜色要求，见图4-3）。

（9）模具零件2D工程图和模具装配图的图样画法和尺寸标注要求。

（10）设计图样与文件的格式和编号标准及设计文件完整性要求。

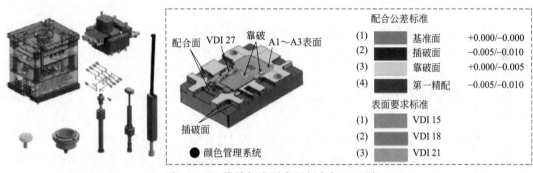

图 4-3 3D设计标准要求用颜色加以区别

4.5.3 设计技术标准的要求

有的企业在形式上好像有技术标准。有的设计标准本身就有错误，没有审批就在应用，导致以后纠正都很困难。有的虽有标准，但没有很好地贯彻执行，起不到应有的作用。关于设计标准有如下要求。

（1）企业标准要达到国际、国内及行业标准。设计标准应满足于适用的法律、法规和强制性标准要求。

（2）制订的标准要正确、规范：技术要求明确，关注细节、精炼、不繁琐，目录分门别类、简明扼要，便于查阅和使用，格式要求规范。

（3）模具设计标准应满足模具的功能性要求和产品的设计要求。

（4）设计标准应保证模具在生产、安装和使用条件下容易生产、验证和控制。

（5）通用标准与客户的特殊要求标准要分开，避免重复。

（6）在建立标准的同时，认真总结工作经验，根据企业状况，在贯彻国标或行业标准的同时，尽快使用先进的设计软件、模块，提高设计效率。必要时，把标准汇编成《企业设计手册》，供设计人员使用。

4.5.4 设计标准的实施

（1）拟订、讨论、审核、批准、培训、宣讲、贯彻、实施执行。

（2）以动、定模为核心先制订重点，逐步制订完善好后，分层次贯彻实施。

（3）在实施过程中，如发现标准不完善应及时修改订正，重新实施。

4.6 文件档案管理

对公司质量、环境管理体系文件和资料、技术文件、外来文件（国际标准、国家标准、行业标准；客户的工程标准、工程规范、工程图样等）以及客户提供的文件资料进行有效控制，确保文件最新适用版本在现场的使用。

4.6.1 文件档案管理规范的意义

（1）建立图样文件档案的数据管理，可以保证文件的全面性，图样版本的一致性和完整性。

（2）使图样能达到有效共享和有效的查询利用。

（3）建立规范的设计档案，可避免由于 2D、3D 混乱、版本搞错，图样文件发放错误，导致模具设计、制造错误。

（4）如有问题可被及时发现和纠正，避免因返工而增加模具的制造成本，延长模具制造周期，影响交货期。

（5）现代企业管理就是企业的规范化管理加上信息化管理，达到信息共享的目的。

（6）技术档案管理就是技术经验的总结，是企业的技术沉淀，避免因人员离职而丢失。

4.6.2 图样版本管理要求

图样版本是指客户的制品重大更改的图样。当客户的塑件产品形状结构设计有重大变更时，这个 3D 数据为 b 版本，不是像有的单位把图样的尺寸更改为一个版本，这样会导致版本很多。

（1）图样文件档案需要档案员专人管理。

（2）图样文件版本次序以 a、b、c、d 为序号编写。

（3）将设计部门的设计图样，分散、隔离的图样文档、信息，分门别类进行整理存档，加强图样文档管理。

（4）对产品的数据、工艺数据，建立完整的文件管理数据库。可以保证文件的全面性，版本的一致性；使图样能达到有效共享，便于查询和利用。

（5）对重要设计数据需要加密，避免拷贝外流。

（6）图样文档管理要求避免下列情况发生：①2D、3D 混乱，原始数据变更，3D 模型和 2D 图样数据的不一致。②2D 图样设计的不规范、混乱而造成的问题不易被及时发现和及时纠正，造成模具返工和修改，甚至报废。

4.6.3 图样更改规范要求

（1）图样更改主要指对已经评审下发的图样。设计部门对图样的更改要按更改规定执行，不允许在图样上直接更改打印使用，避免图样更改不规范而出错。

（2）图样及文件的更改一般应采用划改。将需要更改的尺寸、文字、符号、图形等，用细实线划掉。被划掉部分应仍能清楚地看出更改前的情况。然后填注新的尺寸、文字、符号、图形等。划改时在靠近图样或文件更改部位写上更改标记，用加圈的小写汉语拼音字母表示：在图样中和标题栏内有更改标记，如图4-4所示。

在标题栏内应填写更改标记；同一标记下的更改处数；更改文件（更改通知单）编号及版本；更改日期。

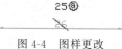

图4-4 图样更改

（3）客户的制品结构、形状设计的变更

① 客户对产品提出变更要求时，应对设计的更改进行必要的评审和控制，模具项目管理部识别后按相应的评审方式重新评审；更改的评审结果及必要的措施要予以记录。

② 对非由客户提出的产品变更要求，模具项目管理部在征得客户同意确认后，形成书面文件。

③ 设计部门根据客户的要求、更改的评审结果，对模具进行重新设计，然后经项目经理确认，按规定将变更的信息及时传达到有关职能部门，以确保相关人员明确变更要求，并及时更改相关文件。

（4）重大设计更改与工艺更改

① 当发生较大和重大设计、工艺更改时，技术部门协同模具项目经理进行更改验证、确认、审批，并在实施前进行评审和批准；设计和开发更改的评审，包括评价更改对产品的各组成部分和已交付产品的影响。

② 技术部门按模具项目经理要求及时更改相关文件，按规定将变更的信息及时传达到有关职能部门，以确保相关人员明确变更要求。

③ 如果设计开发的产品不能全部满足预期使用要求时，技术部门应采取有效的措施（如变更或重新设计），事前要报请项目经理确认，以满足要求。

4.6.4　图样发放管理

模具企业因图样的发放或版本搞错是屡见不鲜的，所以技术部门对图样管理要规范。

（1）图样发放要注意不同的版本，避免发放错误。新的版本图样发放后，必须把旧版本收回。

（2）受控的图样发放按程序进行，要盖上蓝色"授控文件"章，并在发放清单上签字登记领取，制造加工完成后归还，整理存档。

（3）设计更改后新图样发放前，文件管理员将收回老图样，并盖上"作废"印章。

（4）图样文件发放时做好"文件发放/回收记录"，修改后要将旧版本回收处理，并分发最新版本的文件。

（5）非受控文件不进行追踪更改，发放时加盖红色"仅供参考"章，不做发放/回收记录。

（6）要求各部门对收到的文件必须妥善保管，保证其清晰，干净。

（7）当文件发生破损，遗失或需增领时，该文件使用者应填写"文件补发申请单"，经部门主管和质量部文件管理员批准后方可补领或增领。其提交的申请单附于分发单后各档。

（8）不允许现场操作者自行复印本岗位相关文件，其使用的文件应为受控文件。

（9）文件管理员在下发新版文件同时有权力和义务收回旧版文件，或当场销毁。

（10）文件档案管理要求有规范的流程，见图4-5文件档案管理流程图和表4-2文件档案管理流程说明。

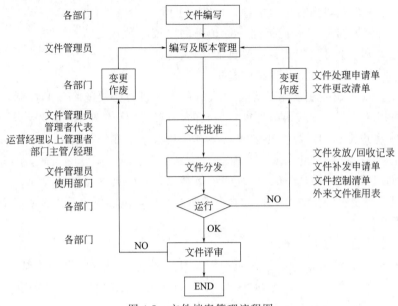

图 4-5 文件档案管理流程图

表 4-2 文件档案管理流程说明

	流程节点	责任人	工作说明
1	建立档案	客服部	根据客户档案管理制度,建立客户档案,并定期更新
2	借阅	相关部门	提出借阅申请,由客服部确认该部门符合借阅要求后,方可办理借阅手续
	办理借阅手续	客服部	根据公司相关规定,办理借阅手续,并登记借阅台账
3	归还	相关部门	客户档案使用完毕后,及时将所借阅的客户资料归还客服部,由客服部确认借阅信息完好无问题后,办理归还手续
	办理归还手续	客服部	办理归还手续
4	定期整改	客服部	定期对客户信息档案进行检查,如发现存在问题,则提出处理意见,报上级审核
	审核	客服经理	审批,并提出意见
5	处理问题	客服部	及时处理相关问题
	提供支持	相关部门	为客服部处理档案存在问题提供各方面支持
6	过期销毁	客服部	一旦发现客户档案为过期档案,则立即上报,申请销毁
	审批	客服经理	审批签字
7	销毁处理	客服部	提出客户档案销毁请求,呈报客户服务经理审核后,报总经理审批,销毁请求通过审批后,执行档案销毁处理
8	处理情况反馈		客户档案销毁后,及时向上级领导反馈处理情况

4.6.5 建立一模一档的必要性

一模一档,就是每一副模具都要有一副模具档案。大多数模具企业没有建立,可以说是一笔糊涂账。把每副模具有关的设计与加工、试模、修整、检测验收以及对这副模具结构设计的评价等有关的原始数据，全部整理好建立档案，对今后类似的模具，在结构设计、制造工艺、工时周期、成本控制及报价等方面都有参考价值。其重要作用和意义如下。

（1）要实现模具企业的规范化管理，必须建立模具档案。模具档案管理制度实际就是"一模一卡"成本管理，是模具企业管理的核心。

（2）提高经营管理效率和模具质量，提升企业形象，加强客户对企业的信任度和提高市场竞争力。

（3）避免因设计人员调动，设计图纸和有关数据没有存档，技术无形资产流失。

（4）碰到相类似的模具可以省去许多精力，减少重复劳动，也可给没有经验的设计人员参考，少出差错，避免重犯错误。

（5）建立每一副模具的质量档案，便于模具维修和制造。

（6）模具档案可以作为培训教材的范本。

（7）可作为模具报价、成本核算的依据。

（8）写好模具的设计总结分析报告，特别是对系列模具、精度要求高的模具，找出有规律的经验数据，在制造模具前对塑件的变形量进行修正。

（9）模具档案的相关资料可用于模具评奖或专利申请、个人考核、职称评定。

4.6.6 模具档案的内容与要求

（1）所有的设计数据和资料内容整理如下，模具档案详细内容见表4-3。

① 技术协议（模具合同及报价付款方式）。

② 塑件3D造型、2D图样（或实物）（3D版本最好低版本，UG7以下；3D格式为stp、igs、x-t；2D格式为dwg、dxf；图片格式为jpg、tif）。

③ 塑件材料牌号及成型收缩率。

④ 模具设计的客户和企业标准。

⑤ 模具的型腔数［单型腔、多型腔、1＋1、左右件、对称件（镜像）］。

⑥ 模具的浇注系统（浇口形式、点数、热流道）及模流分析，进料口等具体要求。

⑦ 注塑机型号与规格，技术参数。

⑧ 取件与顶出方式（机械手、自动脱落、吹气、机械顶出还是油缸顶出）。

⑨ 塑件产品的技术要求：塑件的装配关系和要求、尺寸精度；塑件表面要求（外观的皮纹或粗糙度要求、光滑、银丝、熔接痕等）；塑件重量；烂花或皮纹要求。

⑩ 制品成型周期要求。

⑪ 客户对模具的模架、标准件、油缸、热流道（喷嘴结构）等的要求。

⑫ 模具的动、定模和主要零件、模板的材质及热处理要求。

⑬ 模具的试模T1、T2、T3时间要求，最后交模时间。

⑭ 制品生产数量（模具寿命要求）。

⑮ 设计图样要求（画法要求、零件图及装配图要求）。

⑯ 客户对模具的易损件、备件的数量及标准件、附件的规格型号要求。

⑰ 模具售后服务要求。

（2）模具的材料清单：模架、标准件、易损件、备件、油缸、热流道元件等。

（3）模板、模架、标准件等材料所有零件采购费用。

（4）电极图、工艺图。

（5）实际加工工时，包括返工工时；加工出错损失及费用。

（6）设计工时、设计更改工时及设计费用。

（7）设计出错损失及费用。

（8）零件加工工时（线切割、摇臂钻、数控铣、电火花、磨床、热处理）及费用。

（9）零件外协加工工时及费用。

（10）零件及塑件的检测报告单及费用，包括设备人工费用。

（11）钳工装配工时及费用

（12）试模工艺及试模记录及试模 T0、T1、T2、T3 的总费用，包括塑料、注塑设备、烘料、人工等费用。

（13）模具修整通知单及模具修整后的试模检测报告及费用。

（14）最佳的注塑成型工艺卡。

（15）模具零件图和装配图。

（16）模流分析报告。

（17）装箱清单（模具照片、易损件、备件、附件、模具合格证、模具使用说明书等）。

（18）客户版本更改，同客户关于模具设计、制造的沟通内容记录。

（19）模具设计评审记录。

（20）模具结构设计总结：从此副模具立项至结束，实事求是评价模具结构设计优点及存在的问题，今后需要改进的地方。这是模具档案的重要内容，必须要求认真填写。

（21）根据以上的资料进行整理分类，核算成本（材料成本、加工工时、加工费用、设计成本、试模成本、外协加工工时、钳工工时及装配费用，包括设计加工出错返工工时等费用），分析模具利润。

（22）客户的信息反馈及用户走访调查报告、用户意见书。

（23）将以上所有资料按模具编号，整理归档，妥善保管存放，需要查阅时，要求档案管理员 10min 内将此副模具档案提交。

表 4-3　模具档案表

编号	档案内容要求	责任人	责任人签字
1	合同评审记录（新客户和特殊模具）	销售部	
2	客户要求的原始数据（产品图、2D 图、3D 图、具体要求）	销售部	
3	对客户的原始数据审阅意见和问题点记录、合议记录	设计负责	
4	版本记录（包括各种不同版本收发日期和原始数据）	销售部→文控	
5	模流分析报告	技术部设计负责	
6	模具结构图及评审意见内容记录；人员、日期、签字	技术部设计负责	
7	模具设计确认表（2D、3D）	技术部设计负责	
8	模具构想图评审表	技术部设计负责	
9	模具 2D、3D、设计进度表（模具组长签字）	技术部设计负责	
10	材料清单、标准件清单（打印 1 份）	设计人员	
11	模具 2D 零件图、总装图（原则上在装配前提交，当模具出运后，一副模具的所有数据的最终版本发给文控）	技术部设计负责	
12	模具工艺图（电极 3D 图、受控图）（动、定模）	模具组长	

续表

编号	档案内容要求	责任人	责任人签字
13	模具生产进度表	模具组长→生产部	
14	模具金加工的总费用	生产部	
15	模具客户变更单	销售部→文控	
16	模具变更 2D 图纸(变更前旧图纸文控收回、变更后图纸须标记变更处 A、B、C)复杂图面允许图片	技术部设计负责	
17	零件三坐标检验单	质量部	
18	模具检查表	项目负责人	
19	试模记录、注塑工艺表	注塑车间签字	
20	试模费用	生产部	
21	塑件检查单	质量部	
22	模具总装(动定模分开拍照)和塑件的照片共 4 张	销售部	
23	模具合格证	项目负责人	
24	模具设计和制造质量事故出错报告及罚款单	技术副总	
25	优质模具设计或制造奖励记录(由各相关部门作出决定,提议批准)	技术副总	
26	模具出货单	生产部	
27	材料及热处理质保单(客户要求、除 45# 以外)	质量部	
28	标准件、模具材料费用清单	采购部	
29	模具售后服务顾客满意度调查表	销售部	
30	客户信息反馈整理	销售部	
31	模具设计总结	设计人员	

模具编号	模具及名称	客户名称	产品名称
制表	审核	档案	日期

4.7 客户端提供的设计数据审查

模具项目经理需要组织有关人员对客户提供的塑件 3D 造型及有关数据审核,也就是立项前后的输入评审。如果客户的塑件形状、结构设计有不合理的,项目经理应与经营部门(市场部)或同客户及时沟通,并做出决定;应及时提交给设计部门,避免设计等待、设计中途变更而影响设计进度。而这些数据必须以文字格式或电子文档方式提供,不能用电话或口头形式告知。

设计师要对客户所提供的以下数据是否完整,内容是否正确,进行审查确认。

(1) 模具合同的具体要求及报价 (保密的另外存档)。

(2) 需要采用低版本和通用格式,方便用户使用。塑件 3D 造型、2D 图样 (3D 版本要求 UG7 以下;3D 格式为 stp、igs、x-t,2D 格式为 dwg、dxf;图片格式为 jpg、tif)。

(3) 塑件材料及成型收缩率。

(4) 客户的模具设计标准。

(5) 模具的型腔数。

(6) 模具的浇注系统 (浇口类型、位置、点数、热流道及品牌) 及模流分析具体要求。

（7）注塑机型号与规格是否同制品与模具的形状大小相匹配。

（8）塑件精度尺寸要求。

（9）塑件的装配关系和要求。

（10）塑件重量及成型周期要求。

（11）塑件外观的皮纹或粗糙度要求。

（12）客户对模具的模架、标准件、热流道、油缸等的要求。

（13）模具的动、定模材质及主要零件和热处理要求。

（14）模具的试模时间（T1、T2、T3）要求。

（15）模具的制品产量和模具寿命要求。

（16）客户对模具的备件及设计图样要求。

4.8 制品结构、形状设计的评审

一般来说，客户方对制品形状与结构的设计怎样有利于设计制造模具、怎样有利于塑料制品成型不太了解。这样，制品形状与结构的设计很可能不合理，增加了模具设计与制造的难度，使模具结构复杂化，或者使制品出现成型缺陷。因此，就需要对塑件产品进行分析。而模具供应商不太了解塑件产品的性能和使用要求，只从利于模具设计制造角度出发对塑件形状进行改动，很可能会影响塑件的功能性要求。由于双方都有不足之处，要求需方正确设计塑件结构、形状；要求供方了解制品形状与结构的功能性设计。运作比较好的公司，模具使用客户（注塑件公司）与模具制造公司，可进行注塑产品与模具一体化联合设计。这样，双方可以取长补短，使制品形状与结构设计既满足塑件产品的性能、装配及使用要求，又不妨碍模具的结构设计，同时又能满足成型工艺条件。

对于模具制造商来说，进行制品设计质量评审是保证模具质量的重要过程，能发现存在的问题，及时纠正，为优化模具设计打下基础，避免设计变更。这就需要市场营销部门人员懂得模具结构和形状设计，做好设计前的沟通工作。有的企业，有关技术性的问题沟通不到位，再由技术部直接与客户沟通，造成了双重沟通，增加了沟通成本，无形之中延长了设计时间。

模具使用方（塑件生产方）要求模具能成型合格的制品，满足产品的使用要求。模具生产厂家必须重视模具行业中所谓的项目前期评审，其目的是尽量避免在设计过程中对制品进行设计变更，甚至在模具制造过程中出现这样或那样的问题，给设计工作带来不必要的工作量。通过对制品分析，针对不同的问题提前采取相应措施，把制品设计存在的问题在模具设计前与客户共同商讨并及时解决。最好模具供应商与制品设计方早期参加或者共同开发塑料制品，使制品设计更加有利于模具设计制造，减少问题的存在，避免中途变更设计，影响设计效率，造成设计时间延误。

4.8.1 制品的形状、结构设计合理性分析

模具设计前，需要了解关于制品的塑件性能、使用要求，了解装配位置及装配尺寸精度要求，需要知道制品强度要求、产品功能及受力情况，需要明确产品成型设备及成型工艺要求等。然后，对制品的形状、结构设计的合理性进行分析、评审，确认是否有妨碍模具设计

制造或增加模具设计制造难度以及使制品产生成型缺陷的问题存在。

只有了解制品的品质要求，才能提高制品分析的目的性和有效性，才能设计、制造好模具，保证模具质量。

4.8.2　塑件精度要求及相关尺寸的正确性分析

设计者要考虑塑件成型后是否产生变形（特别是汽车装饰条的变形）、塑件功能尺寸精度是否超差。

塑料制品与金属的性能差异很大，不能按金属零件的公差等级确定精度。为此，国家专门制定了《工程塑料模塑塑料件尺寸公差》标准。该标准将塑件尺寸公差分成7个等级，每种塑料可选其中三个等级，即高精度、一般精度和未注公差尺寸。按GB/T 14486—2008选用。其中MT1级精度要求较高，一般不采用。该标准只规定标准公差值，而公称尺寸的上下偏差可根据塑件的配合性质来确定。对于孔类尺寸可取表中数值冠以（＋）号；对于轴类尺寸可取表中数值冠以（－）号；而对于中心距尺寸取表中数值的1/2再冠以（±）号。

4.8.3　装配尺寸审查

制品装配尺寸审查时，首先分析塑件的配合情况是否合理。一般情况下不允许存在干涉，尽量考虑合适的装配间隙。中小型塑件的装配间隙通常控制在单边0.1～0.5mm，具体尺寸需根据塑件的外形与结构进行确认。在设计装配间隙的时候必须考虑模具修正的方便性，规避模具零件需通过烧焊才能修正的现象，并分析塑件使用性能及装配关系的可靠性。

4.8.4　塑件的形状外观审查

需考虑分型线位置是否直接影响塑件外观，外观是否能达到塑件设计要求（如塑件表面粗糙度、缩痕、熔接痕、分型线、镀铬件、分型面有否突变、尖角）。对于有晒纹要求的塑件，要尽量规避壁厚突变的现象，因为壁厚突变部位易产生应力发白现象。

4.8.5　脱模斜度审查

有时制品设计出现倒扣现象，需加强检查，特别注意插碰位的脱模斜度，一般3°以上为宜，高度较大的加强筋的斜度不宜太大，注意大小头之差的厚度。需要增大脱模斜度时，原则上向减胶方向拔模，方便模具修正。各个分型和抽芯方向都需考虑脱模斜度。当塑件表面有皮纹要求时，要根据皮纹的粗细程度设定合理的脱模斜度，防止塑件产生拉伤、发白、粘模等不良现象。如果通过加胶方式增加脱模斜度时，必须得到模具项目的书面资料认可。各种塑件材料推荐的脱模斜度以及根据皮纹粗细程度所需的脱模斜度可以查看相关设计资料。

4.8.6　制品侧面形状、结构设计审查

制品侧面的形状、结构设计要合理，制品形状要尽量避免设计抽芯机构，如图4-6所示。审查制品的形状与结构设计有否妨碍模具结构设计，动作顶出有无干涉，有无倒扣，出模度是否合理，插碰面度数是否大于3°。

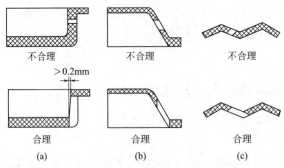

图 4-6　避免侧向抽芯机构的设计

4.8.7　塑件壁厚的审查

审查塑件壁厚尺寸的设计是否合理，应考虑以下因素。

① 根据制品大小和结构特性需要考虑制品的强度和刚性能否满足使用要求。

② 需要考虑制品的尺寸稳定性和外观质量。塑件的整体壁厚应均匀，避免太薄或太厚，给模具设计与制造带来一定的难度（成型困难、外观质量及变形）。如果壁厚不均，注塑成型时，填充速率、冷却和收缩不均匀，致使塑件存在缩影、气泡等缺陷，更严重的则会因应力分布不均匀而导致塑件严重翘曲变形等。需特别关注局部壁厚特别薄或特别厚的部位，是否会产生缺胶或缩影、凹陷等问题。

③ 成型时的充模流动性。应掌握塑料的特性并结合熔融指数和流动比，利用模流分析软件预估型腔压力，特别是大型塑件，应特别关注最后填充部位的结构分析和流动情况，要杜绝因局部无法填充到位而选择增加型腔压力，因为型腔压力越大，塑件翘曲变形的风险就越高。塑件的最小壁厚及常用壁厚的推荐值可以查阅表 4-4。

表 4-4　常用塑件的壁厚值　　　　　单位：mm

塑料	最小壁厚	小型塑料制品推荐壁厚	中型塑料制品推荐壁厚	大型塑料制品推荐壁厚
聚酰胺	0.45	0.75	1.6	2.4～3.2
聚乙烯	0.6	1.25	1.6	2.4～3.2
聚苯乙烯	0.75	1.25	1.6	3.2～5.4
改性聚苯乙烯	0.75	1.25	1.6	3.2～5.4
聚甲基丙烯酸甲酯	0.8	1.5	2.2	4～6.5
硬聚氯乙烯	1.15	1.6	1.8	3.2～5.8
聚丙烯	0.85	1.45	1.75	2.4～3.2
聚碳酸酯	0.95	1.8	2.3	3～4.5
聚苯醚	1.2	1.75	2.5	3.5～6.4
醋酸纤维素	0.7	1.25	1.9	3.2～4.8
聚甲醛	0.8	1.40	1.6	3.2～5.4
聚砜	0.95	1.80	2.3	3～4.5
ABS	0.75	1.5	2	3～3.5

④ 制品在使用、储存和装配过程中所需的强度。

⑤ 考虑脱模时制品强度、变形、硬化、脱模等情况。

4.8.8 加强筋分析

（1）加强筋的作用

① 增强制品的强度和刚性，避免制品翘曲变形。

② 改善熔体填充，减少制品缩孔、凹陷及内应力。

③ 用于塑件装配。

（2）加强筋的设计要求

① 加强筋的大端厚度尺寸通常是主体壁厚的 0.4～0.7，可以避免塑件产生缩影。

② 与主体壁厚连接的转角部位应该圆角过渡。

③ 加强筋的布置应考虑成型填充时的料流方向一致，避免料流受到搅乱，降低塑件的强度和韧性。

④ 加强筋的底端面不能和塑件的支承面相平，应有 0.2～0.5mm 的间隙。加强筋的底部是否有圆角设计。

⑤ 加强筋的脱模斜度一般取 0.5°～1.5°。

⑥ 加强筋尽量对称分布。

⑦ 加强筋的十字交叉处避免壁厚过厚，制品产生缩凹。

⑧ 加强筋的高度不宜设计太高，要注意上口壁厚与下口壁厚同脱模斜度有关。

4.8.9 圆角与清角审查

塑件的各台阶面或内部连接部位在不产生缩影的情况下尽可能采用圆角过渡，以利于分子取向，提高塑件强度和模具成型零件的强度，增强塑料流动性和便于脱模。不要设计成清角，以避免应力集中。塑件结构无特殊要求时，各连接部位都需设计圆角，半径通常取主体壁厚的 1/3 以上。塑件的端面设计要尽量避免刀刃状，以便降低制造成本和延长模具寿命。

4.8.10 标志审查

为了装饰或某些特殊要求，塑料制品常常带有凸起或凹进的文字、商标、符号、标记等标识，它们通常可以做成三种形式。刻印方向应尽量垂直于分型面或具有足够脱模斜度的侧壁面上，尽量采用凸起的方式。如果是凹下的，尽可能设计镶件。文字和符号的深度通常为 0.2～0.4mm，线条宽度一般不小于 0.3mm，两条线之间的距离一般不小于 0.4mm，侧面的脱模斜度通常大于 10°。

4.9 模具设计过程的质量控制

4.9.1 模具结构设计的基本要求

（1）按期完成设计任务，要求没有设计出错、设计变更少。

（2）根据客户的 3D 造型和 2D 工程图的技术要求，合理地设计模具结构、进行优化，以满足客户要求。

（3）设计时必须注意模具结构形状及尺寸的正确性：结构零件（如顶杆孔、冷却水孔、螺纹孔，斜顶块等）相互之间不能干涉，并有足够的位置。零件的成型收缩率要求正确，配合零件达到设计要求。

（4）图面质量要求如下。3D造型要求：创新、优化、完美、高效；2D工程图要求：正确、合理、完整、清晰。视图表达、尺寸标注、形状位置误差及表面粗糙度、技术要求等符合国家标准，零件图、装配图和3D造型的质量要求自检达标，交请主管审查、签字、批准后才可发放。

（5）每一副模具都需要对浇注系统进行模流分析（绝对把握的设计除外）。设计时必须注意塑料特性与模具设计的关系，提高模具成型效率。

（6）模具结构设计要注意成本控制，模板不宜太大，同时要注意模具的刚性和强度。

（7）注意结构设计的合理性，避免零件相互干涉（特别要注意滑块与斜顶的抽芯机构）。

（8）模具零件材料与标准件的牌号或规格型号、数量要填写清楚，不得遗漏。

（9）所设计的模具要制造容易，便于操作与维修，零件耐磨耐用，安全可靠。

4.9.2　设计前必须了解的事项

设计部门收到"模具立项通知"后，由设计部主管与设计师首先消化客户提供的3D造型数据、参数，必须了解的事项如下。

（1）产品的表面要求（镜面、电镀面、皮纹、火花纹等）　每种要求都要注明不同的条件、规格、等级，如表面镜面要求（超光学镜面、普通镜面）。

（2）产品结构要求　明确分型线的位置，做好注塑成型模流分析，明确浇注系统要求（进胶方式、点数、进胶位置、热流道）、顶出方式、顶出位置、冷却方式、冷却位置、镶拼位置等。

（3）产品成型（注塑）要求　成型工艺要求（温度、周期等）、产品取出方式（机械手取、手工取）、表面的特别要求（熔接痕、缩印、困气）。

（4）缩水率的要求　原则上产品的缩水率要求客户指定（若客户不能指定，需做样条模验证）。

（5）动定模的材质要求　要认真确认指定的材质与要求是否相配，如有疑问要及时向客户提出，如高镜面钢、高硬度钢、高防酸钢等。

（6）需了解客户对产品的用途要求、产品的装配要求。

（7）注塑机型号参数、注塑材料的特性要求、成型周期要求。

（8）与客户进一步了解产品的形状、产品要求、试模T0、交模。

（9）认真参与制品形状结构设计的审查，发现问题及时反映和沟通，避免设计变更和设计出错，必要时征得客户同意，才可实施。

（10）根据客户对塑件和模具的要求，经审查确认后，最终确定模具结构设计方案。根据模具的复杂程度、制造周期、模具设计人员的能力合理安排设计任务（内容与要求见表4-5），并下达模具设计进度要求。

4.9.3　设计部门质量管理要求

（1）技术部门负责人由具有一定设计能力和工作经验、并有管理能力的人来担任。要求设计师提高设计理念，质量第一，体现设计师的人生价值，使所设计的模具成为优质模具。

（2）技术部门一定要有规范的设计技术标准，并严格按设计标准贯彻执行。

表 4-5 模具设计任务书

订货单位	订货单位地址					其它	模具编号			
	订货单位名称						模具项目负责人人		开始日期	
	模具交货期	年 月 日					模具设计	3D		
		T0		T1						
制品	名称					流道	方式	普通、绝热流道、热流道		
	使用树脂名称						截面形状	圆形、半圆形、U形、梯形		
	成型收缩率					热流道喷嘴方式		井式喷嘴、延伸喷嘴、半绝热喷嘴、全绝热喷嘴、内部加热喷嘴、针阀式喷嘴		
	色调	透明度	透明	不透明	不透明					
		色别				气辅注射		点	CAE 分析	
	制品单件重量	g	成型周期 s			浇类口型		直浇口、侧浇口、扇形浇口、点浇口、圆环形浇口、羊角浇口、潜伏浇口、重叠浇口、幅状浇口、薄膜浇口、爪形浇口、盘状浇口、护耳浇口		
	制品投影面积	Cm²	S							
注塑机	注射机制造厂家						位置尺寸	见结构简图	浇口尺寸	
	注射量	g	制品重量	g	料道重量	g	浇口点数		点	
	锁模力	KN				侧向分型与抽芯	种类		侧型芯、瓣合模	
	型号规格						脱模		斜导柱滑块、倾斜、顶块块、液压、气压、浮块	
	格林柱内间距	水平 mm	垂直 mm							
	顶出孔孔径	mm				冷却加热		水、蒸汽、热油、模温机、冷冻机		
	定位孔直径 mm					有无特种加工		亚光面抛丸、电加工、电铸、线切割（快、慢）、花纹加工、精密铸造、冷挤压、压力锻造、NC加工、抛光、刻字		
	喷嘴孔径	mm								
	喷嘴圆弧	mm				是否电镀		需要、不需要		
	模具结构	标准型、三板式、瓣合模				需要、不需要		①长键；②标准键嵌入；③圆柱定位；④导套边台阶；⑤动定模镶块台阶定位；⑥动定模框外形台阶定位；⑦滑块楔紧块定位；⑧外形正定位；⑨动定模中心定位；⑩正定位		
模具主要结构	每模型腔数	型腔								
	模具外形（长×宽×高）	mm								
	分型	平面、阶梯面、异型面、曲面、允许穿透（直）、不允许穿透（横）				定模、动模主要材料		P20、40Cr、2738、718、PX5、SKD61、638、618（进口或国产）、NAK80、铍铜、T8、T10A、55、45、浇结合金、铜合金等		
	顶出	推杆	推杆、带台肩推杆、方形推杆、碟形推杆	顶出行程						
		推件板（型芯外）	板状、杆状、块状、环状			热处理	调质		淬火	
		顶	扁顶杆、推套、特殊推套、圆顶杆、斜顶块				氮化		应力释放	
		压缩空气	仅用空气、与其它并用			标准件	DME、HASCO、正钢、盘起	备注		备注
		其它	二次顶出、先复位机构							
	动定模结构	整体	锥度、垂直	模架						
		镶入	单边楔紧块定位							
提供条件	物品、图纸	实样、3D 已造型（未造型）、已有脱模斜度、没有脱模斜度、2D 制品图样、模型、雕刻原稿、注塑机样本塑机样本								
客户要求	班产		使用寿命			万次/件				
模具项目负责	2D 设计人员	2D 设计人员		评审签名			备注			
年 月 日	年 月 日	年 月 日			年 月 日					

（3）规范设计工作的流程，并确保按照规定的程序展开工作。

（4）设计部门负责人对模具设计时间节点做到有效控制，及时完成设计图样。

（5）应注意模具设计结构与加工工艺的合理性、经济性、适用性和先进性。优化模具结构设计，必须保证塑料制品质量、生产率和模具的使用寿命。避免因设计原因，影响模具设计制造成本和交模延误。

（6）尽量采用先进的设计方法。建立模块，确保设计质量。

（7）做好制品结构、形状的设计评审，有问题与客户有效沟通，在设计前把存在的问题及时解决。

（8）认真做好模具结构设计评审工作，这是模具质量控制的关键。企业评审好后提交客户确认，才可投入生产。

（9）必须重视和加强模具结构设计评审工作，评审是设计质量的重要保证。要求评审及时发现问题，及时采取纠正措施，提高设计质量，优化模具结构设计；注意模具成本控制。注意模架大小、强度和刚性审查，加强图样和材料清单审查和工艺审查。

（10）重视培训工作：软件应用培训、设计标准培训、结构设计培训、设计流程培训、上岗技能培训、模具验收标准培训等。通过培训提升技术部门的设计能力和责任心，从而使模具的质量得到有效保证。

（11）制订设计部门人员的工作标准和岗位职责，做好设计绩效考核工作。

（12）企业需要重视设计人员上岗培训，对模具结构知识、设计软件（UG、CAD等）的使用、设计技术标准、客户标准等进行系统性培训，熟悉企业工作流程，提高设计人员的设计技能和水平，减少设计出错，提高设计效率和设计质量。

（13）重视模具设计的绩效考核，采取有效的奖励和惩罚制度，对设计出错要及时通报、总结，分析出错原因，并存档作为培训教材用。

（14）高度重视文件版本管理与设计变更的质量管理。规范模具结构设计变更、图样变更、加工出错变更。

（15）模具设计要求按客户的技术标准和要求、企业的技术标准设计，标准件采用率在65％～70％以上。

（16）避免设计反复和设计出错。对设计出错应及时通报、开会总结。

（17）模具设计的组织框架要根据企业的实际情况考虑配置。根据企业情况合理配备设计人员，3D造型与2D工程图的设计最好一起操作，这样出错概率小，也有利于模具设计的优化。

（18）要求设计人员深入车间，了解所设计的模具中存在的问题，不要闭门造车，设计师务必参加试模工作。

（19）定期对质量管理工作的效果、模具设计的原始数据整理归档，做好技术沉淀工作。建立模具档案，写好设计总结。

（20）部门负责人起到上通下达的桥梁作用。

（21）避免模具结构设计存在隐患，关注模具的细节设计。

（22）模具零件设计要考虑制造工艺的合理性、企业的加工设备状况、模具的加工制造周期。

4.10　模具结构设计的输出评审

模具结构设计方案构建阶段，模具设计团队首先执行机构审核，通过模具结构参数的分析计算，确定设计参数，满足质量要求。

规范的流程需要对模具进行三次评审：第一次是合同输入评审（包括塑件结构、形状设计评审），第二次是模具结构设计输出评审；第三次是试模评审。下面主要介绍模具结构设计的输出评审。

4.10.1 参加评审的人员

参加评审的一般有以下人员：项目经理、模具结构设计师、模具担当、质保工程师、成型工艺师等。但有些类似模具在企业设计制造的较多，并已取得了一定的经验，在有把握的情况下，可以不需要这么多人来评审。

内部评审完成后，需要提交客户评审，因为成型制品和模具最终由客户使用，因而需要得到客户的认可。

4.10.2 模具结构设计评审的作用

（1）设计评审主要验证模具结构是否优化、与顾客提供的设计数据是否一致。通过模具结构设计评审可使模具产品质量和模具寿命得到保障，同时满足客户的期望值。

（2）通过设计评审，及时发现模具结构设计存在的问题，可避免模具结构设计出现原理性错误。

（3）通过评审使模具用材和成本得到有效控制。

（4）检查3D造型与2D工程图的质量是否达到客户标准和企业设计技术标准。

（5）通过评审，可使各部门工作的难点得到及时沟通，共同商讨如何克服，保证模具设计制造的时间进度。

（6）评审所设计的模具结构对塑件的表面质量和功能性是否有影响。

4.10.3 模具结构设计评审内容

（1）检查和评价该模具的各大系统结构设计是否优化，设计的功能性与可靠性。特别需要评审浇注系统、模流分析报告的正确性。

（2）标准件的设计利用率与标准是否达到企业与客户的设计要求。

（3）模具钢材的选用和热处理的合理性，钢材牌号是否同技术协议一致。

（4）模具的设计数据与客户提供的注塑机参数是否相符。

（5）零件加工工艺、装配工艺的合理性。

（6）模板外形尺寸设计的成本审核。

（7）所设计的模具投产后，成型制品的外观质量和功能性指标能否满足客户的要求。

（8）评审时识别和发现设计和模具开发中的缺陷或不足，并提出必要的改进措施。

（9）2D零件图样与3D图样文件的质量是否达标。

（10）模具结构设计的细节是否存在问题。如零件、附件和配件、标准件装配状况是否表达清楚。

（11）对材料清单和明细表的规格、型号、数量的审查。

（12）要求模具的设计进度（时间要求）不影响模具生产周期。

（13）表4-6中所示的模具结构设计表，评审时最好逐条审查通过，如有问题进行标记，给予纠正。

表 4-6　注塑模具结构设计评审表

序号	内容	是	否
1	客户的信息资料		
1.1	客户提供的信息、资料要求是否齐全、有没有遗漏		
1.2	是否对客户的塑件的形状、结构进行工艺审查,如有异议是否向客户提出并进行确认		
1.3	塑件前期评审存在的问题是否解决？项目负责人同客户沟通结论如何		
1.4	是否了解客户的塑件(产品)装配关系		
1.5	所设计的模具结构图是否得到了客户的确认		
1.6	模具图中的产品图是否为客户提供的最终数据？版本是否搞错		
1.7	当客户对塑件的设计有重大更改时,是否进行重新评审		
2	注塑机		
2.1	模具厚、薄是否满足注射机的闭合高度要求		
2.2	注塑机最大空间能否容纳模具的最大外形,注射机的柱间距和直径是否用双点划线画出,是否标出注塑机的型号、规格		
2.3	是否需要动模顶板拉回设置(客户要求)		
2.4	定位圈直径、喷嘴尺寸、球半径是否符合注射机的要求,定位圈结构是否符合客户要求		
2.5	客户要求动模底板有定位圈(HASCO、DME 标准),其尺寸、固定是否相符		
2.6	冷却水接口水道是否设置在动模底板与定模盖板处,是否同注射机相符(特殊模具冷却水从注塑机镶板引出)？动定模固定板固定在注塑机上是否有要求,并且与注塑机是否相符		
2.7	塑件和流道系统的总质量是否超过了注塑机的注射量		
2.8	塑件的投影面积是否超过了注塑机的最大投影面积(一般选用 80% 比较合适)		
2.9	定位圈偏移的动模固定板的顶出孔是否有偏移		
3	模架		
3.1	标准模架或非标准模架是否达到客户要求和国标要求		
3.2	模架的结构形式对否		
3.3	所有的模板有否吊环螺纹孔？吊环螺纹孔的设计是否规范,螺纹大小是否与模架重量匹配,位置正确否？与其它孔有否干涉？入口处是否有倒角		
3.4	三板模的主导柱直径是否加大？拉杆的有效长度、取件空间位置是否足够		
3.5	正导柱的长度设置合理否？正导柱是否高于斜导柱和动模芯而起到保护作用？正导柱是否太高		
3.6	模架的基准角是否在偏移的导柱孔		
3.7	不采用整体模架的材料是否对？模架的材料选用是否符合客户要求		
3.8	模架的动、定模采用镶块设计的 A、B 板,设计是否考虑开粗,避免应力变形		
3.9	模架的外形尺寸、定位圈直径、顶出孔位置大小、压板槽下或压板孔尺寸、定模盖板尺寸、动模底板(厚度)尺寸是否正确,是否符合注塑机技术参数		
3.10	模板的外形有否倒角？倒角规范否		
3.11	整体的模架(动、定模不采用镶芯的模架的 A、B 板),有否采取开粗,避免模板变形		
3.12	开粗后的模架的 A 板、B 板材料,吊环用的螺纹孔、冷却水孔有否破边,工艺合理否		
4	图样		
4.1	是否有构想图提供评审？构想图的比例是否为 1∶1		
4.2	装配图何时提供的？图样质量如何		
4.3	构想图的模具结构是否合理,能基本表达清楚吗		

续表

序号	内容	是	否
4.4	图样质量(线条、图层是否统一)是否符合国家标准或企业需求		
4.5	3D造型图层是否一目了然		
4.6	标题栏内容(零件名称、数量、材料、图号)是否填写正确、清楚		
4.7	2D画图软件是AutoCAD、CAXA,2D格式为dwg、dxf;3D造型软件是PrO/E、UG、PowerSHA等,3D格式为Stp、igs,图片格式为jpg。		
4.8	视图布局是否合理,剖面、剖视名称及轨迹是否标注清楚		
4.9	模板外形尺寸、顶出行程是否标注,同注塑机参数匹配否		
4.10	基准角是否标注在地侧,是否标注在导柱孔的偏移孔		
4.11	所设计的图纸版本是否最终版本,如中途有变更,是否按变更信息重新设计,图样更改规范否		
4.12	图样的标题栏内容(材料、件数、比例、零件图的名称编号等)		
4.13	模具总装图与客户确认的构想图是否一致(如有改动要征得客户的同意)		
4.14	模具总装图与实际模具是否一致		
4.15	模具总装图的零部件是否遗漏,配合性质及位置是否明确标注,公差配合、尺寸标注是否妥当		
4.16	图样上必要的技术要求表达清楚了没有? 成型部分的粗糙度、表面要求(烂花、皮纹等)是否表达清楚		
4.17	易损件、备件是否提供给客户详图		
4.18	非配合面有间隙处,是否画出间隙线		
4.19	零件的配合要求处,图样上是否标注了尺寸公差		
4.20	模具图样能达到零件化生产要求吗		
4.21	2D构想图是否按期提供给客户确认,3D造型是否按期提供给客户确认		
4.22	第三角图样是否按第三角要求绘制,图样上有否标注第三角标志,视图布局是否符合规定要求(需要用英文标明视图名称否)		
4.23	零件图是否同构想图的结构要求相符,基准角是否与构想图统一		
4.24	构想图及清单上的标准代号与零件图的代号、总装图是否相符		
4.25	模具总装图内的零件图代号及备件、附件和详细的图样是否齐全		
4.26	模具图设计时间是否达到要求,有否影响生产进度和交模时间		
4.27	是否按客户要求提供总装图和编程的刀路图以及2D刻盘(客户有的需要)		
4.28	同一张图样,字体大小是否统一按标准规定		
4.29	模具、电路、水路、液压抽芯、热流道、位置开关是否有详图及相对应的铭牌图样(包括模具铭牌)		
4.30	模具需要做皮纹的,侧面脱模斜度是否合理,图样上是否有具体要求		
4.31	是否把标准件代号在总装图或明细表中表达出来		
4.32	顶杆固定板和顶杆尾部台阶平面有否按顺时针进行编号		
4.33	图样是否受控? 图样管理是否规范		
4.34	英制尺寸标注是否符合客户要求		
4.35	客户要求动定模进行应力释放,图样上是否有标注		
4.36	模具是否有使用说明书		
4.37	模具是否有维护保养手册		
4.38	模具是否有装箱清单		
4.39	装配图是否与实际模具一致		

续表

序号	内容	是	否
4.40	零件图、装配图核对、审查、签名了没有		
4.41	图样上盖了受控章没有？图样发放、收回有没有登记		
5	浇注系统		
5.1	浇注系统是否做过 CAE 分析，是否有分析报告，是否提供最佳方案让客户确认		
5.2	料道、浇口类型、浇口尺寸、浇口位置是否合理，塑件会否变形，浇口点数是否符合最少原则		
5.3	多型腔模具的流道压力是否平衡？多型腔模具的流道压力差是否影响塑件的变形		
5.4	图样是否表达清楚（标准要求浇口放大 4 倍比例）		
5.5	浇口是否影响塑件外观，是否需要二次加工，客户同意否		
5.6	多型腔的和非相同塑件的复合型腔，流道分布是否合理、注塑压力是否平衡		
5.7	浇注系统的凝料是否自动脱落，如要用机械手取凝料，是否有足够的空间		
5.8	凝料的拉料杆的结构是否合理、是否达到客户的要求		
5.9	料道是否设置冷料穴，是否需要设置料道排气		
5.10	熔接痕是否处于塑件的最佳位置		
5.11	模具主流道是否设计太长（或太短），浇口套的进料处是否离注射机的定模镶板太深，浇口套有关尺寸是否正确		
5.12	多型腔的模具，是否需要具有单独的流道转换结构		
5.13	流道内所有的交叉、转折处是否有死角		
5.14	钩料杆头部设计合理否？Z 形钩料杆是否有止转结构		
5.15	热流道的流道板及加热圈电功率是否达到要求，绝热如何		
5.16	热流道的品牌、喷嘴类型、型号是否达到客户和设计要求		
5.17	热流道的喷嘴是否漏料或堵塞，尺寸公差是否达到要求		
5.18	热流道的喷嘴会否产生浇口晕		
5.19	热流道的多喷嘴的流道板上是否刻有相应的进料口编号		
5.20	热流道的喷嘴是否需要顺序控制阀		
5.21	热流道模具的动、定模的固定板是否需要隔热板		
5.22	电源线是否从天侧进出		
5.23	电源线是否固定？是否有黄蜡套管保护		
5.24	接线方式及接线盒设置是否合理		
5.25	电线槽转角处是否有圆角过渡（最小圆角为 6.5mm），所有电线与其电源插座是否有相应的编号，并用护管集结起来组装在一个分配盒中		
5.26	压力传感器是否需要，设计是否合理		
5.27	进料口偏心，偏心距是否按标准设计，顶出孔是否保持同步偏位		
6	模具的结构		
6.1	是否对塑件的形状、结构设计进行评审过？如发现存在的问题向用户反映过没有？解决得怎样？塑件是否倒锥度		
6.2	模具的结构设计是否违反设计原理		
6.3	模具的结构设计是否考虑过模具整体布局的合理性？布局是否考虑到模具的整体概念和美观效果		
6.4	模具的结构设计是否合理？工艺是否合理？是否考虑了加工成本		

续表

序号	内容	是	否
6.5	模具的结构设计是否达到客户或企业设计标准		
6.6	模具的型腔数确认：1＋1、A＋B，塑件是否镜像		
6.7	多型腔的布局合理否？多型腔的型腔数对塑件批量生产、塑件精度是否有影响		
6.8	成型收缩率正确否？计算的结果对否		
6.9	防止模具错位的定位结构可靠否？有否重复定位现象存在？尺寸要求是否标注清楚		
6.10	模具是整体的还是镶块？经济与工艺哪个合理？是否满足了客户要求？结构设计是否合理		
6.11	定模底板和定模板(在没有定位圈和浇口套的定位下)、动模底板、垫块和动模板是否已采用定位销		
6.12	模具设计时是否考虑材料成本？材料是否太大，是否满足客户要求？如果客户要求的模板较大，而实际不需要这样大，是否有充足理由去说服他		
6.13	模板材料的规格型号、数量是否对，是否符合合同或客户要求		
6.14	模具强度和刚性是否足够，模板的外形及厚度会否在注塑成型时变形		
6.15	模具的零件设计、加工工艺是否合理？		
6.16	零件设计是否符合设计标准？		
6.17	复杂零件设计是否考虑到零件应力变形		
6.18	动、定模的脱模斜度合理否？上口尺寸与下口尺寸是否超出制品尺寸要求？		
6.19	模具的导向机构合理否？不是自润滑的导套、导柱是否开设油槽？		
6.20	导柱的长度是否高于模具型芯及其它零件(型芯斜导柱)，先导向模具的导柱高度是否合理：是否太高或太短？		
6.21	模具的导柱头部形状有否 15°斜度		
6.22	导套的底部是否开设了垃圾槽		
6.23	大型、高型腔模具是否采用了方导柱？机构设计规范否		
6.24	模具动、定模定位结构是否需要采用 DME 的正定位标准件		
6.25	分型面的位置是否影响塑件外观		
6.26	分型面结构是否合理，是否有尖角		
6.27	分型面的封胶面尺寸、粗糙度是否达到要求		
6.28	分型面的封胶面宽度是否合理		
6.29	除塑件的碰穿孔、分型面的封胶面、平面接触块的平面外，其它是否有间隙(避空)，尺寸是否合理		
6.30	模具分型面是否设置了平面接触块？平面接触块的数量、形状、大小、位置布局是否合理		
6.31	动、定模的插碰面的锥度是否达到 3°		
6.32	非分型面的封胶面、R 面是否避空		
6.33	复杂的动模芯、型腔是否设置了工艺(基准)孔		
6.34	有配合要求的零件的装配要求对否？设计是否合理		
6.35	设计模时，是否考虑了装配、维护、修模方便		
6.36	模具的防止错位机构的角度是否达到设计标准？正定位应用是否正确		
6.37	定位键的天地设计是否避空		
6.38	滑动面的粗糙度标注是否合理		
6.39	有配合要求的零件表面的粗糙度及硬度标注是否合理		
6.40	塑件的成型面粗糙度标注是否达到要求		

续表

序号	内容	是	否
6.41	模具的表面皮纹、烂花要求与制品要求相符合否？侧面的拔模斜度是否满足了侧面的皮纹、烂花的深度要求		
6.42	模具的动、定模材料牌号是否达到合同或客户要求		
6.43	模具的零件材料选用是否违反选用原则？是否考虑到经济效益		
6.43	模具的零件热处理工艺是否合理		
6.44	零件是否需要标记		
6.45	装配零件时要不要拆除另一个零件才能装配，相互之间是否干涉		
6.46	模具外形是否有倒角，倒角大小是否统一、合理		
6.47	模具是否设计启模槽，尺寸、位置规范否		
6.48	模具标准件的标准及附件是否达到客户要求		
6.49	模具结构设计及零件设计是否符合客户标准		
6.50	塑件的加强筋是否按照标准采用镶块结构		
6.51	复杂的动模芯、型腔是否考虑了防止外形抛光错位的工艺设置		
6.52	模具是否需要设置保护支撑柱？外露在动、定模板的零部件是否有保护设置，是否有保护柱？保护柱的结构规范否		
6.53	多型腔模具是否在动模处刻有型腔号，对称塑件是否有左右件标志		
6.54	头部形状不是平的型芯，是否有止转结构		
6.55	是否在动模处设置日期章		
6.56	是否在动模处设置环保章		
6.57	是否在动模上刻有塑件名称(零件号)和材料牌号		
6.58	模具结构、设计标准、标准件、模架的采用是否符合客户要求的标准		
6.59	企业或客户的设计标准应用对否		
6.60	设计时，是否考虑应用了标准件？标准件的牌号、规格、数量正确否		
6.61	垃圾钉的位置合适否？数量是否太少、太多		
6.62	回程杆(复位杆)数量是否足够？位置是否合理		
6.63	动模处要更换的镶块，能否在注射机上快速更换(内六角螺钉不能在塑件面或流道上)		
6.64	小型芯是否采取镶芯结构		
6.65	模具零部件设计是否采用标准件、按设计标准设计		
6.66	支承柱的位置是否适当，数量是否足够或太多，支承柱的高度公差是否达到标准		
6.67	模板四侧是否都有吊环孔，动定模板(镶块)、俯视图(指平面)上是否有吊环孔		
6.68	动、定模上超过10kg的滑块有否设置了吊环螺纹孔		
6.69	模具是否有锁模块？是否设置在模具的对角位置上，锁模块的尺寸及螺钉是否规范		
6.70	所有螺钉的工作深度是否符合标准		
6.71	整体模具的吊重重心是否达到设计要求？吊环螺钉是否便于吊装？螺钉大小是否安全可靠？吊环位置是否正确，起吊时是否能水平，承受负荷是否安全可靠		
6.72	水管接头、吊环螺钉、液压缸装置、安全锁条等在模具装夹和吊装时是否发生干涉		
6.73	模具焊接是否经质量认可和签字，是否开过施工单(国外进口模具需客户签字同意烧焊，其烧焊一切后果由制造商负责，同时图样上要标明"此处烧过电焊"字样)		
6.74	成型部分热处理硬度值达到要求否，工作部分是否需要氮化		

续表

序号	内容	是	否
6.75	内六角螺钉的大小、长度选用是否合理		
6.76	与内六角螺钉配套的有关孔径规范否		
7	排气机构		
7.1	排气槽的布局:位置、数量、尺寸是否合理		
7.2	动、定模排气是否充足,排气槽是否通大气		
7.3	排气槽的尺寸对否		
7.4	高圆桶塑件的动(型芯)、定模是否设置放气阀		
7.5	排气困难的地方是否应用了排气缸		
7.6	较高的加强筋是否考虑排气机构		
8	抽芯机构		
8.1	斜导柱滑块的结构合理否?滑块同动、定模的分型面合理否?是不是需要斜度		
8.2	滑块底部是否有顶杆,客户是否认可,如认可,是否设置先复位机构		
8.3	滑块的配合公差是否合理		
8.4	成型部分的表面和配合面的粗糙度是否合理		
8.5	滑块抽芯动作时,是否有弹簧定位?弹簧内是否有导向销		
8.6	滑块是否有定位装置?定位是否可靠		
8.7	滑块是否有限位装置?限位是否可靠		
8.8	滑块的锁紧角是否比斜导柱角度提前 2°～3°?楔紧块是否可靠		
8.9	斜导柱滑块的角度是否合适		
8.10	斜导柱滑块的抽芯距是否足够		
8.11	斜导柱滑块的抽芯重心是否对		
8.12	斜导柱直径是否合适		
8.13	斜导柱固定结构形式是否合理		
8.14	斜导柱滑块的抽芯的导轨长度在滑座内是否有 2/3		
8.15	大型滑块的楔紧块处是否设计耐磨块		
8.16	大型的斜顶块与滑块是否有冷却水设置,滑块是否设有吊环螺纹孔		
8.17	大型或复杂形状的滑块设计,是否采用了组合的结构,而不是整体的镶块结构		
8.18	滑块的长度超过 600mm,是否加了导向键		
8.19	滑块的压板是否用定位销,定位销孔与内六角螺钉的位置是否合理		
8.20	滑块宽度较小时(由于定位销孔与内六角螺钉没有空间位置),是否沉入模板		
8.21	滑块冷却效果不好时是否应用铍铜材料		
8.22	非自润滑的滑块,滑块的滑动部分是否设置了油槽,油槽设计是否合理		
8.23	大型滑块的底部是否设置了耐磨块		
8.24	耐磨块的油槽有没有?油槽开设是否规范		
8.25	滑块与耐磨块的材料是否合理?硬度是否合理		
8.26	非成型的外型部分是否有合适倒角		
8.27	滑块的成型部分的封胶面宽度是否合理		

序号	内容	是	否
8.28	油缸抽芯机构设计是否合理？锁紧是否可靠		
8.29	抽芯力足够否？油缸直径够大否		
8.30	形状复杂的塑件抽芯时会否引起塑件变形？是否需要考虑二次抽芯机构		
8.31	滑块用的标准件对否？是否满足了客户要求		
8.32	模脚(垫块)是否需设置有二头防尘板装置(HASCO、DME客户要求)		
9	脱模机构		
9.1	顶出机构设置是否简单经济？顶出机构是否可靠		
9.2	顶出系统结构是否合理？塑件能否顺利脱模？塑件是否变形？是否影响外观		
9.3	顶出机构是否满足自动脱模的要求，塑件自由脱落或应用机械手的空间位置是否足够		
9.4	特殊的塑件会否粘在定模？定模脱模机构、反装模或动、定模是否都需要顶出机构		
9.5	动、定模的脱模斜度是否足够		
9.6	塑件会否产生顶高、顶白、粘模等现象		
9.7	塑件有孔搭子的高度是否超过12mm，是否设置了推管		
9.8	根据塑件的形状、结构，是否需要二次顶出或延迟顶出		
9.9	顶杆的数量、大小、形状设置合理否？顶杆的布局是否合理		
9.10	顶杆与动(定)模芯的接触面是否合理，是否有避空？是否有导向块设置		
9.11	顶杆与顶杆固定板的顶杆孔，配合尺寸是否达到设计要求		
9.12	顶杆与推管是否采用了标准件		
9.13	推管、顶杆数量是否足够，顶杆布局及位置是否合理，顶杆是否需要定位装置		
9.14	顶杆固定板的强度够否，是否进行消除应力处理		
9.15	是否按标准要求有一组导柱及回退杆偏位(DME)，基准角对否		
9.16	是否需要一个顶板导柱偏位(LEAR)，顶板导柱结构是否合理		
9.17	是否设置了顶出限位柱？顶出行程是否标注，塑件脱模是否有余地		
9.18	顶杆固定板与顶板固定螺丝数量、大小是否足够		
9.19	头部形状不是平的顶杆、推管是否有止转结构		
9.20	透明塑件是否允许有痕迹存在		
9.21	推块顶出结构是否合理		
9.22	顶板顶出机构是否合理		
9.23	斜顶块的斜度和滑块的斜导柱角度是否超过设计标准		
9.24	斜顶块顶出有无足够的空间位置		
9.25	斜顶块顶出时，同别的零件有无干涉		
9.26	斜顶机构应用了标准件没有？同客户的要求是否一致		
9.27	斜顶机构是否应用了导向块		
9.28	斜顶杆的油槽开设是否规范		
9.29	斜顶块的抽芯距是否足够？斜顶块与滑块分模动作位置、虚拟图形是否画上		
9.30	斜顶杆的固定方法是否正确？斜顶杆有无铜导套导向保护装置		
9.31	顶出制品时，制品跟着斜顶同向移动时，是否有制动设置		

续表

序号	内容	是	否
9.32	斜顶机构是否采用了复位弹簧,还是用油缸顶出机构		
9.33	斜顶机构是否应用了客户要求的标准件		
9.34	大型斜顶块是否设置了冷却水回路		
9.35	斜顶块的冷却水回路软管是否固定		
9.36	电器线路图是否合理,是否同实际相符合,是否有电器铭牌		
9.37	液压缸是否符合要求规格		
9.38	液压缸安装和接头是否合理		
9.39	液压缸是否设置位置开关,图详上有否"型芯进入和型芯退出"的标注字样		
9.40	液压缸抽芯装置是否会产生让模,是否需要设置楔紧装置		
9.41	多个液压缸是否设置了分配器		
9.42	是否有足够强度的模板或护脚保护液压缸		
9.43	螺纹脱模机构是否可靠		
10	冷却系统		
10.1	冷却水的结构是否遵循冷却水设计原则和规范要求		
10.2	冷却水结构的冷却方式、配置及回路设置是否同塑件形状协调、合理		
10.3	主流道或热流道喷嘴附近有无冷却水结构		
10.4	冷却水的回路设置是串联还是并联		
10.5	冷却水的回路设置是否考虑平衡设计		
10.6	冷却水的回路是层流还是紊流		
10.7	冷却水管接口是否设置在反操作面		
10.8	冷却水的水道位置和尺寸是否正确,是否满足成型工艺要求		
10.9	形状复杂的塑件,水路是否分区域设计		
10.10	堵头、隔水片、水管接头及沉孔的大小和深度是否符合要求		
10.11	动模芯的水堵头是否有遗漏		
10.12	冷却水设置是否有死水存在		
10.13	三路以上的水路,是否设置分流器,是否设置在反操作面		
10.14	有无进出水路标志,进用"IN",出用"OUT"		
10.15	冷却水管接头的螺纹规格(NPT 、PT 、PS 、PF)是否正确		
10.16	冷却效果不好的模具结构是否采用铍铜或散热棒、铜合金		
10.17	冷却水道与顶杆、螺钉孔、冷却水孔有无干涉,是否保持一定边距		
10.18	冷却水道设计效果好否?是否满足冷却要求?制品是否变形		
10.19	O 型密封圈与密封圈尺寸是否匹配		
10.20	有无进出水路铭牌		
10.21	冷却水管空间位置有无干涉?装配后水管是否变形,是否影响流量		
11	设计评审		
11.1	模具设计好后,是否做到自检和确认		
11.2	是否制订评审流程?评审流程规范否		
11.3	评审是不是走过场?是否有评审记录?参加评审人员是否有签名		

序号	内容	是	否
11.4	评审是否逐条进行确认		
11.5	对评审时所发现的问题,重新修改后是否确认		
11.6	所设计的模具结构图是否需要提交客户确认?是否得到了客户的确认		

项目名称: 　　　　　产品名称: 　　　　　模号:

评审意见:

修改意见:

评审人员签名: 　　　　　　　　　　　日期: 　年　月　日

修改后审查人员签名: 　　　　　　　　日期: 　年　月　日

4.10.4　模具结构设计的评审细则

（1）由设计人员自检,并通过设计部内部评审后,由设计组长提前一天上报项目经理要求设计评审,再由项目经理组织相关人员评审。并把相关的设计资料和模具结构设计自检报告上传至服务器上。

（2）评审时,设计人员需要携带该项目的相应资料（合同评审记录、立项通知书、成本控制表、客户的式样书、项目信息表、客户标准、2D与3D造型电子文档、设计任务书等）。

（3）由设计师介绍：①塑件的结构特点、客户对制品的外观质量要求、装配尺寸和使用要求、客户的相关设计资料；②对客户所设计的塑件的审查结果,同客户沟通的结果,是否存在问题及解决措施；③介绍模流分析报告,浇注系统的设计理由；④介绍模具结构的设计原理和特征,模具的质量控制点；⑤模架、标准件、模具材料和热处理。

（4）做好评审记录。评审记录表由设计组长负责记录；记录评审结果和评审决定采取的措施,会议结束前负责参加评审人员都得签字,设计人员暂时保管,最终提交文控存档。

（5）评审时发现的问题必须附有PPT记录,并要求上传至服务器,由设计师操作完成。下次评审或下发数据时需要附上更改后的图片。

（6）下次评审时应关闭本次的所有问题项；由设计人员负责填写；否则其他参与人员有权拒绝评审。

（7）针对特别复杂、客户重大变更或新技术的模具需要进行多次评审的,由设计组长组织,并写明多次评审原因（原则上一副模具只允许一次精评）。

（8）评审会议中决定的事项,如果会后任何人提出异议,需要与会人员共同确认。

（9）评审会议中决定的方案,如果后续验证失败,责任由各参与评审的人共同担责；处罚根据质量损失计算。

（10）对会议中提出的问题不整改或整改不到位由设计组长和设计人员担责。

（11）对没有进行评审或没有评审记录的,评审部分出错责任由设计组长承担；每项扣除20元,累加计算；造成实际出错损失的另外处罚。

（12）项目经理必须参加评审。

（13）请各参与评审的人根据"关注人项"进行重点关注。

（14）成本不符项由项目经理向市场反馈。

（15）设计部门提供模具结构设计进度表,在评审时与各部门沟通,核实同意签字。

（16）对照《模具设计评审表》,逐条进行评审（如果设计师有绝对把握的情况下,可以不必评审,或者局部评审,就不需要逐条进行评审）,参加评审的人员都必须签名。个别人员因出差等特殊原因无法参加的需要代理人签字，但责任不变。对评审结果和评审决定采取的措施予以记录并保持。

（17）如果评审后还存在问题，修改进行审定后，提交客户审议，客户如有正确意见修改后经项目经理签字，才发放精加工数据。

（18）注意评审重点：运动结构的定位系统与顶出系统、抽芯机构的可靠性，斜顶零件与顶杆，水管，滑块，螺纹孔相互位置有无干涉，零件、附件有无遗漏，吊装重心是否歪斜，收缩率与脱模斜度如何，细节是否有问题存在？

（19）模具标识与零件标志是否有遗漏。

4.11 模具设计的进度控制

注塑模具设计与制造可以先画构想图，评审后马上列清单（动定模、模芯、模板、零部件、模架、标准件等），边采购边设计，同时考虑工艺。当模板一到单位就可以先安排动、定模生产。设计部门要限时提交模具材料清单，动、定模零件图，总装图及有关技术文件。至少，在模具大件材料到货前，要做好设计图样和3D造型，才可以加工。

设计部门负责人对模具设计时间节点进行控制，在信息平台上进行关注。

设计进度的控制见表4-7。

模具设计进度要求尽量按控制表（表4-8）中的顺序完成。

表 4-7 3D 造型与 2D 图样设计进度

客户名称		模具名称		模具编号		开始日期	
						T0 日期	
工作内容		工作日	计划完工日期	实际完工日期	备注		
结构图	结构图						
	材料清单						
3D	产品造型						
	模具造型						
2D 图纸	动模框						
	定模框						
	定模镶芯						
	动模镶芯						
	镶件						
	侧抽芯机构零件						
	顶出机构零件						
	标准件						
	标准件清单						
	其他						
3D 设计签名		2D 设计签名		项目负责签名		审核	

表 4-8　模具设计进度控制表

制表：　　　　日期　　　　NO

序号	制品名称	项目启动时间	塑件前期分析	3D工程图		2D工程图		内部评审		客户评审		工艺	材料清单				粗加工	精加工	总装图	
				计划	实际	计划	实际	初评	最终	初评	最终		模架	热流道	标准件	附件			3D	2D
1																				
2																				
3																				

4.12　工艺编制

一份好的工艺编制文件能影响生产成本与产品质量。

编制塑胶模具工艺的基本原则：根据自己的人力、物力基础和客户提供的数据或图纸的要求，尽快地编制切实可行的工艺文件，制造出高品质的产品。在这个基本原则中，快、好、省是核心内容，贯穿于编制的始终。

4.12.1　工艺编制的三原则

工艺编制要求快、好、省。在最短的时间内编制出耗时最短、最合理、最佳的工艺文件，以预防处理加工过程中出现的问题。工艺编制要注意以下三个原则。

（1）技术上的先进性。

（2）经济上的合理性。

（3）有良好的工作条件。

4.12.2　工艺编制的具体要求

（1）工艺员要熟知本单位的机床设备性能，对加工十分了解，以适应模具零件复杂性与特殊性的要求。拿到一份图纸，能够很快地确定最佳加工流程，提高速度。

（2）确定合理的最小加工余量。在上下工序、粗精工序之间，留出必要的加工余量，减少各工序的加工时间。

（3）由于模具零件多为单件、小批量，工艺卡片不能像批量产品一样仔细详尽，但要力求一目了然，没有遗漏，关键工序要交待清楚加工注意事项，写出操作指导，以减少操作者的适应时间，减少加工失误。

（4）对于加工过程中需要的夹具、量具、辅助工具应当先行设计，提前做好准备。

（5）合理地编排热处理工艺，模具产品的一个重要特点就是材料的力学性能，热处理要求十分严格，凸凹模、固定板等关键零件在开始阶段要安排退火、改善加工性能，在进行淬火后，要进行时效，消除应力变形。

（6）严格区分粗精加工艺。粗、精工艺的划分由热处理工艺来决定，最终热处理后的加工多为精加工。余量要尽量安排在粗加工阶段完成。

（7）运用预处理工艺措施。对于一些中间去除材料较多的凹模、凸模固定板等零件，在精加工之前应采用单边留量。

（8）适当地留出加工基准。在生产中常会遇见加工基准无法与设计基准重合的问题，这时候就要预加工个工艺基准，以便于各工序加工。

（9）采用专用术语和加工表达方法，要做到工艺与图样有机结合。

（10）采用集中工序加工的原则，缩短工艺流程，这样可减少装夹，提高生产效率。

（11）去应力退火应在精加工前。

4.13　模具图样画法要求

模具装配图和零件图图样画法，要求遵守国家标准的机械制图规定（GB/T 14689—

2008）和模具的习惯画法，要求正确、完整地表达零件的内外部形状、结构及技术要求。否则容易在零件加工和装配时达不到设计要求或加工出错，影响模具质量。

4.13.1 模具装配图画法要求

（1）图样画法规范，并按客户要求画法绘制装配图，装配图的结构设计要优化，要求装配图能清楚表达模具零部件的性能及作用、工作原理、装配关系。注意三个共同性的问题：零件之间的定位关系，浇注、顶出、抽芯系统的动、静关系和各系统结构内外层次的遮挡关系。

（2）模具装配图包括五个方面的内容：图形、尺寸（模具安装尺寸、装配尺寸）、技术要求（复杂模具的开模顺序）、序号及明细表、标题栏（标题栏与总装图的图样内容要统一）。

（3）模具零件尽量采用标准件。图样中的零件序号与明细表中的零件序号标注齐全。

（4）装配图图样画法规范：不得违反主视图选择原则，要求正确选择主视图配置。注塑模具的装配图用足够的视图及必要的剖视图、断面图、局部视图、放大图等表示。要求完整清楚地表达注塑件成型原理，完整表达模具的结构形状、各系统的零部件装配关系，配合代号要求标注正确。

（5）浇注系统的浇口尽寸要求 4：1 放大图，冷却水分组编写进出水管。用英文 IN（出）、OUT、1IN、1OUT、2IN、2OUT 等表示。

（6）装配图要求能尽快、及时地画好，供评审、确定方案及与客户沟通用。根据评审确认后的装配图，及时拟好模架及其动定模、零部件、标准件的材料清单，尽快提供给采购部门。

（7）正确选择模具的装配基准，装配图的质量、结构要求优化、完美、创新、高效。

（8）模具所有各系统的零件（冷却系统的、热流道元件、模具铭牌等）、附件、配件等不能遗漏。

（9）对模具及模架要求审查其外形尺寸，避免尺寸太大造成浪费，太小刚性不足，模具失效。

（10）总装图内容要求与零件图样一致，与所制造的模具一致。

（11）模具总装图的画法要求，如图 4-7 所示。

4.13.2 零件图图样画法要求

（1）要求正确选择主视图，图样画法规范达到如下要求：正确、合理、完整、清晰。

（2）正确选择零件尺寸标注基准，正确标注尺寸，正确选用配合零件的公差配合精度。

（3）正确表达零件形状和结构。

（4）正确标注零件表面粗糙度参数代号与数值。

（5）正确表达零件的技术要求：材质和表面热处理要求、形位公差要求等。

（6）标题栏内容要与图样统一。

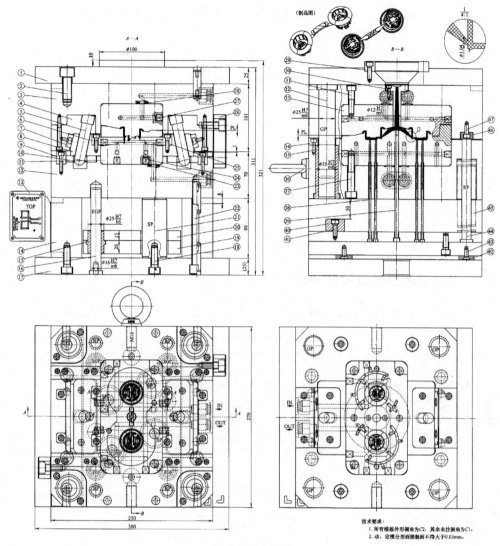

图 4-7 装配图

4.14 模具设计出错原因及其危害性

4.14.1 模具设计出错的定义

由于设计师缺乏经验，设计水平能力等多方面原因，常会发生模具结构设计出错。常见的注塑模具结构设计出错现象及预防措施见表 4-9。

一般所加工的零件不能装配使用的，尺寸超差、塑件产品达不到图样或合同要求的，认定为设计出错。广义上说，如有下列情况的问题存在，可判断为出错范围。

（1）模具结构违反设计原理的错误设计。

（2）模具结构及零件没有按合同要求或设计标准要求设计。

（3）由于模具设计的原因，致使模具存在隐患的，使模具提前失效。

（4）动、定模成型所有零件，依靠企业的现有设备和外协加工都不能加工。

（5）装配零件相互有干涉。

（6）由于模具设计的原因，致使成型制品产生严重缺陷，依靠成型工艺解决不了。

（7）由于模具结构设计不合理，致使模具材料成本或加工成本明显提高了许多，如成型周期较长，制品不必要的二次加工等。

4.14.2 设计出错的危害性

当模具设计出错后，早期发现，危害性较少。在加工中途发现，其危害性较大，一是影响了交模时间；二是增加了模具的设计制造成本（材料成本、零件加工制造成本、人工成本、测量成本、试模成本等），降低了利润；三是直接影响了模具的质量；四是削弱了顾客对企业的满意度。如果经常出错的话，会影响企业的接单，企业由此会失去竞争力，严重的就会失去客户对企业的信任，从而失去市场。

4.14.3 设计出错现象及预防措施

注塑模设计出错现象及预防措施见表4-9。

表 4-9　设计出错现象和预防措施

出错现象	预防措施
版本搞错，数据放错（更改数据与更改前的数据搞错或放在一起）、文件发放错误	加强文件版本管理，检查数据；加强图样管理，图样更改要规范
零件材料清单写错（型号错误、数量错误、漏报等）	加强检查、确认
模具材料选用不合理	加强检查、确认
成型收缩率数据不对	检查收缩率的原始数据是否正确？复查已放收缩率的长×高×宽尺寸是否正确，注意小数点位置。核对验证成型收缩率数据
非对称的塑件搞成镜像	对大同小异的非对称的塑件加强辨认
塑件和模具倒锥度或脱模斜度不够	检查立体造型有否倒锥度，可把3D转2D，若有虚线就是倒锥度，加强塑件结构分析
标准件出错（与客户要求不符或同客户的企业设计标准不符，型号、规格和数量出错）	熟悉标准件，熟悉客户的企业标准和具体要求，加强评审、规范企业的设计标准
模具同注塑机参数不配套	加强检查、确认
因设计原因，制品出现缺陷，如熔接痕出现在制品不允许出现的地方	浇注系统要有模流分析报告
浇口形式和位置搞错，流道开设错误	提高设计水平，用CAE分析，加强确认
分型面设计出错或不合理，有尖角	加强检查、确认
动、定模封胶面避空	加强检查、确认
非封胶面、非定位面、非配合面没有避空	加强检查、确认
冷却水进出管、气管、油管等设置在操作侧的	提高设计水平，加强检查、确认
冷却水孔位置不正确，动、定模漏水，与顶杆孔干涉或间距太近	加强图面检查，检查冷却水孔直径的位置及密封圈尺寸
满足不了成型工艺的水路设计（冷却效果不好的设计、有死水、热平衡差的、主流道或喷嘴没有冷却水路设置等），使制品不能成型	提高设计水平，加强检查、确认
热流道电源线不是从天侧进出	加强3D造型检查、确认

续表

出错现象	预防措施
热流道结构设计错误	加强检查,设计要规范
电器插座位置不在模具上方	加强检查,设计要规范
顶杆顶出行程不够,取件空间位置不够	加强检查,考虑机械手取件的空间
模具结构出错,脱模困难,塑件严重变形	精心设计,加强塑件结构分析,考虑模具顶出结构及塑件包紧力的大小。考虑模具有足够的强度和刚性,加强确认
模具斜顶结构设计出错,制品跟着斜顶移动	考虑限位机构
斜顶结构与抽芯行程不够、斜顶空间位置不够,与其它零件有干涉	应用 3D 虚拟动作检查、加强评审
斜顶杆、滑块压板油槽开设错误	提高基础知识
细节忽视,2D 图纸上有 R 角,在 3D 造型时成清角	加强检查、确认
零件相互有干涉	加强图面检查
零件设计遗漏	加强检查、确认
2D 图样与 3D 图样不符,造成异常	调整组织框架,加强检查、确认
2D 图样尺寸标注错误或 3D 造型错误	加强检查、确认
2D 图样违反国标	提高基础知识水平
设计基准出错	加强检查、确认
插碰角度小于 3°	加强检查、确认
零件该倒角的没有倒角,如吊环螺纹入口处无倒角、装配无倒角、模板外形无倒角等	加强检查、确认
加强筋或成型搭子漏做	加强图面检查
孔与孔破边、孔的位置错误	加强检查、确认
复杂的抽芯机构,没有二次抽出,制品变形	加强分析
模具导柱长度短于动模芯或斜导柱,或高于动模芯	加强检查、确认
滑块模芯行程不够	提高设计水平,复杂的抽芯机构和斜顶要画虚拟动作图,检查确认,加强评审
滑块顶面分型面比主分型面低 0.05mm	加强检查、确认
不是嵌入式的滑块压板没有定位销或嵌入式的滑块又用了定位销	提高基本设计知识,加强检查、确认
楔紧块的角度小于斜导柱的角度	提高基本设计知识,加强检查、确认
滑块成型部分下面有顶杆,没有先复位机构	提高基本设计知识,加强检查、确认
滑块与动模芯相配处避空了	提高基本设计知识,加强检查、确认
滑块结构设计出错	提高基本设计知识,加强检查、确认
制品抽芯困难,变形	计算包紧力,抽芯结构要考虑制品会否变形
深筋部位未采用镶块,模具没有开设排气槽,导致制品成型困难	要加强分析,采用镶块结构,开设排气槽
排气槽位置出错、排气没有通大气	加强分析,检查、确认
油缸行程出错	加强检查、确认
油缸锁紧力不够大,抽芯成型处产生让模	成型投影面积与油缸直径计算验证
热处理工艺和技术要求标注错误	了解热处理的基本知识,熟悉客户的具体要求,模具材料不能随便改动
热处理方法和硬度要求不合理	提高设计水平,注意预硬钢的采用

续表

出错现象	预防措施
没有按标准要求设计	克服任意性
弹簧规格、型号选用错误	加强检查、确认
零件的公称尺寸或角度设计成小数	学习基本知识,克服任意性
装配图样与实际模具不符	加强检查、确认,零件与图样更改要规范
塑件产品壁厚出错或装配尺寸有错	注意检查
模具强度和钢性不够	加强检查、确认
模具外形太大,材料浪费	要有成本意识,参照类似模具或应用经验值设计
支承柱数量、位置、高度错误设计	提高水平,加强检查、确认
模具没有应有的铭牌	加强检查、确认
模具吊装重心不对,吊装困难、摆放困难	加强检查、确认
拆卸或装配困难,拆去一个零件才能装配一个零件	加强检查、确认
没有从经济角度或满足应用要求合理标注粗糙度、公差配合要求	提高水平,加强检查、确认
给模具维修、保养带来困难的设计,没有备件	需要考虑维修的备件,为客户负责
原理错误的灾难性设计	提高基础知识水平

4.14.4 针对设计出错采取的措施

虽然经过设计评审,可能还有问题存在,还会出现设计出错。有的单位对设计出错只是用表格,甚至几个月集中公布一次,对设计出错进行了罚款处理,但没有分析设计出错的真正原因。

为了避免少出错,杜绝设计出错,可采取如下有效措施。

(1) 认真的分析总结出错原因、公布、宣讲,大家共同接受经验教训。

(2) 提高设计人员的设计理念、责任心和能力水平,加强培训。特别是提高设计部门负责人及组长的能力水平和理念,合理安排设计工作。

(3) 做好制品的前期评审工作,及时地与客户、职能部门进行项目信息沟通,避免出现设计反复。

(4) 完善合理的组织框架(如 3D 与 2D 的作业形式,3D 造型,2D 出材料清单,3D 与 2D 是单打一的流水作业形式,2D 起不到监督、审查 3D 造型的作用等)。

(5) 设计部门可设立专人考虑模具结构,减少初评环节,然后提交设计师设计,以减少差错和设计反复,并能提高设计效率。

(6) 规范评审流程,避免搞形式、走过场,千万不要认为设计评审表是不必要的和繁琐的。如果认为有绝对把握的,可不用评审表,或有的条目内容可以免评。

(7) 建立设计技术标准、审核、批准、宣讲、贯彻执行。

(8) 对设计出错制订有关规定,并与绩效考核有效挂钩,进行处罚。设计出错处罚不是目的,目的是使大家受到警示,接受教训。

(9) 建立一模一档,做好技术沉淀工作;建立标准库,作为设计依据,减少出错。

(10) 进行组件设计,应用二次开发元件,提高设计效率,同时可减少出错。

(11) 做好典型模具的范例(标准和要求),供设计师参考,可减少设计差错,提高效率。

第 5 章

模具生产过程的质量管理

现代的模具质量首先是设计出来的，然后在精细化生产过程中进行有效的控制，而不是靠事后检验出来的。根据客户提供的相关资料进行 3D 造型设计并画成 2D 零件图和模具总装图，按图样进行零件加工（有的企业，按 3D 造型设计直接加工），再装配成模具。在加工过程中，要重视工序质量的控制、重视过程中的检查和验收。

在模具零件加工和装配过程中，如果没有建立一个运转良好的工作和质量管理程序，往往上一道工序没有达到图样要求而流入下一道工序，出现返工，甚至零件报废的现象。因此，加工人员要提前了解模具的 3D 造型与 2D 工程图的技术要求，并进行确认。然后按图样要求，编制合理的工艺，对模具成型零件进行精细化加工和装配。

为了把模具产品的质量从事后检查转向事前控制，达到"以预防为主"的目的，必须加强模具零件加工与装配过程中的质量控制。特别是动、定模等重要零件需要质检人员直接进入现场跟踪、检查。

首先要优化模具结构设计的合理性，然后对模具材料和热处理的质量进行控制，最后要对模具零件加工过程的质量和模具装配的质量进行控制。

模具的成型零件形状复杂且精度要求很高，在加工过程中必须关注加工精度并对其进行控制，这就需要了解影响加工精度的因素，控制尺寸精度的方法，熟悉并掌握提高加工精度的有效途径。

5.1 模具质量管理的基本要求

5.1.1 模具质量管理的原则

对模具项目而言，质量控制就是为了满足模具合同和技术协议所规定的要求，确保模具质量达到设计要求而采取的一系列措施、检测手段和方法。在质量控制过程中，应遵循以下几点原则。

（1）坚持"质量第一、用户至上" 模具产品作为塑料制品的专用工装设备，直接关系到制品生产的质量和效益。所以，模具项目在设计、制造过程中应自始至终地把"质量第一、用户至上"作为质量控制的基本原则。

（2）坚持以人为本 人是质量的创造者，质量控制必须坚持以人为本，把人作为控制的动力，调动人的积极性、创造性，增强人的责任感，树立"质量第一"观念，提高人的素质，避免失误，以人的工作质量保证工序质量及工程质量。

（3）坚持以预防为主　对模具设计、制造从事后检查把关转向对质量事前控制、过程控制；从对产品质量的检查转向对工作质量的检查、对工序质量的检查、对中间产品质量的检查。这是确保项目质量的有效措施。

（4）坚持质量验收标准，严格检查，一切用数据说话　质量标准是评价产品质量的尺度，数据是质量控制的基础和依据。产品质量是否符合质量标准，必须通过严格检查，用数据说话。各种监视和测量设备必须在规定的环境中进行校准后才可使用。质量部门应保存检测数据、校准记录，其记录应有可追溯性。

（5）质量管理人员是代表模具用户验收模具质量　各级质量管理人员，应提高质量意识和掌握模具质量验收标准，为用户着想，既要负责检查验收，又要起到把关作用，杜绝不合格的模具出厂。

5.1.2　模具质量管理过程

模具的质量控制是从设计到材料采购、零部件制造、装配、模具总装，直至试模检验的全过程控制，如图5-1和图5-2所示。任何一副模具都是由八大系统的零部件组成的。

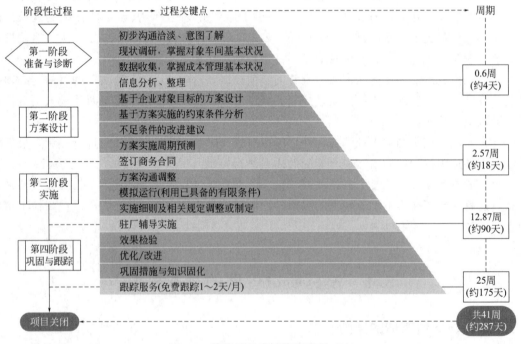

图 5-1　模具项目质量管理过程（1）

5.1.3　模具质量管理阶段

为了加强对加工项目的质量控制，明确各加工现场阶段质量控制的重点，可把模具加工质量控制分为事前控制、事中控制和事后控制三个阶段。

（1）事前控制　指在正式加工前进行的质量控制，其控制重点是做好加工准备工作，且加工准备工作要贯穿于加工全过程中。

① 加工准备的范围　全场性加工准备，是以整个项目加工现场为对象而进行的各项加

工作流程	主导	输入	输出	相关表单
模具设计评审	项目部和项目小组	客户模具和产品的标准接收 参与模具启动会议及新模具评审会议	制订《检测标准》	《设计评审表》 《×××项目质量控制计划》
来料检验 (IQC)	质保部	采购物料信息： 原材料、热处理材料 配件 模架	100%检验合格入库，包括外观、尺寸、硬度测试、装配等。不合格退回供应商或让步接收处理 做好区域标识及状态标识	《来料检验记录》 《模坯检验记录》 《来料异常报告》
过程检验 (IPQC)	质保部	重点工序高速铣、EDM 过程加工尺寸检验	检验合格流入下道工序，不合格，返修	《CMM测量报告》 《品质异常单》
配模检验	质保部	钳工通知，动、定模装配完成，开始配模	T0模具配模达到80%方可允许试模 T1模具配模达到97%~100%方可试模	《模具检查表》 配模到位性照片
T0\T1试模前模具点检	质保部	T0：内部试模 T1：客户参与现场试模	对模具分型面、动作、水路进行测试 检查各配合、滑动功能正常	《试模点检表》
样品检验	质保部	2D\3D图纸 样品	产品检验报告 产品试验报告(若客户有需要)	《样品检验报告》 《CMM测量报告》

图 5-2 模具项目质量管理过程（2）

工准备。

② 以某副模具为对象而进行的加工准备，熟悉模具的结构及特点、塑件表面及装配要求、模具制造精度要求。

③ 模具项目立项后的加工准备，每个加工阶段正式开工前所进行的加工准备，如动、定模加工的主体工程及模具组装工程，模具试模和修整阶段，每个阶段的加工内容不同，其所需的物资技术条件、组织要求和现场布置也不同，因此，必须做好相应的加工准备。

加工准备的内容如下。

① 技术准备 项目初设计方案的审查；熟悉和审核模具的零件图样；项目模具的时间要求、企业加工设备条件分析；编制模具外协加工计划；编制零件加工组织设计等。

② 物资准备 包括采购件准备，紧固件、标准件加工准备，加工机床准备，生产工艺工装的准备等。

③ 建立项目组织机构，包括项目经理组织集结加工队伍，对模具钳工、金加工人员进行动员等。

④ 加工现场准备 做好 6S 工作检查，建立加工现场管理制度等。

（2）事中控制 事中质量控制的策略是全面控制施工过程，重点控制工序质量。其具体措施是：工序交接有检查；质量预控有对策；模具项目有方案；技术措施有交底，图样会审有记录；计量器具校正有复核；设计变更有手续；材料替代、模具烧焊有制度；质量处理有复查；行使质控有否决（如发现质量异常、隐患未经验收、质量问题未处理、擅自变更设计图纸、擅自替换或使用不合格材料、无证上岗未经资质审查的操作人员等，均应对质量予以否决）；质量文件有档案（凡是与质量有关的技术文件，如基准、坐标位置，测量、记录，变形观测记录，图纸会审记录，材料合格证明、试验报告，加工记录，设计变更记录，调试、试压运行记录，试模运转记录，加工图等都要编目建档）。

（3）事后控制

① 准备模具试模验收资料，组织自检和初步验收，并填好试模报告。

② 组织有关人员进行试模，做好试模的准备工作：领料、烘料、安排注塑机。

③ 按规定的质量评定标准和办法，对模具各系统的结构要求进行质量评定，根据试模情况做出修改结论，直到合格为止。

④ 组织模具验收的标准如下。

a. 按设计文件规定的内容和合同规定的内容完成模具项目，质量达到国家质量标准，能满足客户的生产、使用要求。

b. 对注塑成型制品进行检测和验收，写好检测报告并提交客户确认。

c. 提交注塑成型工艺，按规定要求进行成型制品生产或运转可靠性验证。

d. 模具验收后，须擦洗干净、上油。

5.1.4　机加工的质量管理规定

（1）遵守《机加工作业规范》。

（2）加工时以图纸为准，以工艺为指导，任何人不得擅自更改图纸和工艺内容。

（3）零件在加工时必须要有清晰干净的图纸和工艺规程。

（4）加工模仁、滑块的螺丝孔、水路孔、顶针孔、镶件孔时必须先划线，检查后才能开始加工。

（5）严格遵守三工序（检查上工序、保证本工序、服务下工序）。

（6）遵守首件检查制度（三件以上相同零件应加工好第一件，送质量控制科检测，杜绝批量报废）。

（7）零件在加工时必须要有量具进行检查测量（量具必须单独摆放，包括角尺）。测量零件时机床必须是停止状态。

（8）所使用的刀具、钻头、丝攻在使用前必须要用卡尺测量，确认合格后再使用。

（9）发现图纸或零件有疑问或加工中出现了错误时，应立即停止加工，找工艺、设计、项目或质检人员确认后再继续加工。

（10）所有员工在本工序内容加工完后要进行自检并做好记录，再送检或转下工序。

5.2　零件生产过程中的质量管理

工序质量包含两方面的内容：工序活动条件的质量和工序活动效果的质量。从质量控制的角度来看，这两者是互为关联的，一方面要控制工序活动条件的质量，即每道工序的投入质量是否符合要求；另一方面又要控制工序活动效果的质量，即每道工序施工完成的零件是否达到有关质量标准。

5.2.1　零件加工工序质量管理

模具项目的生产过程是由一系列相互关联、相互制约的工序构成的，工序质量是基础，直接影响模具的整体质量。要控制模具生产过程的质量，首先必须控制工序质量。

工序质量控制的原则是通过对工序一部分子样的检验，来统计、分析和判断整道工序的质量，进而实现对工序质量的整体控制，其控制步骤如下。

（1）实测。采用必要的检测工具或手段，对抽出的子样进行质量检验。

（2）分析。对检验所得的数据进行分析，寻找这些数据所遵循的规律。

（3）判断。根据分析的数据，对整个工序的质量进行推测性的判断，进而确定该道工序是否达到质量标准。

5.2.2 工序质量管理的内容

（1）确定工序质量控制的流程 每道工序完成后，各加工机床单位应根据规范要求进行自检，合格后填报"质量验收通知单"，通知质量检查部门；质量检查部门接到"通知"后，立即对待检验的工序进行现场检查，并将检查结果填写到"质量验收单"上。前道工序合格后，方可进行下一道工序；如果不合格，令上道工序返工。

（2）主动控制工序活动条件 工序活动条件控制是工序质量控制的对象，只有主动地对工序活动条件进行控制，才能达到对工序质量特征指标的控制。工序活动条件包括的内容较多，一般指影响工序质量的各方面因素，如加工操作者、材料、施工机具、设备、加工工艺等。只有找出影响工序质量的主要因素并加强控制，才能达到工序质量控制的目的。

（3）及时检验工序质量 影响工序质量的因素有两大方面，即偶然性因素和异常性因素。当工序仅在偶然性因素的作用下，衡量其质量的性能特征数据基本上是按算术平均值及标准偏差固定不变的正态分布，工序处于这样的状态称为稳定状态。当工序既有偶然性因素，又有异常性因素时，则算术平均值及标准偏差将发生无规律的变化，此时称为异常性状态。检验工序质量并对所得数据进行分析，就是判断工序处于何种状态，如分析结果处于异常状态，就必须停止进行下一道工序加工。

（4）工装夹具检查验收。

（5）电极检查验收。

（6）零件加工工序质量检查 零件加工工序验收、零部件加工检测与验收。

5.2.3 加强检测设备与工具管理

（1）正确使用测量工具与设备 三坐标测量机床、游标卡尺、游标深度尺、千分尺、百分表、粗糙度比较块、水平仪、光学水平仪、硬度计等。现在一般采用光学测量仪及在加工机床上在线测量。

（2）加强对测量工具与设备的定期验证。

5.3 生产主管应具备的能力

（1）生产主管要有一定的技术基础，懂得模具结构设计和制造工艺，懂得模具和制品质量验收要求。

（2）生产主管要熟悉模具生产流程，并要有良好的组织能力。需要有一定的经验，能够组织好车间的人员，安排好生产秩序。没有组织能力的车间就会像一盘散沙。有的人忙不完，而有的人却没事情做；该生产的出不来，不是很急的却生产好了。很多企业车间加班都是与主管的工作安排不当有关。除了特殊情况，车间的日常状态直接反映了管理者的能力。

（3）要有良好的沟通能力，协调处理好各部门的关系。有效沟通能在管理上起到桥梁作用，把上级的意图贯彻，把员工的正确意见向上级反映，做到上通下达，调动员工工作的积极性，是管理者的日常工作内容。有了良好的沟通，才能发挥团队的作用，才能够使生产顺利进行，项目才能顺利完成。

（4）模具生产管理要有计划。这是车间主管做好工作的前提，计划不到，或者不科学，就会出纰漏。所以，必须整合企业资源，认真调度好各工序的人员，设定机械动力配置，挖掘能量，减少浪费。车间工作，应以计划目标为主，根据公司及厂部下达给车间的计划、目标、生产任务，层层分解，落实到人。通过指标分解将班组当月的生产任务、质量要求、工艺标准以及员工的操作规程、纪律要求、定额标准逐一列出，并在班前会上动员部署、班中跟踪检查、班后总结考核。从而让班组上下人人做到心中有数、胸有成竹，知道做什么，怎么做，工作有奔头，有目标。对经常生产的产品可以制定生产程序，进行程序化管理，轻重缓急，使分工更明确，责任更清楚。以便于员工操作，节省时间。

（5）模具生产要实施数据管理，做好统计工作。数据管理工作是车间的一项基础性工作，是生产运行状态好坏的主要依据。车间主任数据管理要抓好三性：讲求可操作性、讲求真实性、讲求连续性。

（6）要懂得生产成本管理。在不损害员工利益，不偷工减料的情况下，提高成本意识，减少浪费。

（7）生产过程中一旦发现了问题，便立即召集本车间职工开现场会。工作中应善于掌握方式方法，讲求实效。遇事要有带头作风，讲民主，批评讲方法，做事公平、公正。

（8）重视技术培训，做好上岗培训工作，进行安全生产知识教育，热情地培养新人，正如有句话所说："认真，只能把事情做对；用心，才能将工作干好"。作为车间主任，用力去做，只能勉强完成任务，用心去做，就能克服工作中的困难，就能不负众望，打造车间工作的一片新天地。

5.4 模具生产质量的预控

5.4.1 模具生产过程中存在的问题

作为管理者要有防范意识，使模具在生产过程中始终处于受控状态。质量动态管理是以预防为主，以减少或不发生质量问题为目的。遇到问题，采取相应措施及时解决。有的模具企业在生产过程中通常会存在如下问题。

（1）生产效率低，加工时间延迟，生产周期长。

（2）在图样设计有问题、编制工艺不达标、工艺准备欠充足情况下，就开始加工零件。

（3）零件加工精度达不到设计要求，数控机床加工的动、定模的分型面需钳工配合。

（4）设备老化或设备精度达不到加工要求。

（5）没有综合考虑生产计划的合理性，很难保证工时利用率大于75%。

（6）有时发生零件加工出错的质量事故，对事故发生没有做到三不放过，及时处理并吸取经验教训。

（7）装配精度不达标造成返工或试模后修改不到位造成多次试模。

（8）三检制工作不达标。上道工序存在问题留入下道工序，零件的加工精度达不到图样要求。

（9）模具零件加工成本没有得到有效控制。

（10）各工序的生产安排没有衔接好，存在待机情况。

（11）生产过程中出现问题没有及时处理，职、责、权不清，给互相推诿留下理由，部门之间协调、沟通有障碍。

（12）车间没有专职统计员，原始数据记录失实。

（13）企业没有形成很好的质量文化，无形之中影响了模具项目达标。

（14）过分追求了产值目标，超负荷接单，生产任务紧，员工加班加点多，打疲劳战。

（15）6S工作不够重视，没有达标。客人来参观，6S工作搞突击，安全生产认证不达标。

5.4.2　需要考虑可能存在的制品质量隐患

模具结构设计和制造的质量，要考虑可能产生的制品质量隐患：制品尺寸超差、制品成型困难、脱模困难、制品成型缺陷（变形、缩影、熔接痕明显等）等。

5.4.3　加工质量预控的措施

（1）模具焊接规定

① 检查焊工有无合格证，禁止无证上岗。

② 模具焊接必须按规定进行。

③ 对气焊应用时间不长、缺乏经验的焊工应先进行培训。

④ 质检人员检查焊接质量时，应同时检查焊条型号。

（2）工件金加工后内应力释放处理。

（3）刀具管理。

（4）加工机床维护保养，机床精度定期检查。

5.4.4　模板质量预控

（1）可能产生的隐患

① 设计基准孔中心线位移、加工坐标点偏移。

② 模板断面尺寸偏差。

③ 模板刚度、强度不够。

（2）质量预控的措施

① 绘制模具关键性零件的控制图。

② 重要模板外形尺寸，设计时要经计算，保证有足够的强度和刚度。

③ 模板尺寸偏差要按规范要求检查验收。

5.4.5　加工机床精度

验收时，先加工零件试验一下，检验一下加工精度，还要看看在大吃刀的情况下主轴的震动情况；轴向加工时主轴是否有轴向窜动；加工零件的表面粗糙度。这些都会以误差的形式反映到零件上。

（1）几何精度是指机床某些基础零部件本身的几何形状精度、相对位置的几何精度和相对运动的几何精度。包括床身导轨调平，溜板移动在水平面的直线度，主轴轴向窜动和主轴的轴肩支撑面的跳动，主轴轴线的径向跳动，主轴定心轴颈的径向跳动，主轴轴线对溜板移动的平行度，主轴顶尖的径向跳动。

（2）加工精度是指机床在运动状态和切削力作用下的精度，可以在机床处于热平衡状态下，用机床加工出试件的精度来评定。加工精度有 4 项：精车外圆、精车平面、精车螺纹、精车国家标准综合样件。

（3）位置精度是指机床运动部件在数控装置控制下运动所能达到的精度。包括直线运动的定位精度、直线运动的重复定位精度、刀架的定位精度、刀架的重复定位精度。位置精度包括定位精度、重复定位精度、反向偏差。

（4）数控车床、车削中心是一种高精度、高效率的自动化机床。配备多工位刀塔或动力刀塔，具有广泛的加工工艺性能，可加工直线圆柱、斜线圆柱、圆弧和各种螺纹、槽、蜗杆等复杂工件，具有直线插补、圆弧插补各种补偿功能，在复杂零件的批量生产中发挥了良好的经济效果。

5.4.6　内应力释放引起工件变形

零件在外加载荷或其它外界因素作用下，其内部仍然存在的应力称为内应力。也就是说工件内应力是在结构上无外力作用时保留于物体内部的应力，零件没有外力存在时，弹性物体内所保存的应力叫做内应力，它的特点是在物体内形成一个平衡的力系，即遵守静力学条件。按性质和范围大小可分为宏观应力、微观应力和超微观应力；按引起原因可分为热应力和组织应力；按存在时间可分为瞬时应力和残余应力；按作用方向可分为纵向应力和横向应力。

零件在加工后会产生加工内应力，具有内应力的零件始终处于一种不稳定状态，其内部组织有一种强烈要求恢复到稳定的、没有内应力状态的倾向，因而会引起工件变形，如动、定模分型面的封胶面、顶杆固定板的变形，零件尺寸的加工精度达不到设计要求等。

零件的尺寸精度要求高的关键地方，要注意加工零件变形。被加工零件产生的内应力释放后会导致工件变形、产生尺寸偏差。原因是其表面的残余应力不对称，如一个薄板的两个相对的表面有残余应力并且相同时，零件不变形。

零件内应力的产生主要来自三个方面：毛坯制造过程中产生的内应力（毛坯各部分厚薄不均匀、冷却速度和收缩不均，引起各部分互相牵制，使零件内部产生较大的残余应力）、热处理过程中产生的内应力（工件冷却速度和收缩不一致，而金相组织发生奥氏体向马氏体转变）、零件机械加工产生的内应力（零件表层在切削力和切削热的作用下由于各部分塑性变形程度不同）。

（1）易产生内应力的加工零件及部位

① 不对称的零件。

② 厚薄差异较大的工件，尺寸、形状突变的零件。应力集中在零件的局部，多出现于尖角、孔洞、缺口、沟槽以及有刚性约束处及其邻域。如传动轴轴肩圆角、键槽、油孔和紧配合等部位，受力后均产生应力集中，会引起脆性断裂，使物体产生疲劳裂纹。

③ 工件淬火后应力的影响。一般工件在电火花线切割机床上加工，会发生开裂变形的大多为淬火工件。淬火后的工件表面受压应力，内层受拉应力，工件处于应力平衡状态。但在工件进行线切割加工时，已加工过的部位应力得到释放，其外表面的淬硬层趋向膨胀，中

间的非淬硬层趋向收缩，导致工件变形。

④ 在装夹工件时，夹具本身制作不精确，且与工作台固定不牢靠，或者出现装夹时定位、找正不准确，甚至夹紧力不均匀，造成工件局部受力过大，均会导致加工工件产生变形。

(2) 消除内应力的方法　一是去应力退火（对金属工件进行时效处理）；二是放到自然条件下进行消除；三是人工通过敲打振动等方式进行消除。

为了避免零件在长期使用中尺寸、形状发生变化，常在低温回火后（低温回火温度150～250℃）精加工前，把工件重新加热到100～150℃，保持5～20h，这种为稳定精密制件质量的处理，称为时效。对在低温或动载荷条件下的钢材构件进行时效处理，对消除残余应力，稳定钢材组织和尺寸，尤为重要。

由于模具项目周期很短，一般采用振动时效处理和正火处理来消除内应力。有的采用粗加工后，先放置几天，再精加工，来减少零件变形。

5.4.7　数控机床刀具使用与管理

加强刀具管理，管理数控机床的刀具寿命，对提高零件加工精度非常重要。

(1) 正确研磨刀具、限期使用刀具，不要使用不锋利的刀具。

(2) 合理选用刀具、正确使用刀具，注意切削三要素（切削速度、走刀量、进刀量）的变量关系。

工件对刀具的影响如图5-3所示。选择刀具时，必须考虑以下与工件有关的因素。

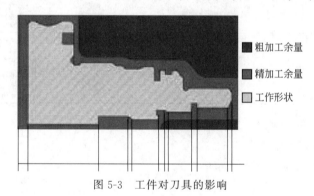

　　　　　　　　■ 粗加工余量
　　　　　　　　■ 精加工余量
　　　　　　　　□ 工作形状

图5-3　工件对刀具的影响

① 工件形状：稳定性；

② 工件材质：硬度、塑性、韧性，可能形成的切屑类型；

③ 毛坯类型：锻件、铸件等；

④ 工艺系统刚性：机床夹具、工件、刀具等；

⑤ 表面质量；

⑥ 加工精度；

⑦ 切削深度；

⑧ 进给量；

⑨ 刀具耐用度。

按照不同的机加工性能，零件加工材料分成6个工件材料组，他们分别与一个字母和一种颜色对应，以确定被加工工件的材料组符号代码，见表5-1，即所选择刀具材料的特性一定要与零件的加工材料相匹配。

表 5-1　选择工件材料代码

加工材料组		刀具代码
钢	非合金和合金钢 高合金钢 不锈钢、铁素体、马氏体	P（蓝）
不锈钢和铸钢	奥氏体 铁素体-奥氏体	M（黄）
铸铁	可锻铸铁、灰口铸铁、球墨铸铁	K（红）
NF 金属	有色金属和非金属材料	N（绿）
难切削材料	以镍或钴为基体的热固性材料 钛、钛合金及难切削加工的高合金钢	S（棕）
硬材料	淬硬钢、淬硬铸件和冷硬模铸件、锰钢	H（白）

"选择加工条件脸谱"图标如表 5-2 所示，把被加工零件的条件进行分类：很好、好、不足。表中表示加工条件取决于机床的稳定性、刀具夹持方式和工件加工表面。

表 5-2　选择加工条件

机床、夹具和工件系统的稳定性加工方式	很好	好	不足
无断续切削，加工表面已经过粗加工			
带铸件或锻件硬表层，不断变换切深，轻微的断续切削			
中等断续切屑			
严重断续切削			

（3）注意刀具装夹与对刀。

（4）对刀具充分冷却。

（5）及时处理切削屑。

5.5　生产过程中的质量控制

5.5.1　模具质量控制点的设置

质量控制点又称质量管理点，是根据对关键的、重要的质量特性需要进行重点控制要求而逐步形成的。质量控制点是在质量管理中运用"关键的少数，次要的多数"这一基本原理的具体体现。质量控制点的对象，可以是这道产品的工序或零件的某一加工特性值，例如精度、硬度等。

5.5.1.1　设置质量控制点的原则

（1）对关键质量特性、关键部位或重要因素，应设置质量控制点。如汽车部件的模具，浇注系统的热流道设置为控制点。

（2）对工艺有严格要求，对下道工序有严重影响的关键质量特性、部位应设置质量控制点。如动、定模的分型面的配合间隙。

（3）对质量不稳定、频繁出现不合格的项目或有问题的部位应设置质量控制点。如注塑时压力不平衡，模具结构设计前需要事先对制品进行模流分析。

（4）用户经常反馈的质量问题或企业经常出现的质量问题。

（5）自己感到难度较大部位、没有实践过的工序部位，设置为质量控制点。如汽车装饰条的变形设置为质量控制点。

5.5.1.2 控制人的行为，避免误操作

某些工序或操作重点应控制人的行为，避免人为失误造成安全和质量事故。如模具的吊装、动作复杂而快速运转的机械操作、对精密度和操作技术要求高的工程、技术难度特大的工程等，都应从人的生理缺陷、心理活动、技术能力、思想素质等方面进行考核。事前还必须反复交底，提醒注意事项，以免产生错误操作。

5.5.1.3 模具的装配质量精度与结构可靠性

（1）关注模具的顶出系统与抽芯机构的装配质量与动作的可靠性。

（2）浇注系统的制造质量是否达到设计要求，如浇口大小，有的浇口尺寸太小，试模时制品成型困难。

（3）模具分型面的接触精度达到设计要求。

（4）浇注系统的设计合理性。

5.5.1.4 模具动、定模的加工精度及加工工艺的合理性

在某些工序或操作中，根据模具结构和尺寸精度要求的不同以及各工序加工特点，有的应以控制加工设备及工艺为重点。工装夹具检查验收、电极检查验收、检查加工基准是否与图样一致。注意多型腔模具的尺寸精度检查，避免尺寸精度不一致。

5.5.1.5 正确选用模具材料

模具材料的质量和性能是影响模具质量的主要因素，尤其是某些腐蚀性塑料，更应将模具的动、定模的材料的质量和性能作为控制的重点，否则模具会提前失效。

5.5.1.6 塑件外观质量要求很高的部位

塑件外观质量要求很高的地方，如塑件表面不允许有熔接痕的镀铬件，缩影、公差要求高或粗糙数值小的塑件，表面皮纹、段差、装配尺寸、浇口位置等是否达到客户要求。

5.5.2 控制零件尺寸精度和装配尺寸

（1）模具的精度与质量形成于模具制造的全过程，而不仅取决于制造过程中的某一工艺阶段或某一工序。因此，执行工艺规程的条件，分析、研究误差产生的环节及其原因，并进行过程控制，对提高执行工艺规程的可靠性与安全性、合理性和经济性，保证模具达到应有的精度与质量，具有重要意义。

（2）控制零件的装配尺寸和形位公差。模具精度是指模具设计时，所允许的综合制造误差值，用来评价经过零件加工和装配后，模具实际几何参数（尺寸、形状、位置）与模具设计所要求的几何参数相符合的程度。

（3）模具的制造精度误差由三部分组成：①标准零部件的制造误差；②成型件的制造误差；③模具装配误差。前两部分误差产生的原因主要是设计误差和工艺系统误差。其中，设

计误差是相对于公称尺寸或理论尺寸确定的允许设计误差。工艺系统误差则包括由机床、刀具和夹具产生的制造误差，由夹紧力、切削力等力的作用产生的变形误差，以及在加工时机床刀具、夹具的磨损、受热变形等所产生的误差，见表 5-3。

表 5-3　零件制造误差分析与控制

误差类别	误差产生原因与分析	误差控制
理论误差	加工时，采用近似的加工运动或近似刀具轮廓所产生的误差	采用 CAD/CAM 技术，以提高运动精度和刀具轮廓精度
安装误差	定位误差与夹紧误差的和： 1. 定位误差：基准不重合误差与基准位移误差的向量和，即 $$\overline{\Delta}_{定位}=\overline{\Delta}_{位移}+\overline{\Delta}_{基}$$ 2. 夹紧误差：由于夹紧，使工件变形而产生的加工误差	1. 力求使工序基准与定位基准重合，或使其向量和保证在设计时所要求的精度范围内 2. 加强薄壁零件的刚度，精确计算工件所允许的夹紧力
调整误差	机械加工时，为获得尺寸精度，常采用试切法或调整法，均产生调整误差 1. 试切法的调整误差：由操作时的测量误差、机床微量进给误差和工艺系统受力变形误差所组成 2. 调整法的调整误差：是微进给量误差及因进给量小而产生"爬行"所引起的误差；调整机构，如行程挡块、靠模、凸轮等的制造误差，或所采用的样件、样板的制造误差，以及对刀误差等所形成的调整误差	1. 保证测量器具精度，须按期检修和进行计量 2. 保证机床的微进给精度 3. 正确选择加工工艺参数 4. 提高和控制定程精度和对刀精度
测量误差	量具本身制造误差和所采用的测量方法、方式所产生的误差	
机床误差	1. 导轨误差：导轨是机床进行加工运动的基准，其直线运动精度，直接影响被加工工件的平面度和圆柱度 2. 主轴回转误差：磨削时将影响工件表面的粗糙度，产生圆柱度误差、平面度误差 3. 传动误差：包括传动元件，如丝杠、齿轮和蜗轮副的制造误差等	1. 保证机床导轨直线运动和主轴回转运动的精度 2. 提高传动链制造精度，尽量缩短传动链，并减小其装配间隙
夹具误差	夹具误差是夹具各类元件，包括定位元件、对刀元件、刀具引导装置及其安装表面等的位置误差，和各类有关元件使用中磨损所造成的误差	保证夹具精度，使其不失精 精加工夹具允差：取工件相应公差的1/2～1/3；粗加工夹具允差取工件相应公差的1/5～1/10
刀具误差	刀具制造误差（含电火花加工用电极）、刀具装夹误差和刀具磨损产生的误差	在加工时，须保证刀具（含电极）制造和使用时的装夹精度
工艺系统变形误差	1. 工艺系统受力变形误差：包括由于机床零部件刚度不足，受力后的弹性变形引起的误差；由于刀具刚度不足，受力后的弹性（如薄壁）变形引起的误差；工件刚度不足，受力后的弹变、塑变引起的误差 2. 工艺系统受热变形误差：加工时工件、刀具和机床受热后引起变形所产生的误差	提高和保证机床、刀具的高刚度和正确制订加工工艺参数是减小受力变形误差的基本条件。精加工在恒温（20℃）条件下进行时减少热变形的措施：一般恒温精度±1℃，精密恒温精度±0.5℃，超精恒温精度±0.1℃
工件内应力引起的误差	工件加工时，由于其存在内应力的平衡条件被破坏而产生的变形误差	须在粗加工和半精加工时消除内应力，即精加工前进行时效处理
操作误差	操作时，由于技术不熟练，质量意识差，操作失误等引起的误差	提高职工素质和质量意识，制订完善的质量保证和管理系统

（4）对模具的关键配合部位与制品的装配部位尺寸，设置质量控制点。模具装配误差将决定模具的精度等级与精度水平。模具装配误差的形成则与模具装配时，正确地使相关零件进行定位、拼装、连接、固定等装配顺序与工艺有关；与标准件、成型件制造误差有关。其中，凸、凹模之间的间隙值及其偏差，则是确定零件制造和装配偏差的依据。

① 模具装配后，其零件之间的尺寸关系，必须满足装配工艺尺寸链中封闭环的要求。

② 装配后，各装配单元之间的相对位置必须正确，保证其位置精度。

③ 装配后，装配单元中的运动副或运动机构，必须保证其在工作运动中的精度和可靠性。

（5）零件加工人员熟悉机床性能，在设备完好的情况下加工，工、量具合理选用，严格执行刀具限时使用。

（6）按图生产，装配尺寸和模具配合零件均要检验。质量检查做到三检制，严格控制不合格的零件流入下道工序。

（7）严格控制标准件的质量，禁止改动标准件尺寸。

5.6 生产过程中的质量检查

在加工过程中，加工单位是否按照技术要求、加工图样、技术操作规程和质量标准的要求实施，直接影响模具产品的质量。

5.6.1 模具零件质量检查的要求

（1）三自：自检、自分、自纠，控制一次交检合格率。在自检中发现不合格品，要自己做好标识并把它分开放置。

（2）三检：首检、互检、专检。

互检：如对接的上道工序有问题要及时反馈，坚决做到不接受不良品、不传递不良品。

专检：作为专检的质量管理者，就更应该有强烈的质量控制意识。要求掌握验收规范和验收标准。

（3）施工操作质量的巡视检查 有些质量问题由于操作不当所致，操作不符合规程要求的模具，虽然表面上似乎影响不大，却隐藏着潜在的危害。所以，在加工过程中，必须加强对操作质量的巡视检查，对违章操作、不符合质量要求的，要及时纠正，防患于未然。

5.6.2 工序质量交接检查

工序质量交接检查，指前道工序质量经检查确认后，才能移交给下一道工序。这样一环扣一环、环环不放松，整个施工过程的质量就能得到有力的保障。

5.6.3 隐蔽验收检查

隐蔽验收检查，是指表面看不到的、模具内部形状已加工的工序，如：冷却水孔的隔水片在未装配前（隐蔽前）要进行检查验收。坚持隐蔽验收检查，是防止隐患、避免质量事故的重要措施。冷却水须做好水压检查验收。

5.6.4 加工预检

加工预检是指模具加工前所进行的预先检查。预检是确保工程质量，防止可能发生偏差，造成重大质量事故的有力措施。

① 检查模具设计原始坐标点是否与加工基准重合。

② 检查模具分型面的定模基准、分型面的尺寸是否正确。

③ 检查模具的浇注系统有无缺陷存在。

④ 检查冷却系统的冷却效果及有无漏水现象。

⑤ 结构件安装位置与其它零件有无干涉。

⑥ 热流道元件装配尺寸及配套附件是否齐全。

5.7 零件加工精度控制

机械加工误差是指零件加工后的实际几何参数（几何尺寸、几何形状和相互位置）与理想几何参数之间偏差的程度。零件加工后实际几何参数与理想几何参数之间的符合程度即为加工精度。加工误差越小，符合程度越高，加工精度就越高。加工精度与加工误差是一个问题的两种提法。所以，加工误差的大小反映了加工精度的高低。

要减少模具返修率，必须提高模具制造各个环节的加工质量，才能保证零件的加工精度，做到不出废品、少出次品。零件加工要做到试切削，先加工局部尺寸，进行测量后，确认尺寸正确无误后再加工终极尺寸。关注配合零件的制造精度，未注尺寸公差的按照1/2IT12公差等级制造验收，不要误以为未注尺寸公差的，零件的尺寸可以任意大小。

5.7.1 零件的加工精度概述

在机械加工中，零件的加工质量主要由机械加工精度和加工表面质量决定，它们的关系如图5-4所示。

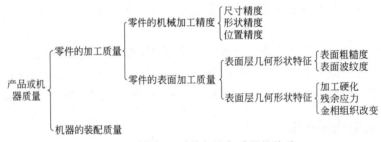

图 5-4 零件加工质量与设备质量的关系

5.7.2 影响加工精度的因素

研究加工精度的目的在于：找出影响零件机械加工精度的因素即工艺系统的原始误差；弄清各种原始误差对加工精度的影响规律；掌握控制加工误差的方法；寻找提高零件机械加工精度的途径。

（1）原理误差　原理误差是由于加工或者计算方法而造成的，特别是在很多机械领域，存在大量的近似算法，这就是原理误差存在的原因。但必须说明的是，既然采用了"近似"的方法加工零件，才产生原理误差。那么，只要不近似，不就可以消除原理误差吗？回答是否定的。因为有些情况是非近似不可的。

（2）工艺系统的几何误差　在机械加工中，机床、夹具、工件和刀具构成一个完整的系统，称为工艺系统。工艺系统的原始误差见图5-5。它可以照样、放大或缩小地反映给工件，使工件产生加工误差而影响零件加工精度。一部分原始误差与切削过程有关；一部分原始误差与工艺系统本身的初始状态有关。这两部分误差又受环境条件、操作者技术水平等因素的影响。

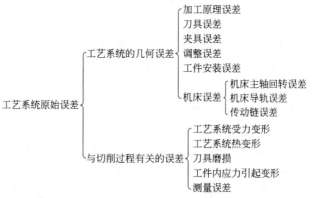

图 5-5　工艺系统的原始误差

① 机床的几何误差　主轴回转误差；导轨误差；传动链误差。

② 夹具和刀具误差　夹具制造精度误差 、装夹的定位和夹紧误差、刀具的制造精度误差。

③ 调整误差：测量误差、进给机构的位移误差、试切削与正式切削的误差。

（3）工艺系统的受力变形　机床—夹具—工件—刀具组成的工艺系统是弹性系统。加工时，工艺系统在切削力和其它外力的作用下，各组成环节会发生弹性变形；同时，各环节结合处还会发生位移。这些弹性变形的存在破坏了刀具与工件之间的正确位置，造成工件在尺寸、形状和表面位置方面的加工误差。

① 工艺系统的刚度（是加工零件抵抗外力使其变形的能力）差　如接触面刚度差；系统中的有关零件薄弱，受力时易产生较大的变形；接触面之间的摩擦力，在加载与卸载时阻止变形量不一样；有的接触面存在间隙和油膜，配合零件存在间隙，相互连接面存在弹性变形和塑性变形。

② 工艺系统的刚度对零件加工的影响　工艺系统由于受力点位置的变化，其压移量也随着变化，因而造成加工工件的形状误差；工艺系统刚度不变，由于切削力的变化而产生加工工件的形状误差；传统力、惯性力、夹紧力的变化将会引起工艺系统某些环节受力变形，从而造成加工误差。

（4）工艺系统的热变形　工艺系统受热后，会使各部分温度上升，产生变形，即工件体积增加，如直径为 $\phi50\mathrm{mm}$ 的工件，温度上升 $5℃$ 直径将增加 $3\sim5\mu\mathrm{m}$，使切削深度加大，改变了刀具尺寸，改变了工艺系统各组成部分之间的相对位置，破坏了刀具与工件相对运动的正确性。因此，工艺系统的热变形会引起工件加工误差。据统计，在精密加工中，由于热变形引起的加工误差约占总加工误差的 $40\%\sim70\%$。

热变形不仅严重地降低了加工精度，而且还影响生产效率。为避免热变形的影响，往往在工作前使机床空转或在工作过程中进行调整，这就要浪费许多工时；有时由于机床局部温升过高，还不得不暂停工作。

控制工艺系统的热变形，是加工模具零件时需要考虑的问题。

① 引起工艺系统变形的热源　引起工艺系统变形的热源有两大类：一是内热源，包括运动摩擦热和切削热；二是外热源，包括环境温度和辐射热。

a. 运动摩擦热　机床的各种运动副，如轴与轴承、齿轮与齿轮、溜板与导轨、丝杠与螺母摩擦离合器等，它们在相对运动中将产生一定程度的摩擦并转化为摩擦热。

动力能源的能量消耗也有部分转化为热能，如电动机、油马达、液压系统和冷却系统等工作时所产生的热。

b. 切削热。

c. 环境温度的影响 周围环境温度随四季气温和昼夜温度的变化而变化，局部室温差、热风、冷风、空气对流，都会使工艺系统的温度发生变化。

d. 辐射热。

② 机床热变形及其对加工精度的影响 机床质量大，受热后一般温度上升缓慢，且温升不高。但由于热量分布不均匀和结构复杂，也易造成机床各部分的温度不均匀，即有较大的温差出现。因而机床各部分的变形出现差异，使零部件之间的相对位置发生变化，丧失了机床原有的精度，故机床上出现温差是造成机床热变形、产生加工误差的主要原因。

③ 刀具热变形对加工精度的影响 刀具热变形的主要热源是切削热。虽然切削热传入刀具的比重很小，但刀具体积小，热容量小，因而具有较高的温度，并会因热伸长造成加工误差。对于定尺寸刀具和成型刀具，一般都在充分冷却下工作，故热变形不大。但冷却不充分时则会影响零件加工尺寸和形状精度。

④ 工件热变形对加工精度的影响 在切削加工过程中，工件主要受切削热的影响产生变形。若在工件热膨胀的条件下达到了规定尺寸，则冷却收缩后尺寸将变小，甚至超差。

⑤ 零件加工时产生加工应力，使工件变形，产生误差。

5.7.3 控制尺寸精度的方法

(1) 成型或定尺寸刀具控制加工尺寸。

(2) 试切削加工法，切小部分进行试刀→测量→调整→确认→正式切削。

(3) 边加工边测量，在线测量，减少重新装夹误差及基准不重合的误差。

(4) 定程法，如利用挡块。

(5) 掌握机床性能，在加工零件前给以修正补偿量。如机床间隙或刀的让刀量的误差值。

5.7.4 型腔、型芯加工尺寸控制

型芯一般做成最大极限尺寸，留有修整量，避免做小了而需要电焊加工。型腔加工时切勿加工成下极限偏差，更不能小于下极限偏差。因为在型腔加工过程中，尤其是在型腔抛光时，易损坏分型面沿口四周的棱角，装配、修整、调试时千万要注意。当制品偏厚时，调试、修整非常方便，只要把分型面磨去一点即可。

5.7.5 保证和提高加工精度的途径

(1) 控制热变形 隔热和减少热量的产生；将切屑及时清除掉；采用冷却液；加工过程中，保持刀具锋利，正确选择切削用量，减少切削热产生。

(2) 强制冷却控制温升。

(3) 控制温度变化 在热的影响下，比较棘手的问题是温度变化不定。若能保持温度稳定，即使热变形产生了加工误差，也容易设法补偿。

对于环境温度的变化，一般是将精密设备（如数控机床等）安置在恒温房内工作。恒温的精度一般取$\pm1℃$，精度高的取$\pm0.5℃$。

精加工前先使机床空转一段时间，待机床达到或接近热平衡后再加工，这也是解决温度

变化不定，保证加工精度的一项措施。

（4）直接消除或减少原始误差，补偿或抵消原始误差。当零件加工的尺寸精度达不到要求、产生的热变形不可避免时，可事先采用补偿措施以消除其对加工精度的误差。这就要求操作者事先掌握机床的性能、热变形量、加工误差值。

（5）消除工件内应力引起的变形　零件在没有外加载荷或其他外界因素作用的情况下，其内部仍然存在的应力称为内应力或残余应力。零件受力、受热、受震动或破坏其原有结构时，其相对平衡和稳定的状态被破坏，内应力将重新分布，零件将产生相应的变形，有时甚至是急剧的变形。

对于精度要求较高或易于变形的零件（如动、定模、顶杆固定板），必须消除内应力，以稳定加工精度。减少或消除内应力的措施有：①设计零件壁厚要均匀；②对于精度较高、形状较为复杂的零件，应将粗、精加工分开；③精加工阶段的大型工件，可在粗加工后，将夹紧在机床或夹具上的工件松开，使内应力自由地重新分布，充分变形，然后再轻夹或轻压好工件再进行精加工；④如果粗精分开还不能达到消除内应力的目的，通常还必须在粗加工和精加工之间进行多次时效处理（正火或回火），以消除各阶段切削加工造成的内应力。

（6）编制合理的制造工艺。

（7）减少基准误差和装夹误差。

（8）"就地加工"达到最终精度。要保证部件间什么样的位置关系，就在这样的位置关系上，一个部件装上刀具去加工另一个部件，这是一种达到最终精度的简捷方法。

5.7.6　减少工艺系统受力变形的途径

（1）提高配合面的接触刚度，如机床的导轨刮研质量、零件的表面粗糙度。

（2）设置辅助支承或减少悬伸长度以提高工件的刚度。

（3）提高刀具刚度，刀杆和刀头的硬度和刚度。

（4）加工零件采用合理的安装方法和加工工艺。

5.7.7　零件加工精度控制方法

三按照：按照图样、按照工艺、按照技术标准生产。

三工序：复查上工序、保证本工序、服务下工序。

三不放过：质量事故原因分析不清不放过；质量责任者没有受教育不放过；质量事故整改不落实不放过。

5.8　各种机床加工常见问题及解决方法

5.8.1　数控机床加工常见问题

（1）工件装夹不正确，零件加工好后，工件变形，加工精度达不到要求，导致形状位置尺寸和粗糙度值等超差。

（2）零件尺寸出错或零件加工发生撞刀现象。

（3）产品形状和尺寸与图样不符。

5.8.2 电火花加工常见问题及原因

（1）加工效率低。粗加工可以用正极性加工，要求正确使用电规准。

（2）电极损耗大（精加工采用负极性，认值），平动量过大。

（3）零件基准与电极基准对刀时没有重合而产生测量误差，造成基准错误。要求先试切削后，测量与验证，校对确认后再加工，以避免加工出错。

（4）加工表面粗糙度高，打光余量不够。

（5）零件加工表面龟裂或表面产生白层，即使打光后使用，模具也会提前失效。

（6）加工零件的尺寸不合格：尺寸超差过切（过小、过深）或尺寸过大。原因：电极尺寸超差或测量误差、平动量同电极尺寸没有同步。电火花加工工艺不对，精加工后电极应检查损耗，最好粗、精两个电极分开使用。

（7）表面积碳。原因：没有排屑孔、火花油有杂质。

（8）镜面效果不好。机床性能差、电极粗糙度差，镜面电火花机床所加工的零件粗糙度达不到要求，工艺参数（放电间隙、抬刀量、放电时间、平动量等）有问题。

（9）电火花加工后的表面比普通机械加工或热处理后的表面更难研磨，因此电火花加工结束前应采用精规准电火花修整，否则表面会形成硬化薄层。如果电火花精修规准选择不当，热影响层的深度最大可达 0.4mm。硬化薄层的硬度比基体硬度高，必须去除，因此最好增加一道粗磨加工，彻底清除损坏表面层，构成一片粗糙的金属面，为抛光加工提供良好基础。

5.8.3 线切割加工常见问题及原因

（1）断丝

① 放电状态不佳。降低 P 值，如果 P 值降低幅度较大仍断丝，可考虑降低 I 值，直至不断丝。此操作会降低加工效率，如果频繁断丝，请找出导致断丝的根本原因。

② 冲液状态不好，如上下喷嘴不能贴面加工，或者开放式加工时通常断丝位置在加工区域。降低 P 值，并检查上下喷水嘴是否损坏，如损坏及时更换。

③ 导电块磨损严重或太脏，通常断丝位置在导电块附近。旋转或更换导电块，并进行清洗。

④ 导丝部太脏，造成刮丝，通常断丝位置在导丝部件附近，应清洗导丝部件。

⑤ 钼丝张力太大。调低参数中的丝张力，尤其是锥度切割时。

⑥ 电极丝、工件材料质量有问题。更换电极丝，降低 P 和 I 值，直至不断丝。

⑦ 收丝轮处断丝。检查收丝轮的压丝比，标准值为 1：（1.5～1.6）。

⑧ 导电块冷却水不充分，通常断丝位置在导电块附近。检查冷却水回路。

⑨ 去离子水电导率过高，通常断丝位置在加工区域。检查水的电导率，如超差，应及时更换树脂。

⑩ 去离子水水质差，通常断丝位置在加工区域。水箱中水出现浑浊或异味，或者加入机床的纯净水有问题，应及时清理水箱，更换过滤纸芯。

⑪ 丝被拉断，下机头陶瓷导轮处有废丝嵌入或导轮轴承运转不灵活。清理并重新安装陶瓷导轮，必要时更换导轮轴承。

⑫ 平衡轮抖动过大，运丝不平稳。校正丝速，用张力计校正钼丝张力。

（2）加工零件表面粗糙度较高

① 切割液使用时间过长，浓度不合适。保持切割液浓度在 11%～12.5%，必要时更换

切割液。

② 主导轮及轴承磨损。观察电极丝运行是否抖动，听各部位轴承有无异常响声，由此来判断是否要更换轴承或导轮，必要时请更换。

③ 修切加工工艺有误。正确选用修切条件号及偏移量。

④ 工件变形。避免材料切割变形：材料热处理工艺合理；预加工穿丝孔；预切割释放应力；优化切割路径。

⑤ 工艺参数选择错误。正确输入相关的加工要求，生成合理的工艺文件。

⑥ 冲液状态不好，达不到标准冲液压力及喷流形状。检查上、下喷嘴是否损坏，如果有损坏，应及时更换。

（3）加工零件开裂、变形。在线切割加工过程中，由于工件应力的重新分布，会使这些细小的裂纹延伸扩展，造成更大的裂纹或开裂，导致工件变形。

（4）加工零件尺寸超差，达不到图样要求。

① 在切割拐角时由于电极丝的滞后，会造成角部塌陷。对于拐角要求精度高的工件，应选用有拐角策略的参数。

② 为减小较大工件加工过程中的变形，可以从加工工艺上进行改善。

a. 凹模　做两次主切，先将主切的补偿量加大（单边 0.1～0.2mm）进行第一次主切，让其应力释放，再用标准偏移量进行第二次主切。

b. 凸模

a）应有两处或两处以上的暂留量，编程时选择开放式加工。

b）安排合理的起割位置和支撑位置。尽量打穿孔，避免从材料外部直接切入。

c）丝不垂直。重新进行丝校正。

d）机床外部环境恶劣，振动较大。改善机床外部环境。

e）电极丝、工件材料质量问题。建议使用原装耗材、无品质问题的材料。

f）工件装夹位置与上下喷嘴距离过大。调整装夹方法。

g）丝速或丝张力不稳定。调整或校准丝速和张力。

h）冲液条件发生明显变化，造成丝振动较大。检查上、下喷水嘴，如果喷水嘴损坏，应及时更换。

i）机床的轴及上下臂是否发生碰撞，造成机械精度发生改变。如果轴或者上、下臂发生碰撞，造成精度异常，应及时联系服务人员进行维修。

（5）工件凹凸现象

① 工件中间凹心　可将主切及修切的参数值减小，增加丝速、张力，提高最后一刀恒速切割速度，增加修切和主切之间的相对偏移量。

② 工件中间鼓肚子　与处理工件凹心的方法相反。

（6）加工零件有大小头

① 电极丝的质量差，建议使用原装耗材。

② 优化参数，提高走丝速度，稍微加大丝张力；调整参数 CCON；编程时，在程序里加锥度补偿。

（7）加工零件表面有丝痕

① 电极丝质量有问题，建议使用原装钼丝。

② 工件材料问题或者材料含有杂质，应更换工件材料。

③ 工件内部组织局部内应力释放会导致工件个别位置有线痕发生。优化加工工艺，减小材料内部应力变形。

④ 工作液温度过高或温度变化过大。必须用制冷机控制液温，并且保证合适的环境温度。

⑤ 机床外部环境恶劣，振动较大。改善机床外部环境。

⑥ 导电块磨损严重，将导电块旋转或更换。

⑦ 上下导电块冷却水不足，清洗相关部件。

⑧ 导丝部太脏，对导丝部进行维护保养。

⑨ 工作液太脏，清洗液槽和水箱，并更换工作液。

⑩ 观察放电状态是否稳定，修切时是否发生短路回退现象。如果修切有短路，可以将UHP值增加1~2。

⑪ 如果修切时放电电流及电压正常，但是速度很低，可以减小相对偏移量。

⑫ 丝张力不稳，校准丝速及张力。

⑬ 凹模进刀处丝痕　在编程时，采用圆弧切入圆弧切出方式，圆弧大小为 0.5mm 即可；采用切入切出点分离方式。在编程时，将每次进刀点设置在不同位置，避免从同一点进刀、退刀。

5.8.4　深孔钻加工常见问题及原因

（1）有时由于孔位设计不合理，孔位与其它零件距离较窄如轴线偏斜，造成冷却孔漏水。针对深孔加工孔轴线偏斜问题，需从加工方式、导向套装配偏差以及导向套与钻头的配合间隙三个方面进行研究和分析。

（2）孔径增大，误差大。产生原因：铰刀外径尺寸设计值偏大或铰切削刃口有毛刺；切削速度过高；进给量不当或加工余量过大；铰刀主偏角过大；铰刀弯曲；铰切削刃口上粘着切屑瘤；刃磨时铰切削刃口摆差超差；切削液选择不合适；安装铰刀时锥柄表面油污未擦干净或锥面有磕碰伤；锥柄的扁尾偏位，装入机床主轴后锥柄圆锥干涉；主轴弯曲、主轴轴承过松或损坏；铰刀浮动不灵活；与工件不同轴以及手铰孔时两手用力不均匀，使铰刀左右晃动。

5.8.5　平面磨加工常见问题及原因

（1）砂轮主轴电机的振动对磨削表面粗糙度影响较大，用金刚笔对砂轮进行动平衡修整。

（2）在平面磨加工时，如果使用不当，砂轮表面堵塞，工件表面极易出现微小甚至不易发现的裂纹。

（3）干磨，冷却液不充足，使工件表面产生龟裂。利用冷却液把砂轮碎屑及时冲走，以免影响磨削质量。

（4）根据磨削零件的材料，选用正确的砂轮粒度、硬度、型号。工件材料与砂轮不匹配会使砂轮不能有效切除工件，而严重钝化。

（5）正确选用切削工艺、装夹工件。

（6）注意安全生产，严格按安全操作规程使用平面磨。

5.8.6　成型零件抛光加工常见问题及原因

虽然采用机械抛光但主要还是靠人工完成，所以抛光技术目前还是影响抛光质量的主要原因。除此之外，还与模具材料、抛光前的表面状况、热处理工艺等有关。优质的钢材是获得良好抛光质量的前提条件，如果钢材表面硬度不均或特性上有差异，往往会产生抛光困难。钢材中的各种夹杂物和气孔都不利于抛光。钢材在切削机械加工的破碎过程中，表层会因热量、内应力或其他因素而损坏，切削参数不当会影响抛光效果。

抛光时要注意以下几点。

（1）抛光余量不够或抛光零件的表面粗糙度太高。

（2）抛光余量太多，抛光时使母体破坏。如线条不清晰，圆角与直线的切点模糊等。

（3）抛光工艺不对，没按顺序进行抛光，造成抛光零件"假亮"，实际的粗糙度较高。

（4）抛光件表面抛伤。原因是抛光速度太快，工艺不对。

（5）抛光件纹路与出模方向不一致。

（6）定模表面与型腔的入口交角处出现塌角、碰伤，抛光时采取保护措施。

5.8.7 热处理加工常见问题

（1）零件热处理工艺不对，硬度值标注不合理。

（2）热处理零件有缺陷，如硬度不均，有软点、脱碳、裂纹、变形等。

（3）零件形状结构的设计或材料选用不当。

5.9 试模后的模具修整

针对模具试模后发现的问题，在修整通知单中提出修整内容要求，然后经再次试模、检查确认，修整后试模验收，直到合格为止。

（1）根据试模成型工艺记录情况，制品的形状、结构、外观的成型缺陷，模具的功能性来检查存在的质量问题，正确填写模具修整通知单。

（2）按试模通知单的内容，要求模具钳工把模具试模后所存在的问题一次性修改到位，避免多次试模，降低模具成本。

（3）经试模，需要对设计修改的图样作相应的更改，做到图样与模具一致，便于客户维修。

（4）严格按试模后的修整流程进行修整工作。

5.10 模具生产过程质量控制节点

根据塑件形状结构与模具结构设计的特征，进行工序质量控制点的设置。质量控制点是指为了保证模具质量而需要对重点工序、关键部位或薄弱环节，有可能造成质量隐患的地方重点关注，事先对模具进行分析，针对隐患原因找出对策，采取措施加以预控。

设置质量控制点，是对质量进行预控的有效措施。因此，在拟定质量检查、工作规划时，应根据工程特点，视其重要性、复杂性、精确性、质量标准和要求，全面、合理地选择质量控制点。质量控制涉及面较广，可能是结构复杂的零件，也可能是技术要求高、加工难度大的某一结构，也可能是影响质量的某一关键环节。总之，无论是操作、工序、材料、机械、加工顺序、技术参数、制品要求等，均可作为质量控制点来设置，主要视其对质量影响的大小及危害程度而定。

5.10.1　设置质量控制点的原则

（1）对有严重影响的关键质量特性、关键部位或重要因素，应设置质量控制点。如，将汽车部件的模具、浇注系统的热流道设置为控制点。

（2）对工艺有严格要求，对下道工序有严重影响的关键质量特性、部位应设置质量控制点。如：动、定模分型面的配合间隙。

（3）对质量不稳定、频繁出现不合格的项目或有问题的部位应设置质量控制点。如注塑时压力不平衡，模具结构设计前需要事先对制品进行模流分析。

（4）用户经常反馈的质量问题或企业经常出现的质量问题。

（5）自己感到难度较大部位、没有经历过的工序部位，设置为质量控制点。如汽车部件的装饰条的变形设置为质量控制点。

5.10.2　控制人的行为，避免误操作

某些工序或操作重点应控制人的行为，避免人为失误造成安全和质量事故。如模具吊装、动作复杂而快速运转的机械操作、对精密度和操作技术要求高的工程、技术难度特大的工程等，都应对工作人员从生理缺陷、心理活动、技术能力、思想素质等方面进行考核。事前还必须反复交底，提醒注意事项，以免产生错误操作。

5.10.3　模具的装配质量精度与结构可靠性

（1）关注模具的顶出系统与抽芯机构的装配质量与动作的可靠性。

（2）浇注系统的制造质量是否达到设计要求，如浇口大小，有的浇口尺寸太小试模时制品成型困难。

（3）模具分型面的接触精度达到设计要求。

（4）浇注系统的设计合理。

5.10.4　模具动、定模的加工精度及加工工艺的合理性

在某些工序或操作中，根据模具结构和尺寸精度要求的不同，各工种加工特点，有的应以控制加工设备及工艺为重点。工装夹具检查验收、电极检查验收，检查加工基准是否与图样一致。注意多型腔模具的尺寸精度检查，避免尺寸精度不一致。

5.10.5　正确选用模具材料

模具材料的质量和性能是影响模具质量的主要因素，尤其是某些腐蚀性材料，更应将模具的动、定模材料的质量和性能作为控制的重点，否则模具会提前失效。

根据成型制品的批量选用模具钢材，需考虑经济性和合理性，注意成本控制。

5.10.6　塑件外观质量要求很高的部位

塑件外观质量要求很高的地方，如塑件表面不允许有熔接痕的镀铬件，缩影、公差要求高的塑件，粗糙度、表面皮纹、装配尺寸、浇口位置等是否达到客户要求。

模具生产过程的具体控制点见表5-4。

表 5-4　模具生产过程质量控制点

控制项目	序号	内容描述	部门	职责	控制节点
功能尺寸	1	2D/3D 特定要求;设计阶段检查对比	生管中心 工程部	1. 提供功能尺寸 2. 设计修改模图,在模图上标注功能尺寸和公差 3. 工模部加工完成后,自检并及时报检 4. 品质部按模图检查功能尺寸、填写检测报告,并反馈给项目工程师和钳工组	设计过程
	2	功能尺寸检测结果	生管中心 品质部		设计完成 加工过程
	3	前、后模胶位尺寸检测报告	品质部 工模部		加工过程
	4	前、后模分型面检测报告	品质部 工模部		加工过程
	5	刷柱、导套位置检测报告(精度±0.02mm)	品质部 工模部	1. 工模部协助吊模具,安排机台 2. 品质部按模图检验,并出检测报告	来料检验
钢料/青铜 材质确认	6	前模芯材质证明	设计部 品质部	1. 在订购单中注明"提供材质证明" 2. 来料时,检验员按要求收货,收集材质证明,并测试硬度	技术要求 来料检验
	7	后模芯材质证明			
	8	行位/斜顶材质证明			
	9	直顶块材质证明			
	10	无运水的斜顶材质证明			
	11	有运水的斜顶材质证明			
	12	青铜(压条)导向块、方导柱耐磨块材质证明			
	13	(原身)A 板材质证明及硬度			
	14	(原身)B 板材质证明及硬度			
	15	顶针底板材质证明和硬度			
热处理/ 表面处理	16	前模芯硬度证明	设计部 品质部	1. 在图纸中注明硬度要求和氮气要求 2. 来料时,检验员按要求收货,收集硬度证明、氮化证明,并测试硬度	技术要求 来料检验
	17	后模芯硬度证明			
	18	行位/斜顶硬度证明			
	19	直顶块硬度证明			
	20	无运水斜顶硬度证明			
	21	有运水斜顶硬度证明			
	22	分模面承压块/锁块镶件硬度证明			
	23	耐磨块硬度证明			
	24	定位块/镶件/定位销硬度证明			
电极检测	25	铜公骨位厚度(必须保证比产品图小)	工模部 品质部	1.CNC 编程确保电极符合 3D 模图,并由具备资格的人员审核电极图 2. 检验员按图检测电极、判定是否合格	电极设计 电极检验
	26	分型面铜公符合 3D 图			
	27	胶位面铜公符合 3D 图			
分型面	28	型腔周边、运动件及分型面难排气部位开排气槽	设计部 品质部	1. 工程设计时将排气槽一并设计好 2. 工模将排气槽一同加工好,避免重复上机 3. T1 后,如局部排气效果不佳,钳工负责将信息反馈给工程部,再次完善排气	设计检查 加工过程 T1 试模后
	29	所有分型面(如镶件、运动件、顶针)的排气槽深度、宽度、数量符合要求	设计部 品质部		

控制项目	序号	内容描述	部门	职责	控制节点
分型面	30	定位机构制定最小的插穿面斜度	设计部 工模部	1. 负责设计合理的插穿角度 2. 工模一次加工到数,避免打模机修配 3. 装配时,钳工用红丹检查配合情况,确认两者间斜度是否符合要求	设计检查 加工和 装配过程
	31	红丹检查	工模部 品质部	工模部安排有相应水平的人负责飞模,飞模结束前,通知检验员拍照做记录	飞模 结束前
运作/ 顶出	32	定位机构需确保前后模的中心无错位(小模用卡尺测量、大模上 EDM 打表检查)	品质部 工模部	1. 工模部协助吊模具,安排机台 2. 品质部按模图检验,并出检测报告	加工前
	33	用手检查行位是否顺畅	工模部	工模部需确保具备相应技术水平的人去配模,并检查行位、斜顶、直顶、扣机等机构的松紧程度,运动是否顺畅	装配过程
	34	用手检查斜顶是否顺畅			
	35	检查扣机运动是否正常			
	36	行位开模定位有效,并保持在固定位置	工程部 工模部	1. 工程部需确保行位设计定位准确 2. 工模部按图加工,装配时检查行位定位是否准确、可靠,出现异常需及时反馈信息	设计检查 加工和 装配过程
	37	模具油路、接头和油管直径 8~10mm	工程部 工模部 品质部	1. 工程设计确保符合标准或客户要求 2. 工模按图加工并自检 3. 品质部按图检查	设计检查 加工过程
	38	美嘉模具:油路不用特氟龙管和生胶带	工程部 工模部	1. 工程部确保订购单符合客户要求 2. 装配时,工模部需按客户要求执行	订购单 装配过程
	39	密封圈材料为 Viton	工程部 品质部	1. 工程部确保材料订购单符合客户要求 2. 检验员按技术要求做来料检查	订购单 来料检验
	40	回针同 B 板,单边避空 0.25mm	工程部 品质部	1. 工程部根据模具特点设计合理的间隙 2. 检验员按图纸要求做来料检查	图纸资料 来料检验
	41	顶针孔同中心(后模芯/后模板/顶针板)	工模部	按图加工顶针孔并自检,装配时钳工检查顶针是否顺畅,(无定位顶针)能否自由转动	加工和 装配过程
	42	美嘉模具:B 板孔与中托司需有 0.2mm 间隙	工程部 品质部 工模部	1. 工程部按客户要求设计避空间隙 2. 来料检验时,检验员按图纸避空间隙 3. 大模,钳工将模坯拆散后通知品质部检查	设计检查 来料检验 装配过程
	43	顶针直径公差、沉头孔、旋转定位、避空	品质部 工模部	1. 工模部按图加工并自检 2. 品质按图检查顶针直径和沉头孔深度 3. 装配时,钳工检查、确认顶针避空、定位是否有效	加工过程
	44	按正常生产条件运行,验证运作可靠性	生管中心 工模部	1. 试模人员按正常生产条件调模 2. 项目人员、钳工人员检查、确认运作是否可靠	试模时

续表

控制项目	序号	内容描述	部门	职责	控制节点
运水	45	运水直径检查(10,12,14)	工程部 工模部 品质部	1. 工程部确保尺寸符合标准或客户要求 2. 工模部需按图加工并自检 3. 品质部按图检查	设计检查 加工过程
	46	堵头为不锈钢或钢材表面防锈处理,不接受铜质堵头	工程部 品质部 工模部	1. 工程部确保材料订购单符合客户要求 2. 来料检验时,检验员按技术要求检查 3. 钳工确保不出现误装情况	订料单 来料检验 加工过程
	47	堵头深度有限制,不能挡住水流,影响流量	工程部 工模部	1. 设计时确保堵头不影响运水流量 2. 工模加工需控制螺纹和堵头深度	设计检查 装配过程
	48	隔水片材质为塑料	工程部 工模部	1. 工程部确保材料订购单符合客户要求 2. 钳工确保不出现误装情况	订料单 装配过程
	49	水管及接头符合客户要求	工程部 品质部 工模部	1. 工程部确保订料单符合客户要求 2. 检验员按技术要求进行来料检验 3. 钳工确保不出现误装情况	订料单 来料检验 装配过程
	50	密封圈槽同水孔同心	工模部	按图加工,装配时检查、确认是否同心	加工和 装配过程
	51	密封圈用料及规格符合标准	工程部 品质部 工模部	1. 工程部确保订料单符合客户要求 2. 检验员按技术要求进行来料检验 3. 钳工确保不出现误装情况	订料单 来料检验 装配过程
	52	交叉的运水孔必须100%钻通	品质部 工模部	1. 检验员检查运水孔是否连通 2. 装配时,测试流量,确认运水孔是否阻塞	来料检验 装配过程
	53	斜顶运水充分(杆端两个直径用两个密封圈)	工程部 工模部	1. 工程部按此要求设计斜顶运水 2. 工模按图加工、安装相关运水零件	设计检查 装配过程
	54	行位运水充分可靠	工程部 工模部 品质部	1. 工程部设计有效的冷却水 2. 工模按图加工 3. 装配时,测试流量,确认运水孔是否阻塞	设计检查 装配过程
	55	漏水测试1MPa,10min	工模部	试模前,做漏水测试,确保不漏水	试模前
	56	测量达到75%以上	工模部 品质部	装配过程中,钳工和检验员一同做流量测试,流量不达标时,即刻整改	装配过程
浇注系统	57	冷料井检查	工模部	1. 机加工按图加工冷料井自检 2. 钳工检查并确认,不符合要求不转序	加工过程
	58	开式嘴有1mm冷料环	工程部 工模部	1. 工程部按要求设计1.0mm冷料环 2. 机加工按图加工,钳工确认后才转序	设计检查 加工过程
	59	流道剖面符合设计要求	工程部 工模部	1. 工程部按标准或项目要求设计流道结构形状、水口镶件、进胶位置和水口尺寸 2. 工模按图加工并自检	设计检查 加工过程
	60	要做水口镶件			
	61	进胶位置符合要求并做镶件			
	62	浇口尺寸符合要求			

控制项目	序号	内容描述	部门	职责	控制节点
浇注系统	63	单独的热嘴冷却水	设计 工模部	1. 工程按要求设计单独的热嘴冷却水 2. 工模按图加工	设计检查 加工过程
	64	热流道加热测试	生管中心 工模部	生管人员与钳工一同加热检查热流道	合模前
前模抛光	65	骨位抛光	工模部	每次试模,确保骨位顺利出模	每次试模前
	66	表面抛光(注意分模线部位的脱模角)	生管中心 工模部	1. 生管提供试模和走模时的表面抛光要求 2. 工模按要求执行,并注意分型位置的处理	装配前 走模前
后模抛光	67	后模芯	生管中心 工模部	1. 生管提供试模和走模时的表面抛光要求及防滑处理要求 2. 工模按要求落实执行	装配前 走模前
	68	行位			
	69	斜顶			
	70				
	71	骨位按出模方向抛光	工模部	工模确保骨位按出模方向抛光	装配前
	72	胶位无锐角(注意分模线角度)	工模部	去除胶位部位锐角,注意分型位置处理	装配前
后模刻字	73	年月日章或网格	生管中心 设计 工模部	1. 项目及时提供客户各种标识信息和要求 2. 工程部及时发放日期章、穴号、产品号、版本号、客户 LOGO、收缩率网格线等图纸资料 3. 工模部按图加工	图纸资料 试模前 (走模前)
	74	产品编号			
	75	版本镶件及铜镶件			
	76	客户商标(LOGO)			
	77	收缩率网格线			
	78	穴号			
酸性测试	79	前 T0	生管中心 工模部	1. 项目提出酸检要求和信息 2. 工模负责落实,并提供酸检报告	装配前
	80	走模前			走模前
T0	81	产品形状同 3D 数据一致	生管中心 品质部	1. 项目人员负责产品结构形状确认 2. 品质部根据图纸资料进行样板检测	T0~T1
	82	厚度同 3D 数据一致			T0~T1
	83	刻字一致	生管中心	项目负责刻字内容确认	T0~T1
	84	分型线一致	生管中心	项目负责分型线确认	T0~T1
标准件	85	顶针确认	生管中心 设计 品质部 工模部	1. 工程确保订料单符合客户要求 2. 项目工程师复核订购单时,确认各种标准件符合客户要求,才能签字 3. 检验员按要求进行来料检验 4. 钳工确保不出现误装情况	订料单 定单复核 来料检验 装配过程
	86	导柱确认			
	87	导套确认			
	88	扣机确认			
标准件	89	吊环确认	生管中心 设计 品质部 工模部	1. 工程确保订料单符合客户要求 2. 项目工程师复核订购单时,确认各种标准件符合客户要求,才能签字 3. 检验员按要求进行来料检验 4. 钳工确保不出现误装情况	订料单 定单复核 来料检验 装配过程
	90	水接头确认			
	91	油接头			
	92	电线接头			
	93	微型开关确认+垫片			
	94	计数器符合标准			
	95	行位定位器符合标准			
	96	留 1/4 有效导向长度,其余避空 0.2mm			

续表

控制项目	序号	内容描述	部门	职责	控制节点
模具标准	97	模具尺寸符合要求	工模部 品质部	1. 工模部加工完成后，自检并及时报检 2. 检验员按图测量	来料检验 加工过程
	98	吊环孔位置必须保持吊模平衡	设计部 工模部	1. 工程设计需确保模具平衡 2. 工模制作过程发现异常，需及时反馈	设计检查 装配过程
	99	大于300t模具四面均需吊环孔	设计部 品质部	1. 按客户要求设计 2. 检验员按工程图纸检验	设计检查 来料检验
	100	码模尺寸正确（自动及手动）			
	101	隔热板尺寸，螺丝位避空	设计部 工模部	1. 按要求设计，注明未注倒角大小 2. 工模按图加工，未标注倒角按技术要求加工倒角	图纸资料 加工过程
	102	所有模板均需撬模槽和边缘倒斜角			
	103	定位环尺寸正确	设计部 工模部 品质部	1. 在图纸上标注尺寸和公差 2. 工模按图加工、自检，合格后报检 3. 检验员按图纸检查、判定	图纸资料 加工过程
	104	接线盒保护块			
	105	快插油嘴符合标准	设计部 工模部	1. 设计保护装置、模脚和蚀字图 2. 工模按图加工并安装保护装置、模脚，加工模具铭牌和蚀刻各种标识	图纸资料 加工过程
	106	模具刻字（客户模号、尺寸、重量、运水及油路进出标识等）			
	107	模脚符合标准			
	108	热流道铭牌	生管中心 设计 工模部	1. 项目提供客户的接线要求 2. 工程按要求设计热流道铭牌和保护装置 3. 工模按图加工，按热流道铭牌接电源线	技术要求 试模前
	109	热流道接线盒顺序接线及保护措施符合标准			
模具资料 及出货	110	技术文件	生管中心 设计	1. 项目将2D、3D文件格式、模具零件明细表、模具使用说明书、易损件清单等提供给工程部 2. 工程部按项目要求整理模具技术文件、刻录光碟	客户要求 T0前
	111	图纸			走模前
	112	光盘刻录			走模前
	113	证明文件（材质证明/热处理证明/氮化）	品质部	按要求或在走模时整理装订各种证明材料	客户要求 或走模前
	114	箱子熏蒸证明	生管中心 工模部	1. 项目提供用木箱装箱的信息 2. 工模部负责订购经过熏蒸的木箱	走模前

第6章

模具零部件的质量控制与验收

目前，虽由电脑数控铣和高精度加工机床设备进行零件加工，但有的企业零件加工还是达不到设计要求，需要对动、定模分型面进行人工打磨。因此，零件要严格按工艺规范制造，对加工零件进行检查验收，才能保证模具的制造质量。注塑模具由许多零部件组成，如成型零件、标准件、紧固件、配件、附件等。

模具质量的好坏，取决于设计质量、模具材料的质量、加工工艺质量、零件的加工质量、模具的装配质量等综合因素，如图6-1所示。因此，需要对零件的材料、零件的表面粗糙度、形状与尺寸精度按设计的技术要求进行检查与验收，才能保证模具质量达到设计要求。零部件的质量决定了模具的装配质量。同时，还需要重视模具零件加工、装配、检验的过程中的质量控制。

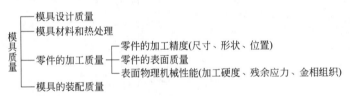

图6-1　决定模具质量的因素

模具的细节反映了模具设计制造者的综合知识水平及质量理念。然而有的模具设计和制造者对存在的细节问题视而不见。大家都知道"细节决定成败"，这就要求我们更需要关注细节。只有细节都没有问题的模具，才能达到品牌要求，才能满足客户的需求。

本章着重讲述零部件的检查和验收工作。要求企业的质管部门按"模具质量验收标准"的细则，验收模具。这是模具设计、制造过程中的质量控制的重要一环，直接影响着模具产品的装配质量。

6.1　模具零部件的质量检验

质量检验是借助某种手段或方法，测定产品的质量特性，然后把测定的结果同规定的质量标准比较，从而对该产品进行合格或不合格的判断。这可确保产品生产过程的有效运行和控制，在不合格情况下，还要进行返修或回用的判断。前者称为合格判断，后者称为适用性判断。在企业内部，合格性判断由操作者负责执行，而适用性判断则需要由企业有关部门会签或者专题讨论。

6.1.1　产品质量判断的过程

质量检验是检验人员借助检测手段或方法对产品质量进行判断的过程，一般包括下面三个工作步骤。

（1）明确质量要求。根据产品图样、技术条件、技术标准和考核标准，明确检验的项目和各项目的质量标准；在采用抽样检验的情况下，还需要制定抽样方法、抽样比例的方案，使检验员和操作者明确什么是合格品、什么是不合格。在大批量自动化生产过程中，常用批量抽样方式进行检验。如果发现批量抽样不合格则要加大抽样比例，得出较准确的判断。

（2）产品测试。选用便捷准确的测试方法，采用合理的测试手段来检验产品，得到质量特性值和结果，将测试的数据同质量要求作比较，确定产品质量是否合格。

（3）测试结果的处理。对单一产品，合格品放行，不合格品打上标志，隔离存放，另作处理；对批量产品作出接收、拒收、挑选、进一步复查等决定。把所测得的数据进行归纳整理后，将判断的结果反馈给有关部门，作为改进和提高的依据。

6.1.2　零件质量检测要求

模具零件验收质量的五个三要求。

① 三自：自检、自分、自纠，控制一次交检合格率。

② 三检：首检、互检、专检（巡检）。

③ 三按照：按照图样、工艺、标准生产。

④ 三工序：复查上工序、保证本工序、服务下工序。

⑤ 三不放过：质量事故原因分析不清不放过；质量责任者没有受教育不放过；质量事故整改不落实不放过。

6.1.3　零件的质量检查方法

（1）测量法　其手段可归纳为看、摸、量、照、拆装六个字。

看：根据模具质量验收标准，看模具动、定模零件表面有无敲伤、撞击痕、划伤、发锈、斑点、明显刀痕、粗糙度差等缺陷。

摸：手感不平度。

量：利用测量工具和计量仪表等检查尺寸、表面粗糙度、温度等的偏差。

照：对难以看到或光线较暗的部位，则可采用手电筒照射或镜子反射的方法进行检查。

拆装：拆以后，再组装回去，检查其活动部位的配合间隙有否超差或有否阻滞现象。

（2）试模法　必须通过试模手段才能对质量进行判断的检查方法。如对模具结构进行注塑制品成型可靠性、稳定性试验检查，对模具进行强度、刚性试验检查。

6.1.4　模具检测、验收工具

手动三坐标测量仪：测量坐标尺寸，一般线性尺寸，0.01mm

投影仪：相交构造尺寸，一般线性尺寸，0.01mm

精密千分尺：一般线性尺寸，0.001mm

卡尺：一般线性尺寸，0.01mm

半径规：测量工件半径，0.05mm

R 规：间隙，0.005mm

块规零件高度：间隙，0.1mm

电子秤：称样品重量，0.01g

塞尺：检测变形间隙用，0.02mm

螺纹规：测量螺纹中径

自动三坐标测量仪：测量坐标尺寸，形位公差，空间相交构造，圆球形，公差带，曲面等

螺纹牙规：测量牙距

工具显微镜：测量坐标尺寸，一般线性尺寸，0.01mm

硬度计：测量模具钢材，零件硬度，HRC 0.2°

粗糙度仪：测量样品模具粗糙度，0.1μm

圆度仪：测量真圆度、同轴度、全跳动，0.005mm

二次元：测量坐标尺寸，一般线性尺寸

水平仪：测量垂直度、平直度、扭曲度、平行度。

高度仪：测量模具部件，高度、深度等，0.001mm

千分表：测量高度、平面度、垂直度等，0.001mm

推拉力计：样品力度要求用 0.1kg

6.1.5　加工零件检测条件

（1）尺寸检验标准

① 基本原则　这种验收方法只接受规定尺寸的验收工作，对于有配合要求的工件，尺寸检验需要符合泰勒原则，孔或者轴的作用尺寸不允许超过实际尺寸。

② 最小变形原则　为了保证测量结果的可靠性和准确性，应该尽量避免各种因素的影响，让变形程度最小。

③ 最短的尺寸链原则　为了保证一定的测量精度，测量链应该尽量短小。

④ 封闭原则　测量时，如果可以满足封闭条件，间隔偏差的总和为零，就是所谓的封闭原则。

⑤ 基本同意原则　检验基准应该与设计基准、工艺基准保持一致。

（2）环境检验的标准

① 温度　减少和消除温度引起的误差，在 20℃ 以下进行检验，让量具和工件材料形成一致性，温度平衡。同时还要避免检验场所阳光直射，防止暖气等热源和门窗处的冷空气造成的温度变化。

② 湿度　湿度过高，很容易造成产品生锈、仪器设备发霉。当湿度高时，可以用除湿设备除水，或者合理使用干燥剂。同时还要保证检验人员的干燥状态。

③ 清洁度　包括防尘、防腐蚀等都是清洁度的内容。检验场所需要远离磨床等灰尘源。还要防止腐蚀性气体，远离化验、酸洗等工作场地。

④ 振动　工作台要稳固，远离大型机加工设备等振源。

6.2 采购件入库检查验收

按下达的生产订单与明细表规范采购的物资须检验合格后才可入库。

6.2.1 模具材料验收

（1）模板材料。

（2）动、定模成型零件钢材及铍铜。

（3）电极材料。

（4）非标准件验收。

6.2.2 注塑模模架技术要求及精度检验

（1）模架技术要求 GB/T 12556－2006《塑料注射模模架技术条件》规定的塑料注射模模架的要求见表 6-1。

表 6-1 塑料注射模模架的要求

标准条目编号	内容
3.1	组成模架的零件应符合 GB/T 4169.1～4169.23—2006 和 GB/T 4170—2006 的规定
3.2	组合后的模架表面不应有毛刺、擦伤、压痕、裂纹、锈斑
3.3	组合后的模架,导柱与导套及复位杆沿轴向移动应平稳、无卡滞现象,其紧固部分应牢固可靠
3.4	模架组装用紧固螺钉的力学性能应达到 GB/T 3098.1—2010 的 8.8 级
3.5	组合后的模架、模板的基准面应一致,并做明显的基准标记
3.6	组合后的模架在水平自重条件下,定模座板与动模座板的安装平面的平行度应符合 GB/T 1184—1996 中的 7 级的规定
3.7	组合后的模架在水平自重条件下,其分型面的贴合间隙为: (1)模板长 400mm 以下≤0.03mm; (2)模板长 400～630mm≤0.04mm; (3)模板长 630～1000mm≤0.06mm; (4)模板长 1000～2000mm≤0.08mm
3.8	模架中导柱、导套的轴线对模板的垂直度应符合 GB/T 1184—1996 中的 5 级规定
3.9	模架在闭合状态时,导柱的导向端面应凹入它所通过的最终模板孔端面,螺钉不得高于定模座板与动模座板的安装平面
3.10	模架组装后复位杆端面应平齐一致,或按顾客特殊要求制作
3.11	模架应设置吊装用螺孔,确保安全吊装

（2）检验 GB/T 12556－2006《塑料注射模模架技术条件》规定的塑料注射模模架的检验见表 6-2。

表 6-2 塑料注射模模架的检验

标准条目编号	内容
4.1	组合后的模架应按 3.1～3.11 的要求进行检查
4.2	检验合格后应做出检验合格标志,标志应包括以下内容:检验部门、检验员、检验日期

（3）塑料注射模模架精度检查　塑料注射模模架精度检查见表6-3。

表 6-3　塑料注射模模架精度检查

序号	检查项目	检查方法	
		方法	简图
1	定模座板上平面对动模座板下平面的平行度	将组装后的模架放在测量平板上，用指标器沿定模座板周界对角线测量被测表面。根据被测表面大小可移动模架或指示器测量架，在被测表面内，取指示器的最大与最小读数差作为被测模架的平行度误差	
2	导柱轴心线对模板的垂直度	将组装后的模架的定模板和推件板取下，动模部分放在测量平板上，为了简化测量，可仅在相互垂直的两个方向(X,Y)上测量 将已用圆柱角尺寸校正的专用指示器在 X、Y 两个方向上测量，得出的读数即为两个方向的垂直度误差 ΔX、ΔY，将两个方向的垂直度误差合成即为导柱轴心线的垂直度误差。即： $$\Delta = \sqrt{\Delta X^2 + \Delta Y^2}$$	
3	模架主要分型面的贴合间隙	模架闭合状态下，用塞规测量主要分型面的贴合间隙，以其中最大值作为分型面的贴合间隙值	略
4	模架主要模板组装后基准面移位偏差	将组装后的模架放在测量平板上，专用指示器沿主要模板基准面移动，测得的误差即为位偏差	
5	复位杆一致性	将组装后的模架的定模板和推件板取下，动模部分放在测量平板上，用指示器测量各复位杆端面及模板分型面。各复位杆的读数应一致。 复位杆低于模板分型面的读数应满足：中小型模架不大于 0.2mm；大型模架不大于 0.5mm	
6	模板、定模座板、动模座板、垫块的平行度	将被测板件放在测量平板上，用测量仪器触及被测表面，沿其对角线测量被测表面，取指示器的最大与最小读数差作为平行度的误差值	
7	模板基准面垂直度	将模板的一个基准面置于测量平板上，专用指示器沿另一基准面垂直上下测量被测表面，在测量范围内的最大读数差值即为模板基准面垂直度误差	

续表

序号	检查项目	检查方法	
		方法	简图
8	导套固定部分轴心线对滑动部分轴心线的同轴度	用圆度仪测量、调整被测零件,使其基准轴线与测量仪的轴线同轴 在被测零件的基准要素和被测要素上测量若干个截面并刻录轮廓图形,根据图形按定义求出该零件的同轴度误差 根据图形,按照零件的功能要求也可用最大内接圆柱体的轴线求出同轴度误差	
9	导柱固定部分轴心线对滑动部分轴心线的同轴度	用圆度仪测量、调整被测零件,使其基准轴线与测量仪的轴线同轴 在被测零件的基准要素和被测要素上测量若干个截面并记录轮廓图形,根据图形按定义求出该零件的同轴度误差 按照零件的功能要求也可对轴类零件用最小外接圆柱体的轴线求出同轴度误差	

(4) GB/T12556—2006《塑料注射模模架技术条件》规定的塑料注射模模架的标志、包装、运输和贮存见表 6-4。

表 6-4 塑料注射模模架的标志、包装、运输和贮存

标准条目编号	内容
5.1	模架应挂、贴标志,标志应包括以下内容:模架品种、规格、生产日期、供方名称
5.2	检验合格的模架应清理干净,经防锈处理后入库贮存
5.3	模架应根据运输要求进行包装,应防潮、防止磕碰,保证在正常运输中完好无损

6.2.3 模板检验

GB/T4169.8—2006 规定了塑料注射模用模板的尺寸规格和公差,适用于塑料注射模所用的定模板、动模板、推件板、推料板、支承板和定模座板与动模座板。标准同时还给出了选材指南和硬度要求,并规定了模板的标记。

GB/T4169.8—2006 规定的 A 型标准模板用于定模板、动模板、推件板、推料板、支承板。

GB/T4169.8—2006 规定的 B 型标准模板用于定模座板、动模座板。

动定模板或动定模座板间安装平面的平行度按 GB/T12555.2 和 GB/T12566.2 的规定。

6.2.4 注塑模标准件、外购件验收

(1) 相关国家标准。

GB/T 8845—2007《模具 术语》;

GB/T 12554—2006《塑料注射模技术条件》；

GB/T 12555—2006《塑料注射模模架》；

GB/T 12556—2006《塑料注射模模架技术条件》；

GB/T 4169.1—2006《塑料注射模零件　推杆》；

GB/T 4169.2—2006《塑料注射模零件　直导套》；

GB/T 4169.3—2006《塑料注射模零件　带头导套》；

GB/T 4169.7—2006《塑料注射模零件　推板》；

GB/T 4169.8—2006《塑料注射模零件　模板》；

GB/T 4169.9—2006《塑料注射模零件　限位钉》；

GB/T 4169.10—2006《塑料注射模零件　支承柱》；

GB/T 4169.11—2006《塑料注射模零件　圆锥定位件》；

GB/T 4169.12—2006《塑料注射模零件　推板导套》；

GB/T 4169.13—2006《塑料注射模零件　复位杆》；

GB/T 4169.14—2006《塑料注射模零件　推板导柱》；

GB/T 4169.15—2006《塑料注射模零件　扁推杆》；

GB/T 4169.16—2006《塑料注射模零件　带肩推杆》；

GB/T 4169.17—2006《塑料注射模零件　推管》；

GB/T 4169.18—2006《塑料注射模零件　定位圈》；

GB/T 4169.19—2006《塑料注射模零件　浇口套》；

GB/T 4169.20—2006《塑料注射模零件　拉杆导柱》；

GB/T 4169.21—2006《塑料注射模零件　矩形定位件》；

GB/T 4169.22—2006《塑料注射模零件　圆形拉模扣》；

GB/T 4169.23—2006《塑料注射模零件　矩形拉模扣》；

GB/T 4170—2006《塑料注射模零件技术条件》。

（2）标准件、紧固件、配件、液压系统、冷却系统的附件等验收。材料达到零件设计要求，功能性达到图样设计要求。

（3）图样中螺纹的基本尺寸按 GB196—2003，偏差按 GB197—2018 验收。

（4）热流道系统及其电器元件按企业图样要求与供应商标准验收。

6.3　模具钢材和热处理验收

6.3.1　钢材验收细则

（1）正确合理选用模具材料，材料的选用应遵循"满足制品要求，发挥材料潜力，经济技术合理"的原则。

（2）模具的钢材要符合合同或技术协议要求。

（3）钢材验收包括外观质量验收，即钢材不允许有夹砂层、裂缝、缩松、气孔等疵病；内在质量验收要有化学成分报告单，模具生产厂家（不是供应商）需提供钢材质保证书和钢号证明。

（4）模具的动、定模零件经热处理应符合合同或技术协议要求，不得有热处理疵病存在。

（5）模具型腔表面的钢材上未经允许不能使用烧焊工艺修补。

（6）如经订购方同意使用烧焊工艺，供应商应满足不影响注塑成型件的表面外观质量和模具使用寿命的要求，并在图样上做出标记。

（7）钢材不能代用，如代用需经客户同意。

（8）按合同要求，正确选用热处理工序，正确标注热处理的硬度值。

6.3.2　零件的热处理验收

模具零件的热处理验收内容包括模具材料检查、外观检查、变形检查、硬度检验以及其它力学性能检验。

（1）一般热处理后零件的外观检查都是用肉眼或用放大镜观察表面有无裂纹、烧伤、碰伤、烧熔、氧化、麻点、腐蚀、脱碳、锈斑等，重要工件检查可用磁力、渗透、探伤等方法。对表面允许喷砂的工件可浸油直接喷砂观察。

（2）变形检查可利用刀刃尺、塞尺、百分表、平板等工具。

（3）用硬度计对表面进行硬度检查，事前要注意零件表面的粗糙度不能过高，否则得到的不是真正的硬度值。硬度检查需要检查八点值是否均匀。

（4）氮化零件检查。氮化后的零件一般不再磨削加工，其氮化层一般不大于 0.03mm。注意 45 号钢氮化是没有作用的，因它没有含铬、钼、铝、钒等元素成分。氮化零件需要调质处理。

6.4　外协加工验收

模具企业在收到外协加工好的产品后，要有专人对外协加工产品进行质量验收，这样可以有效保证模具的外协质量，有助于外协加工产品质量的提高。

（1）对照图样和技术要求对外协加工零件进行验收。

（2）检查零件、型腔、动模外形尺寸和配合尺寸的精度。

（3）数控加工零件的表面、动、定模的分型面、型腔面的刀痕是否达到要求的粗糙度。如果斜顶杆表面像锯割一样，修正后尺寸就会达不到要求。

（4）电火花加工后，防止加工表面出现"白层"现象。这种现象会严重影响产品的外观，而且还会增加后续抛光作业的难度，会使模具表面龟裂，提前失效。

造成这种现象的原因大多是在电火花加工时，没有正确选择加工工艺规准；另外一个原因是工作液长期使用，变质后，被加工表面质量达不到要求。

（5）深孔钻加工要注意顶杆内孔的粗糙度、尺寸精度、冷却水孔的尺寸位置及其深度等。

（6）水管接头的螺纹用止通规检查，生胶带不得超过 4.5 圈。

（7）零件材料及热处理的硬度检查。

（8）零件内应力的消除和变形检查。

6.5 动、定模及相关成型零件的检查和验收

动、定模及相关成型零件的检查和验收，见表 6-5。

表 6-5 动、定模及相关成型零件的检查和验收

检查、确认模具动、定模及成型件的尺寸是否符合设计图样和制造精度
确认模具的动、定模材质和热处理质量。成型零件的硬度应不低于 50HRC,调质硬度值不低于 30～32HRC
动、定模在注塑成型时会否产生错位检查
塑件外形造型要求是圆角的,模具型腔是否加工成清角
动、定模的脱模斜度是否影响制品脱模,文字、符号的单边脱模斜度是否取 10°～15°,制品四周表面有烂花(皮纹)的,脱模时制品表面会否发白
模具的加强筋的入口角和筋的端部有没有圆角
加强肋超过 15mm 高度是否采用镶拼结构
镶件的结构是否合理
镶件与配合零件的配合处有无避空倒角
确认镶件与模板的配合精度
镶件外形是否有尖角
动模、镶嵌件表面是否有锈斑、碰伤
镶件底部结合面是否紧贴
镶件的装配尺寸及精度是否符合设计要求
动、定模镶块零件不允许有裂纹
动、定模采用镶块结构的楔紧固定块所在位置是否在基准角的对面
在同一副模具内,需要更换不同镶件以达到生产不同形状的注塑成型产品时,是否对有关镶件作相对应的编号,以及有否更换镶件的方法说明
分型面的位置、类型、形状是否合理,是否符合设计原则
动、定模成型部位有无倒锥
动、定模插碰部分是否有大于 2°的斜度
动、定模的塑件碰穿孔面接触是否紧密、接触均匀
分型面有否尖角存在
分型面的位置设置是否影响塑件的外观质量
分型面的位置设置会否在注塑成型时产生错位,是否使塑件顶出困难
分型面的位置设置是否增加抽芯困难
分型面的位置设置是否有利于模具的排气
分型面的位置设置是否有利于模具制造
分型面设置的平面接触块(耐磨块)布局、数量、尺寸、位置是否规范
分型面间隙排气尺寸正确否,是否在定模处
分型面是否有电火花纹和刀痕存在
动、定模分型面的螺纹孔是否采用铜螺塞堵头
分型面封胶部分是否符合设计标准(中型以下模具 10～20mm,大型模具 30～50mm,其余部分加工避空)

续表

检查小孔的成型结构是否合理(原则上不能做成整体式的,应做成小型芯镶入模板或动、定模内)
动、定模分型面接触处(封胶处)制造精度是否均匀,接触面积达到要求的80‰以上,间隙不大于0.03mm
型腔面与分型面交角处是否碰伤、棱角不清
复杂的动、定模是否有工艺孔或加工基准的标记
成型表面不允许有划痕、机械损伤、锈蚀、锈斑等缺陷
动、定模的成型面的粗糙度是否达到要求,抛光方向是否一致,抛光是否假亮,是否凹凸不平
透明件的动、定模成型面是否抛光至镜面
分型面有否螺钉孔存在,如有是否用铜件封平
有否排气,排气槽的平面布局是否合理 复杂的曲面,特形面的动、定模(汽车部件模)是否有基准工艺孔

6.6　浇注系统的检查和验收

浇注系统的检查和验收见表6-6。

表6-6　浇注系统的检查和验收

浇注系统是否通过CAE熔体充模的流动模拟分析,是否对塑件进行注塑压力的平衡,熔接痕、翘曲、变形等分析
浇口的形式、位置、形状、尺寸,数量及流道截面是否正确
塑件浇口部位是否容易清除
浇口和主流道、分流道的表面粗糙度是否达到要求
点浇口处是否按浇口规范加工
点浇口定模处有一小凸起,动模相应处是否有一凹坑
浇口位置会不会影响透明件的外观
主流道和分流道有无冷料穴,冷料穴尺寸是否规范
主流道的长度是否太长或太短
浇口和主流道、分流道能否顺利顶出脱模
主流道的凝料钩、料杆形状是否合适
浇口套头部有斜度的是否有限位装置
三板模分流道的凝料取出空间位置是否足够
三板模的浇口套头部是否有斜度
倾斜主流道的斜度浇口套是否用定位销定位以防止旋转,倾斜角度是否大于规范斜度
注塑件的缺陷是否由于浇注系统设计不合理造成的
在顶出时,潜伏式浇口会否弹伤塑件
潜伏式浇口处有无粉末残留
潜伏式浇口尺寸是否规范,粗糙度是否达到要求
浇注系统没有抛光,有电火花纹、刀痕

6.7 热流道模具的检查和验收

热流道模具的检查和验收，见表 6-7。

表 6-7　热流道模具的检查和验收

热流道的结构设计是否规范
热流道元件型号、规格、尺寸、生产厂家是否达到客户要求和设计要求
流道板与加热板或加热棒是否接触良好，加热板用螺丝或螺柱固定，表面贴合良好不闪缝，加热棒与流道板的配合间隙（H7/G6）是否便于更换、维修
流道板因受热变长，是否用两个定位销定位，还是用螺钉固定
流道板上的喷嘴中心长度因受热膨胀增长，与动模的中心孔会产生错位，是否采取措施有效解决
流道板两堵头处是否规范，是否有存料死角，是否密封；分流道内所有转折交叉处都要求圆滑过渡，不能有滞料死角
流道板的转角处是否加工了圆角
流道板加热后，模板会否受热，绝热效果如何？加热板与模板之间的空气隔热层间距是否在 25～40mm 范围内
热流道的喷嘴有否流涎、溢料、堵塞、降解
喷嘴与型腔板的装配尺寸公差是否符合设计要求
热流道的喷嘴结构、浇口尺寸是否合理
热流道的顺序控制阀，时间顺序控制是否理想
每一组加热元件是否由热电偶控制，热电偶布置位置是否合理，热电偶是否正确插入流道板并精确控制温度
流道板的热加温功率能否在设定的时间内把流道板和喷嘴加热到所需的温度
热流道的加热元件是否损坏
检查接线是否规范，加热器和电源温控线是否有相对应的编号标识
确认模具的控制能力是否能满足设计和注塑生产实际需要
是否有加热器位置的分组编号？
热流道板喷嘴点与型腔是否编上相应的编号
电源线是否从定模天侧进出，并用耐高温的黄蜡套管保护，热流道板、热喷嘴、热电偶、电源线等是否编上相应编号
是否选用符合国家相关安全规定的电线接线盒
加热器件及其他电气系统线路必须认真检测绝缘效果，用 500V 摇表检测其电阻值应不低于 10MΩ，布线线槽不得有锋利转角，线缆应固定得当
电源线是否用铝片或铁片，用 6#-32 平基螺丝均匀固定盖在槽坑内
电源插座、电源铭牌是否安装在操作侧
热流道的电器铭牌内容要显示出热流道区域的电子图和加热器的数量。所有外部电缆、功能盒和护管是否整齐固定，并不影响注塑成型时操作
热流道元件和电器控制箱等配置是否规范
加热器（电热板、电热棒）接线部的端口是否有绝缘、隔热措施
对电器是否进行过安全测试，绝缘是否可靠，以免发生漏电、短路等安全事故
油缸顶出机构的抽出机构是否配备限位开关，开关应采取系列配线。抽出行程是否有可调节限位开关

6.8 冷却系统的检查和验收

冷却系统的检查和验收，见表6-8。

表6-8 冷却系统的检查和验收

检查冷却水设计是否规范
冷却孔内的水流状态是否为紊流？是否有死水回路
冷却水路的设置是否满足成型工艺的需要，冷却效果是否充足、均匀、平衡
冷却水道和型腔表面的距离分布是否合理
冷却水道外壁距型腔壁最小距离是否太小
冷却回路的配置是否与成型件的形状、成型空间结构相适应
冷却水进出口处的温度差（一般模具为5℃，精密模具为2℃）是否达到要求
冷却回路的长度是否在1.2～1.5m范围内，流量会不会太少
冷却水道设计前是否做过模流分析报告，冷却水道的所在位置是否避开容易产生熔接痕处
冷却水管接头是否在反操作侧
如冷却效果不佳或受到结构形状限制的地方，为了提高冷却效果，是否想方设法给予冷却，是否采用铍铜、铜合金和导热棒结构
冷却水嘴是否伸出模架表面，水嘴头部凹进外表面不超过3mm
水管接头的螺纹孔尺寸精度如何？水管接头安装时有否缠上合适的生料带
冷却回路的堵头是否用PT、NPT螺纹
水管接头是否按规范沉入模板内
冷却水系统的孔外沿是否有倒角，倒角大于1.5×45°，倒角一致
冷却水道的制造与图样设计是否一致
冷却水道内有无铁沫子存在
隔板式冷却回路的导流板会不会旋转
冷却水道与顶杆孔、螺纹孔的边距是否合理，相互之间是否有干涉
放置密封圈的密封槽是否按相关企业标准加工，尺寸和形状正确否？对O型圈槽深、槽宽的检查
O型圈槽是否用EDM（电火花）加工
O型圈密封是否可靠，有无漏水、渗水
O型圈槽里面是否烧过焊
O型圈槽是否用电火花加工？有否电火花纹
模具装配时，密封圈安放是否涂抹黄油
水道隔水片是否采用了铝材（一般用不易受腐蚀的黄铜片）
动、定模的三组以上的水（油）路是否有水路分配装置
冷却水道的进出水管接法是否正确
是否对动、定模的冷却水道分别做有分组编号及进出水标记。进水为IN，出水为OUT，IN、OUT后加顺序号，如IN1、OUT1
试模前是否进行通水试验，进水压力为4MPa，通水5min，有无泄漏、渗水

6.9　排气系统的检查和验收

排气系统的检查和验收见表 6-9。

表 6-9　排气系统的检查和验收

排气是否完全
排气困难时是否采用排气缸
标准件生产厂家及型号是否同客户要求相符
检查与标准件相配的母体尺寸是否正确？标准件的尺寸是否任意改动

6.10　侧向分型与抽芯机构的检查和验收

侧向分型与抽芯机构的检查和验收见表 6-10。

表 6-10　侧向分型与抽芯机构的检查和验收

滑块机构的设计是否规范检验
滑块高与长的最大比值为 1，长度尺寸是否为宽度尺寸的 2/3
滑块的滑动配合长度大于滑块抽芯方向长度的 1.5 倍，滑块完成抽芯动作后，保留在滑槽内的长度是否小于滑槽长度的 2/3
斜导柱的角度是否合理
滑块的抽芯重心是否恰当
检查设置在模具上方（天侧）的大滑块有否防止自重跌落措施
如油缸抽芯，成型部分的投影面积过大，油缸会否让模？油缸是否有自锁机构
油缸抽芯、顶出是否安装可靠的行程开关控制
滑块在每个方向上（特别是左右两侧，平面）的导入角度是否为 3°～5°，以利研配和防止出现飞边
滑块的抽芯距离是否比塑件成型凹槽大 2～3mm
重量超过 10kg 的滑块是否有吊环螺钉
复杂的抽芯成型滑块是否设置冷却水道
滑块是否采用不能拆卸的 T 形槽设计
滑块的每块压板是否有两个定位销，位置是否正确
装配好的滑块在压板槽内滑动，间隙是否合理
滑块用斜导柱抽芯，斜导柱角度是否有比滑块锁紧面角度小 2°～3°。过大斜导柱角度抽芯或抽芯行程是否用油缸机构
导柱的高度是否高于斜导柱 25～30mm
导柱的强度、刚性足够吗
滑块如用在滑块内的弹簧定位，在弹簧孔内有否弹簧导向销
大滑块下面是否都有耐磨板，耐磨板有否规范的油槽
滑块的定位和限位装置是否可靠
滑块复位时有否与其它零件干涉，是否需要做先复位机构

滑块的头部与动、定模外形相碰处的结构是否合理,制造精度如何
滑块的宽度超过 250mm 的滑块,在滑块下面中间部位是否增加一至数个导向块
滑块的成型面在抽芯时会否产生粘模现象,粗糙度是否达到要求
滑块的成型面如有成型孔,在抽芯时成型面会产生变形,是否有防止变形装置
滑块斜面与楔紧块的锁紧面有否间隙,粗糙度有否达到要求
外装滑块的限位弹簧必须用台阶螺钉
滑块的材料和热处理硬度是否合理规范
滑块有否氮化处理,硬度值是否达到设计要求

6.11 斜顶机构设计的检查和验收

斜顶机构设计的检查和验收见表 6-11。

表 6-11　斜顶机构设计的检查和验收

斜顶抽芯机构是否安全可靠,滑动、复位、斜顶强度是否存在问题
斜顶抽芯机构有否导向块(导向套),斜顶与动、定模配合处是否有避空
斜顶杆装配时是否能用手按入,大型的斜顶装置可轻轻打入
斜顶顶出时有否阻滞现象? 复位时会否到底
斜顶杆孔是否有避空和导向块设置
斜顶杆上是否有刻有油槽,油槽设计制造是否符合规范
斜顶顶出时,制品会否跟着斜顶走
斜顶、滑块抽芯成型部分若有筋位、柱等难脱模的结构,是否加有反顶机构
斜顶抽芯行程是否足够
斜顶的成型面有否存在电火花纹,粗糙度有否达到要求
大型成型斜顶有否冷却水道设置
斜顶的滑动部位是否有耐磨板设置
斜顶在模架上的避空孔是否太大,是否与其它孔发生干涉,或影响顶杆板强度
斜顶成型部位与动、定模结合处碰面是否到位
斜顶顶出时是否与其它零件发生干涉
斜顶的滑动部位的间隙是否控制在 0.03mm 内
成型斜顶块与连接杆的结构强度是否可靠
斜顶块与动、定模的配合面有否间隙,接触面是否均匀
斜顶是否氮化处理,硬度值如何
成型较深孔的搭子(台阶孔),要用空心顶管设计,设计、制造是否规范
所有斜顶是否都可以通过底板孔和顶杆孔进行拆卸
大型有斜顶机构的模具,顶板与顶杆板的固定螺丝数量是否足够
斜顶装置是否允许有回复弹簧设置? 弹簧的规格型号是否合适

6.12 脱模机构的检查和验收

脱模机构的检查和验收见表 6-12。

表 6-12 脱模机构的检查和验收

能否满足合同要求,用机械手提取制品
顶杆的布局、位置、数量、大小是否合理? 是否由于设计不合理造成塑件顶出困难或变形、脱模困难
顶杆与顶杆孔有否避空,顶杆的封胶段长度是否规范,顶杆孔的光洁度是否按相关企业标准加工
顶杆与孔的配合处的制造精度是否达到要求,顶杆是否能用手推入
顶杆底部的台阶间隙精确否? 装配后的顶杆是否上下窜动、顶杆能否摆动
有推板顶出的情况,顶杆是否为延迟顶出,防止顶白
固定在顶杆上的顶块是否可靠固定,四周非成型部分应加工 3°~5° 的斜度,下部周边倒角
顶杆顶出的成型制品,是否会影响机械手取件
顶杆头部不平的是否有止转措施
顶杆尾部和顶杆固定板是否按顺序敲有相应编号
塑件的成型圆柱孔深度超过孔径 1.5 倍时,是否采用空芯顶管
顶杆、顶块等顶出机构如与滑块等发生干涉,是否有强制预复位机构,顶板有复位行程开关
顶出行程是否有限位装置
顶杆的顶面与动、定模成型表面高低规范否?
顶杆头部长短的制造方法规范否? 是否用角向机锯割
顶杆与动、定模配合处是否有空隙,成型时会否产生废边
顶杆是否采用标准件,顶杆的材质、硬度值如何
由于结构形状比较特殊,一次顶出塑件时,塑件容易损坏情况下是否采用延时顶出
顶块和脱模板的顶出机构设计和装配是否合理。大型顶块是否需要冷却设置
弹簧外径与动模板孔间隙(单边)为 1~1.5mm
弹簧的预压缩量是否为弹簧总长的 10%~15%

6.13 模板的强度和刚性验收

(1) 注塑模具设计时,要考虑模具的强度和刚度。对于大型模具来说设计时考虑模具的刚性为主,如果模具的强度和刚度不够,严重的模具会变形甚至失效,轻的则模具在注塑时会产生让模,制品有飞边出现。

① 如果模具的变形量超过熔料的溢边值,成型制品就会产生飞边。

② 模具的变形量会影响制品的精度尺寸。为了保证塑件尺寸精度,要求模具型腔应具有很好的刚度,以保证注塑过程中型腔不会产生过大的弹性变形。

③ 模具的变形量过大,会使制品脱模困难。如果型腔刚度不足,在熔体高压作用下会

产生过大的弹性变形，当变形量超过塑件收缩值时，塑件周边将被型腔紧紧包住而难以脱模，强制顶出易使塑件划伤或破裂，因此型腔的允许弹性变形量应小于塑件壁厚的收缩值。

（2）避免模板过大、过厚或过薄，注意成本控制。设计师要有成本意识，减少能源浪费。模板外形不能过大、厚度过厚，既浪费了材料，又增加了制造成本。特别是大型模具的尺寸不能随意放大。

据笔者了解，模板的强度和刚性计算同实际出入较大，依靠计算公式计算的模板厚度都偏厚、偏大。因为，大多数设计者设计经验不足，较为保守。如果模具设计小了，其责任就在设计人员，模具设计宁大勿小，成了行业的潜规则。对于大型模具的外形尺寸及模厚尺寸稍不重视，就浪费几千元、几万元，这种现象在模具企业普遍存在。如以国产的门板模为例，与日本的门板模比较，国内的模具就大得多了。对于生产大型汽车部件模具的企业来说，由于材料偏大或偏厚，一年到头，模板材料的浪费是非同小可的。

（3）模具强度和刚性计算有经验值和计算两种方法，这里不打算详细叙述了，请读者参看有关书籍。

6.14 模具外协质量控制验收

有时候企业订单多，内部设备紧缺、模具交货期紧急、加工任务繁重，需要利用外部资源来为本企业服务，模具需要外协加工。企业分管领导应重视外协，明确外协管理程序和责任。为降低模具成本，提高企业效益，要求做好以下工作。

（1）对外协供应商进行考察评估，该企业的质量体系如何？能否达到本企业的要求？验证认为合格的才能确定为外协单位。

（2）企业自身需要建立规范的外协规定，包括本企业的设计标准、质量要求、模具款结算方法。

（3）加强对外协加工的成本费用核算、加工工时控制、质量验收，避免素质不高的外协人员牺牲企业的利益而吃回扣现象发生。要求企业分管领导调查了解模具行业的市场状况，外放加工价格不能高于同行，质量达到企业的验收标准。

（4）对外放加工不能过分苛求，原则上双赢，否则没有企业肯为你服务。

（5）外协加工要专人负责跟踪加工进度和质量验收。

（6）发现异常现象进行及时处理，详见表6-13外协加工质量异常处理单。

表6-13 外协加工质量异常处理单

发生频率：□初次 □第____次　　　　　　　　异常单编号：

模号		零件名称		零件编号		数量	
责任单位		填写人		外协人员		日期	

异常描述:(用简图表示)(必填)

续表

质保部处理意见：

签名：　　　　　　　日期：

工艺科处理意见：

签名：　　　　　　　日期：

造成的损失	项目	设计	深孔钻	高速铣	烧焊	精雕	钳工	EDM	CNC	材料费	总成本损失金额合计
	损失工时										
	补救费用										
	外协加工承担损失金额：					损失金额合计：					

分发部门	工艺计划□　　责任单位□　　采购□　　项目□　　设计□　　事业部长□
返修结果确认	

流程路线：填表人——外协负责人——工艺科——文件分发——结果跟踪
损失金额核算方式：损失金额＝所有成本损失金额－外协加工承担损失金额
异常单处理时间节点：所有流程当天完成，各单位收到此联络单4h内确认完成。

（7）外协加工零件须由检测人员按图检查入库、模具钳工确认后再进行装配。

（8）外协加工零件自检报告见表6-14所示。

表6-14　外协模具自检报告

模具名称		模具编号			
产品名称		产品编号			

序号	自检内容	要求	检查方法	自检结果
1	模具材料	符合设计要求,有模具材质报告	目测	
2	模板	有倒角,有螺丝和定位销固定,定位销尺寸符合要求	目测/测量	
3	模架	开合模顺畅;有吊装环;底板顶杆孔直径符合要求	自测/测量	
4	定位圈	已固定,且定位圈尺寸符合要求	目测/测量	
5	斜导柱	全部安装完毕,固定块容易拆卸;斜导柱尺寸符合要求	目测/测量	
6	模具安装参数校核	模具与注塑机尺寸匹配	目测/测量	
7	导向机构	布置四根导柱;导向顺畅;固定牢固	目测	
8	顶出机构	顶针安装齐全	目测	
		顶出平稳	目测	
		无卡滞、无异响	目测	
		顶出行程足够取出产品	目测	
		可以实现机械手操作,全自动生产	目测	

续表

序号	自检内容	要求	检查方法	自检结果
9	拉料杆	拉料杆安装完毕	目测	
10	侧向分型及抽芯机构	滑动顺畅,无卡滞,无垃圾;滑块有行程限位	目测	
		滑块装配完毕,尺寸及结构符合要求	目测/测量	
		滑块底面及斜锁处有耐磨片,且耐磨片尺寸符合要求	目测/测量	
		滑块压条齐全,固定牢固	目测	
11	热流道	热流道插头安装合理,不干涉	目测	
		进胶位置及方式合理	目测	
		热流道分布标牌安装到位,标识清楚	目测	
12	注射系统	喷嘴与注射机尺寸匹配	目测	
		多腔号时各腔号进胶平稳		
13	冷却系统	二注以上冷却水有总成冷却块	目测	
		模具冷却水进出标识清楚	目测	
		冷却水管内径符合设计要求		
		水路接头齐全,且缠了聚四氟乙烯后再连接到模具上	目测	
		冷却水加压到1MPa,水路不泄漏;水流畅通	目测	
14	固定螺丝	螺丝装配齐全	目测	
		螺丝孔沉头要平底	目测	
		压条螺丝设计合理	目测	
15	互换件	互换件更换方便,尽可能不卸模	目测	
16	压板	压板安装位置合理	目测	
17	行程开关	行程开关插头嵌入模具内部	目测	
18	标识、标牌	模具标识牌已安装,且信息齐全	目测	
		模具零件标记明确,且在同一方向	目测	
		互换件标记明确,且有明确的定位措施	目测	
19	其他			
自检结论			检验员	

·第 7 章·
模具的装配与验收

7.1 注塑模具的装配

根据模具装配图的规定和技术要求，将模具的零部件按照一定的顺序进行配合、连接，使之符合设计要求，这就是模具装配。

注塑模具装配时，手工操作很多，且模具精度又高，因此要求模具钳工有较高的技能水平，不但要有模具专业知识，还需要有比较广泛的机械加工工艺知识。装配模具是模具制造过程的最后阶段，装配质量将直接影响模具的精度、寿命、功能。好的模具设计，还需技能水平较高的模具钳工装配模具，才能保证模具装配质量。

7.1.1 做好装配前的准备工作

(1) 准备好装配场地，做好 6S 工作，同时要将装配所用的工、夹、量具及其他所需的装配工具准备好。

(2) 看懂注塑模具的装配图。依据模具结构特点和技术要求，编制装配工艺。打开 3D 图，了解模具结构与设计原理，知道注塑模具的技术要求。了解模具中各零件的作用和它们之间的相互关系、配合要求及连接方式，确定合理的装配基准，制定装配方法和装配顺序。

(3) 根据总装图上的零件明细表，核对模具各系统的零部件（标准件、紧固件、热流道元件、冷却系统水管接头配件及油缸附件），并清洗干净，检查是否合格。不符图样的退回仓库。注意动、定模关键尺寸的公差，查明各部位配合面的间隙、加工余量，有无变形和裂纹缺陷等。

7.1.2 正确选择模具的装配基准

(1) 以模具中心为装配基准，以模架上 A、B 板中心为基准，称为第一基准。型腔、型芯的装配和修整，导柱、导套的安装孔位置及侧抽滑块的导向位置等，均依基准分别按 X、Y 直角坐标定位、找正。依照第一基准，可由各种数控机床进行单件加工，不需组合配件。由于加工精度较高，目前基本上都采用该种基准进行加工。

(2) 模架标准规定，以偏移的导柱孔附近的两侧面体为基准角，即为装配基准（一般作为加工基准使用，要事前检查基准角的直角边有否碰伤）进行修整和装配。这里提醒一句，千万别把中心基准与模板直角边的两个基准混淆或同时使用。

(3) 以注塑模中的主要工作零件如型芯、型腔和镶块等作为装配的基准件，模具的其他零件都照基准件进行顺序修整和装配。

（4）以大型模具的动、定模为装配基准件的基准孔为基准，进行修整、加工、装配和维修。以模具的主体型腔、型芯为装配基准，称为第二基准。模具上其他相关零件都以型腔、型芯为基准，进行配制和装配。现在用合模机装配较简单，如没有合模机则按下面方法进行装配。如导柱、导套孔的定位，用型腔、型芯组合时，在其间隙的四周塞入8片厚度均匀的纯铜片，从而使制品壁厚均匀，找正动、定模的精确定位。然后在加工中心上组合钻铰孔，它只要求4个导柱孔与模板分型面的垂直度，不要求4个导柱孔中心距的位置公差。

（5）动、定模分型面配模时应以定模为基准，在定模处涂上显示剂，不要以动模分型面为基准配模。

7.1.3　按照装配工艺程序进行装配

动模与定模分型面配模先达到要求，然后按系统分别组装，最后动、定模整体装配。在总装配过程中边检查、边调试、边修整，直至达到总装精度要求。

（1）正确选择装配基准后，装配型芯、镶件，应根据具体情况进行必要的修磨，使配合间隙达到设计要求。

（2）对动、定模分别组装。然后进行动、定模配模，保证分型面的装配精度。

（3）装配导向系统，要求开合模动作轻松灵活、无晃动和阻滞现象。

（4）装配好定模的热流道系统不流涎、不漏电、不堵塞，阀门动作灵活。

（5）抽芯机构、斜顶机构要求滑动自如，调整好固定压板后，需要定位销定位。

（6）装配顶出系统，对多顶杆顶出系统要调整好复位和顶出装置。

（7）装配冷却或加热系统，保证管路畅通，不漏水、不漏电，阀门动作灵活。

（8）装配好液压气动系统，各管路应连接紧密、牢固，不得有任何泄漏。

（9）紧固件所有连接螺钉加力均匀，紧固可靠，需要用定位销定位。标准件不允许任意改变尺寸。

（10）组装液压或气动系统，保证运行正常。

（11）模具总装配好后，对照图样检查模具的配件（水、电配件、模具所有铭牌等）、附件等配备是否齐全，不能遗漏。

7.1.4　模具总装要求

（1）分型面及成型部位的调试和修配，分型面的封胶面应该达到90%的接触，间隙见表7-1。

表 7-1　塑料的溢料间隙

塑料流动性	好	一般	极差
溢料间隙/μm	<0.03	<0.05	<0.08

（2）总装配时型腔、型芯不宜抛得太光，一般保证它们的表面粗糙度 Ra 为 0.02mm。但成型小槽、小筋、形状复杂的部位必须斜度大些、抛得光亮些，这样便于脱模。

（3）浇注系统的浇口尺寸要达到设计要求，避免浇口尺寸太小，注塑不能成型。

（4）检查抽芯系统，侧滑块与侧型芯配合适当，动作灵活而无松动及咬死现象，与型芯、型腔接触良好。以导轨为基准，用成型磨削配作或钳工研配，其配合间隙必须达到

H8/f7 要求。

（5）顶出系统的装配要求：①推出时动作灵活轻松，推杆行程满足要求，各推杆动作协调同步，推出均匀；②推杆、推板配合间隙适当，无晃动、窜动、停滞现象；③推杆端面与型面平整，一般允许高出型面 0.1 mm，不准低凹；④推杆复位可靠、正确。

（6）温度控制系统装配后要求：水路是否畅通，有无漏水现象。热流道加热元件装配达到设计要求。

（7）装配的具体要求见表 7-2 与表 7-3。

表 7-2　注塑模具装配的技术要求

序号	项目	技术要求
1	模具外观	1. 装配后的模具闭合高度、安装于注射机上的各配合部位尺寸、顶出板顶出形式、开模距等均应符合图样要求及所使用设备条件 2. 模具外露非工作部位棱边均应倒角 3. 大、中型模具均应有起重吊孔、吊环供搬运用 4. 模具闭合后，各承压面(或分型面)之间要闭合严密，不得有较大缝隙 5. 零件之间各支承面要互相平行，平行度误差在 200mm 范围内，不应超过 0.05mm 6. 装配后的模具应打印标记、编号及合模标记
2	成型零件及浇口	1. 成型零件及浇口表面应光洁，无塌坑、伤痕等缺陷 2. 对成型时有腐蚀性的塑料零件，其型腔表面应镀铬、打光 3. 成型零件尺寸精度应符合图样规定的要求 4. 互相接触的承压零件(如互相接触的型芯，凸模与挤压环，柱塞与加料室)之间应有适当间隙或合理的承压面积及承压形式，以防零件间直接挤压 5. 型腔在分型面处，浇口及进料口处应保持锐边，一般不得修成圆角 6. 各飞边方向应保证不影响正常脱模
3	斜楔及活动零件	1. 各滑动零件配合间隙要适当，起止位置定位要正确，镶嵌紧固零件要紧固、安全可靠 2. 活动型芯、顶出与导向部位运动时，应滑动平稳，动作可靠灵活，互相协调，间隙适当，不得有卡紧及感觉发涩等现象
4	锁紧及紧固零件	1. 锁紧作用要可靠 2. 各紧固螺钉要拧紧，不得松动，圆柱销要销紧
5	顶出系统零件	1. 开模时顶出部分应保证顺利脱模，以方便取出工件及浇口废料 2. 各顶出零件要动作平稳，不得有卡住现象 3. 模具稳定性要好，应有足够的强度，工作时受力要均匀
6	加热及冷却系统	1. 冷却水路要通畅，不漏水，阀门控制要正常 2. 电加热系统要无漏电现象，并安全可靠，能达到模温要求 3. 各气动、液压、控制机构动作要正常，阀门、开关要可靠
7	导向机构	1. 导柱、导套要垂直于模座 2. 导向精度要达到图样要求的配合精度，能对定模、动模起良好的导向、定位作用

表 7-3　装配要求

标准条目编号	内容
4.1	定模座板与动模座板安装平面的平行度应符合 GB/T 12556—2006 中的规定
4.2	导柱、导套对模板的垂直度应符合 GB/T 12556—2006 的规定
4.3	在合模位置，复位杆端面应与其接触面贴合，允许有不大于 0.05mm 的间隙
4.4	模具所有活动部分应保证位置准确，动作可靠，不得有歪斜和卡滞现象，要求固定的零件不得相对窜动
4.5	塑件的嵌件或机外脱模的成型零件在模具上的安装位置应定位准确、安放可靠，应有防错位措施

续表

标准条目编号	内容
4.6	流道转接处圆弧连接应平滑,镶接处应密合,未注拔模斜度不小于 5°,表面粗糙度 $Ra \leqslant 0.08\mu m$
4.7	热流道模具,其浇注系统不允许有塑料渗漏现象
4.8	滑块运动应平稳,合模后滑块与楔紧块应压紧,接触面积不小于设计值的 75%,开模后限位应准确可靠
4.9	合模后分型面应紧密贴合。排气槽除外,成型部分固定镶件的拼合间隙应小于塑料的溢料间隙
4.10	介质的冷却或加热系统应通畅,不应有介质渗漏现象
4.11	气动或液压系统应畅通,不应有介质渗漏现象
4.12	电气系统应绝缘可靠,不允许有漏电或短路现象
4.13	模具应设吊环螺钉,确保安全吊装。起吊时模具应平稳,便于装模。吊环螺钉应符合 GB/T825—1988 的规定
4.14	分型面上应尽可能避免有螺钉的通孔,以免积存溢料

注:见 GB/T 12554—2006《塑料注射模技术条件》标准规定的塑料注射模的装配要求。

7.1.5　模具装配注意事项

注塑模具的装配方法以调整法为主,是指以一个零件为基准,装配时用手工,采取锉、刮、研等方法修去另一个装配零件的多余部分材料,使装配精度满足技术要求的一种装配方法。装配时要注意以下事项。

(1) 修配脱模斜度,原则上型腔应保证大端尺寸在制件尺寸公差范围内,型芯应保证小端尺寸在制件尺寸公差范围内。

(2) 在修整成型壁厚时,原则上以修整型芯为宜,但修整要按图样要求进行,防止壁厚过厚,成型件壁厚应为负公差。

(3) 装配过程中禁忌同时将两个基准混合使用。

(4) 当模具既有侧面分型面又有底面分型面,修配时应使侧面分型面接触有接触点,底面分型面小型模具涂红丹显示接触即可,大型模具接触时留有 0.02mm 间隙。

(5) 对于用斜面合模的模具,斜面分型面密合处应留有 0.02~0.03mm 的间隙。

(6) 修配表面的圆弧与直线连接要平滑,注意圆弧与直线的切点位置要在一条直线上;表面不允许有凹痕,锉削纹路应与开模方向一致。

(7) 当镶件配合时,配合部位不能有松动。

(8) 分型面应整齐,在机械加工和搬运时要注意,防止分型面与型腔交接处出现撞击痕和表面出现塌角,而成为制件的致命伤。

(9) 模具装配时,注意对型腔面的保护,装配时防止有划伤、敲伤,要做好防锈工作,特别是南方地区。

(10) 注塑模具结构复杂,在装配时各个零件的装配步骤不宜混乱和颠倒,否则很难控制装配的质量,并可能造成某些运动部件卡死和呆滞。

(11) 注塑模的外露部分锐角应倒钝,安装面应光滑平整。

(12) 应选择不影响精度的零件为修配对象,如标准件不能随意修改尺寸。

(13) 角隅处圆角半径,型腔应偏小,型芯应偏大。

图 7-1　装配时用了过长的加力扳手

（14）当模具既有水平分型面又有垂直分型面，修配时应使垂直分型面接触有接触点，水平分型面稍稍留有间隙。小型模具只需涂上红丹后相互接触即可，大型模具间隙约为 0.02mm 左右。对于用斜面合模的模具，斜面密合后，分型面处应留有 0.02～0.03mm 的间隙。

（15）模具吊装千万要注意安全，吊环螺钉必须要旋到位，不能违章操作。

（16）模具装配时不能用过长的加力扳手（图 7-1），而且装配的螺钉没有加润滑脂。

7.2　模具装配质量检查和验收

7.2.1　模具质量验收依据

（1）按客户的图样检查制品的形状、结构，按要求验收。

（2）模具的装配精度达到设计要求，特别是分型面配合精度要高。

（3）模具能正常连续生产、产量高，成型工艺不苛刻，制品无成型缺陷，满足了客户对塑料制品的要求。

（4）顶出与抽芯机构动作灵活，无停滞现象。尺寸稳定，制品顶出无变形。

（5）浇注系统设计合理，压力平衡较好。无明显的熔接痕，制品内应力小。

（6）冷却系统效果好。

（7）制品外观、尺寸精度和功能性达到客户要求。

7.2.2　模具验收内容

（1）注塑模具验收包括：采购件与外协件、模具零部件、模具外观、模具总装、模具空运转、注塑模具试模、注塑成型制品质量的检查与验收，以及模具装箱验收，具体见表 7-4。

表 7-4　塑料注塑模具的验收

标准条目编号	内容
5.1	验收应包括以下内容： （1）外观检查 （2）尺寸检查 （3）模具材质和热处理要求检查 （4）冷却或加热系统、气动或液压系统、电气系统检查 （5）试模和塑件检查 （6）质量稳定性检查
5.2	模具供应方应按模具图和技术条件对模具零件和整套模具进行外观与尺寸检查
5.3	模具供应方应对冷却或加热系统、气动或液压系统、电气系统进行检查： （1）对冷却或加热系统加 0.5MPa 的压力试压，保压时间不少于 5min，不得有渗漏现象 （2）对气动或液压系统按设计额定压力值的 1.2 倍试压，保压时间不少于 5min，不得有渗漏现象 （3）对电气系统应先用 500V 摇表检查其绝缘电阻，应不低于 10MΩ，然后按设计额定参数通电检查

续表

标准条目编号	内容
5.4	完成 5.2 和 5.3 项目检查并确认合格后,可进行试模。试模应严格遵守如下要求: (1)试模应严格遵守注塑工艺规程,按正常生产条件试模 (2)试模所用材质应符合图样的规定,采用代用塑料时应经顾客同意 (3)所用注塑机及附件应符合技术要求,模具装机后应空载运行,确认模具活动部分动作灵活、稳定、准确、可靠
5.5	试模工艺稳定后,应连续提取 5~15 个模塑件进行检查。模具供方和顾客确认塑件合格后,由供方开具模具合格证并随模具交付顾客
5.6	模具质量稳定性检验方法为在正常生产条件下连续生产不少于 8h,或由模具供方与顾客协商确定
5.7	模具验收时,应按图样和技术条件对模具主要零件的材质、热处理、表面处理情况进行检查或抽查

（2）标志、包装、运输、贮存见表 7-5。

表 7-5　标志、包装、运输、贮存

标准条目编号	内容
6.1	在模具外表面的明显处应做出标志。标志一般包括以下内容:模具号、出厂日期、供方名称
6.2	对冷却或加热系统应标记进口和出口。对气动或液压系统应标记进口或出口,并在进口处标记额定压力值。对电气系统接口处应标记额定电气参数值
6.3	交付模具应干净整洁,表面应涂覆防锈剂
6.4	动模、定模尽可能整体包装。对于水嘴、油嘴、油缸、气缸、电器零件允许分体包装。水、液、气进出口处和电路接口应采用封口措施,防止异物进入
6.5	模具应根据运输要求进行包装,应防潮、防止磕碰,保证在正常运输中完好无损

7.3　模具质量验收规范

（1）模具验收应在模具工自行检查评定的基础上进行。

（2）按企业的模具产品验收标准、模具试模运行检验标准、注塑成型产品验收标准进行。

（3）根据对模具的验收情况，参考"优秀注塑模具的评定条件"做出优秀、良好、合格、差、不合格的结论。

（4）模具零件的设计或制造质量涉及结构安全使用和使用功能的，则判断此模具不合格，不予出厂。

（5）产品质量验收不符合要求的，模具质量存在缺陷隐患的，应禁忌出厂，不能发放合格证。

（6）模具供应商与模具订购方双方对模具适用性有争议时，应遵循实用三原则（模具不影响注塑产品的经常生产，塑件不影响注塑产品的主要性能和使用，模具不提前失效），而不能苛刻求全。

（7）模具项目负责人协同质检部门对模具验收做出结论，合格的模具由质检部门开出合格证。

（8）企业技术总监有权对模具产品质量作出最后裁定。

7.4 注塑模具验收细则

（1）模具结构及零件的设计应与设计标准相符合；模具产品的结构及零件的尺寸与图样文件相符。

（2）动、定模成型零部件应符合注塑模具的结构设计原理、设计图样的要求。

（3）注塑成型件要按"塑件成型产品检测条件"验收。

（4）标准件不能任意改动为非标准件。紧固件、标准件、易损件、附件必须达到设计要求、保证质量。标准件不能任意改动为非标准件。

（5）对 T0、T1、T2、T3 的注塑成型件检验，必须有检测报告。

（6）现场随机抽样，对最终试模的注塑成型产品进行最终验收。

（7）对注塑成型产品验收合格件进行封样，分别由订购方和供应商各自保存。

（8）模具制造单位应做好模具的自检报告，供模具订购方确认。

（9）模具验证过程：除另有约定外，在一般状况下，有三次样品交验和模具修整过程。在正常情况下，这个过程中的每次修整期不应超过 7～15d。但涉及注塑成型产品更改较大时，供应商与订购方有必要商定增加交验次数和延缓交验时间。

（10）一般模具的关键尺寸：一个塑料部件在一个完整商品上的位置决定了其某些尺寸是关键的。这些关键的尺寸往往公差带较窄，但这样的关键尺寸数量不应超过全部尺寸数量的 10%。

（11）精密模具的关键尺寸：由注塑成型产品性质决定，但其关键尺寸数量不应超过全部尺寸数量的 30%。

（12）模具产品要求对照《模具检查表》的验收细则逐条验收，并对该模具的设计结构、加工精度、装配精度、试模过程等作出正确的综合评判。

（13）按照模具合同及相关技术协议，包括技术商谈记录和图纸，对模具外观、模具材料、模具结构、制造精度、各系统的零配件等进行检查验收。

（14）在最终试模现场，质检部门对模具结构、制造精度及吊装、运作过程的安全性、合理性、便易性、可靠性等进行验证。

（15）模具运作的可靠性和效率性的验收：必须完成一次模具正常运行情况下的生产性试模，大型模具试模正常运行 24h 或 300 模；中型模具试模正常生产条件下，运行 8～16h或 500 模；小型模具试模正常运行 2～4h 或 1000 模。上述工作应在接到被检模具后一个月内完成，期满未作稳定性检查即视为此项检验工作已完成。

7.5 模具验收判断标准

7.5.1 优秀模具质量评定条件

现在已不再像过去那样设计、制造模具，而是利用 CAD、VAE、CAM 设计、制造模具。因此，要求模具设计人员树立模具的质量是设计出来的理念，使所设计的模具达到优秀注塑模具的评定条件。优秀注塑模具的评定条件如下。

（1）模具结构设计优化、模具制造周期短、制造成本和费用低。钢材选用和热处理工艺合理，制造加工和工艺合理。

（2）模具的设计、制造标准化程度高，模具按规范的技术标准设计，标准件的采用比率高。

（3）满足客户对该产品的性能要求，模具能生产廉价、质量好的塑件。对成型工艺要求不苛刻，具有良好的成型效果，成型周期短，注塑系统设计合理，冷却速度快，推出动作迅速、可靠，流道浇口去除容易，又不影响外观和质量。成型的注塑件无需加工，制品质量不存在成型缺陷（形状和尺寸精度，制品表面质量），达到设计要求和图样要求。

（4）模具结构设计优化、制造精度高，不会提前失效。并且机构紧固耐用，磨损少，长时间连续工作可靠，不致引起故障。

（5）模具的技术资料齐全（总装图、备件的零件图及注塑成型工艺卡、检测报告和"模具维护保养手册"、"模具使用说明书"等）。

（6）模具维护保养、维修方便，备件、易损件齐全。

（7）售后服务工作做得好，客户满意度高，客户零投诉。

7.5.2 模具质量判断结论

模具总检验收合格后，能够正常生产合格的塑料制品，然后根据客户的技术协议合同要求，根据客户的满意度和使用情况，将模具产品按级定为合格、不合格、修整、质量验收不符合要求和严禁出厂。具体见表7-6。

表7-6 模具检查表

模号		模具名称			设计师			日期			
					模具担当						
检查项目	序号	标准							合格	可接受	不可接受
模具外观	1	铭牌内容是否打印模具编号、模具重量(kg)、模具外形尺寸(mm)，字符均用1/8英寸的字码打上，字符清晰、排列整齐									
	2	铭牌是否固定在模腿上靠近后模板和基准角的地方(离两边各有15mm的距离)，用四个铆钉固定，固定可靠，不易剥落									
	3	冷却水嘴是否用塑料块插水嘴，ϕ10mm管，规格可为 G1/8"、G1/4"、G3/8"。如合同有特殊要求，按合同									
	4	冷却水嘴是否伸出模架表面，水嘴头部凹进外表面不超过3mm									
	5	冷却水嘴避空孔直径是否为 ϕ25mm、ϕ30mm、ϕ35mm 三种规格，孔外沿有倒角，倒角大于 1.5×45°，倒角一致									
	6	冷却水嘴是否有进出记号，进水为IN，出水为OUT，IN、OUT后加顺序号，如IN1、OUT1									
	7	标识英文字符和数字是否大写(5/6")，位置在水嘴正下方10mm处，字迹清晰、美观、整齐、间距均匀									
	8	进出油嘴、进出气嘴是否同冷却水嘴，并在IN、OUT前空一个字符加G(气)、O(油)。									
	9	模具安装方向上的上下侧开设水嘴，是否内置，并开导流槽或下方有支撑柱加以保护									
	10	无法内置的油嘴或水嘴下方是否有支撑柱加以保护									

检查项目	序号	标准	合格	可接受	不可接受
模具外观	11	模架上各模板是否有基准角符号,大写英文 DATUM,字高 5/16″,位置在离边 10mm 处,字迹清晰、美观、整齐、间距均匀			
	12	各模板是否有零件编号,编号在基准角符号正下方离底面 10mm 处,要求同 11 号			
	13	模具配件是否影响模具的吊装和存放,如安装时下方有外漏的油缸、水嘴、预复位机构等,应有支撑腿保护			
	14	支撑腿的安装是否用螺丝穿过支撑腿固定在模架上,或过长的支撑腿车加工外螺纹紧固在模架上			
	15	模具顶出孔是否符合指定的注塑机,除小型模具外,原则上不能只用一个中心顶出(模具长度或宽度尺寸有一个大于 500mm 时),顶出孔直径应比顶出杆大 5～10mm			
	16	定位圈是否可靠固定(一般用三个 M6 或 M8 的内六角螺丝),直径一般为 φ100mm 或 φ150mm,高出顶板 10mm。如合同有特殊要求,按合同			
	17	定位圈安装孔必须为沉孔,不准直接贴在模架顶面上			
	18	重量超过 8000kg 的模具安装在注塑机上时,是否用穿孔方式压螺丝,不得单独压压板。如设备采用液压锁紧模具,也必须加上螺丝穿孔,以防液压机构失效			
	19	浇口套球 R 是否大于注塑机喷嘴球 R			
	20	浇口套入口直径是否大于喷嘴注射口直径			
	21	模具外形尺寸是否符合指定的注塑机			
	22	安装有方向要求的模具是否在前模或后模上用箭头标明安装方向,箭头旁应有"UP"字样,箭头和文字均用漏板喷黄色漆,字高 50mm			
	23	模架表面是否有凹坑、锈迹,多余不用的吊环、进出水孔、气孔、油孔及其他影响外观的缺陷			
	24	模架各板是否都有大于 1.5mm 的倒角			
	25	模具是否便于吊装、运输,吊装时不得拆卸模具零部件(油缸除外,需单独包装)。吊环与水嘴、油缸、预复位杆等干涉时,可以更改吊环孔位置			
	26	每个重量超过 10kg 的模具零部件是否有合适的吊环孔,如没有,也需有相应措施保证零部件拆卸安装方便。吊环大小和吊环孔位置按相关企业标准设计			
	27	吊环是否能旋到底,吊装平衡			
	28	顶杆、顶块等顶出机构如与滑块等干涉,是否有强制预复位机构,顶板有否复位行程开关			
	29	油缸抽芯、顶出是否由行程开关控制,安装是否可靠			
	30	模具分油器是否固定可靠			
	31	连接分油器与油缸的油管是否用胶管,接头是否用标准件			
	32	顶针板是否有垃圾钉			
	33	模具撑头面积是否为方腿间后模板面积的 25%～30%			
	34	撑头是否比模腿高出 0.05～0.15mm,并不与顶出孔干涉			
	35	锁模器是否安装可靠,有定位销,对称安装,不少于 4 个(小模具可 2 个)			
	36	三板模前模板与水口板之间是否有弹簧,以辅助开模			
	37	大型模具所有零配件安装完毕,合模是否有干涉的地方			

续表

检查项目	序号	标准	合格	可接受	不可接受
模具外观	38	如注塑机采用延伸喷嘴,定位圈内部是否有足够大的空间,以保证标准的注塑机加长喷嘴带加热圈可以伸入			
	39	所有斜顶是否都可以从一个通过底板和顶针底板的且其角度与斜顶角度一致的孔拆卸			
	40	螺丝安装孔底面是否为平面			
	41	M12(含 M12)以上的螺丝是否为进口螺丝(12.9 级)			
顶出复位、抽插芯、取件	1	顶出时是否顺畅、无卡滞、无异响			
	2	斜顶是否表面抛光,斜顶面低于型芯面 0.1~0.15mm			
	3	斜顶是否有导滑槽,材料为锡青铜,内置在后模模架内,用螺丝固定,定位销定位			
	4	顶杆端面是否低于型芯面 0~0.1mm			
	5	滑动部件是否有油槽(顶杆除外),表面进行氮化处理,硬度 HV700(大型滑块按客户要求)			
	6	所有顶杆是否有止转定位,按企业标准的三种定位方式,并有编号			
	7	顶针板复位是否到底			
	8	顶出距离是否用限位块进行限位,限位材料为 45# 钢,不能用螺丝代替,底面须平整			
	9	复位弹簧是否选用标准件,两端不打磨、割断			
	10	复位弹簧安装孔底面是否为平底,安装孔直径比弹簧大 5mm			
	11	直径超过 20mm 的弹簧内部是否有导向杆,导向杆比弹簧长 10~15mm			
	12	一般情况下,选用矩形截面蓝色模具弹簧(轻负荷),重负荷用红色,较轻负荷用黄色			
	13	弹簧是否有预压缩量,预压缩量为弹簧总长的 10%~15%			
	14	斜顶、滑块的压板材料是否为 638,氮化硬度为 HV700 或 T8A,淬火处理至 HRC 50~55			
	15	滑块、抽芯是否有行程限位,小滑块限位用弹簧,在弹簧不便安装的情况下可用波子螺丝,油缸抽芯有行程开关			
	16	滑块抽芯一般用斜导柱,斜导柱角度是否比滑块锁紧面角度小 2°~3°。如行程过大可用油缸			
	17	如油缸抽芯成型部分有壁厚,油缸是否加自锁机构			
	18	斜顶、滑块抽芯成型部分若有筋位、柱等难脱模的结构,是否加反顶机构			
	19	大的滑块不能设在模具安装方向的上方,若不能避免,是否加大弹簧或增加数量并加大抽芯距离			
	20	滑块高与长的最大比值为 1,长度方向尺寸为宽度方向尺寸的 1.5 倍,高度为宽度的 2/3			
	21	滑块的滑动配合长度为滑块长度的 1.5 倍,滑块完成抽芯动作后,保留在滑槽内的长度是否小于滑槽长度的 2/3			
	22	滑块在每个方向上(特别是左右两侧)的导入角度是否为 3°~5°,以利研配和防止出现飞边			

续表

检查项目	序号	标准	合格	可接受	不可接受
	23	大型滑块(重量超过30kg)导向T形槽,是否用可拆卸的压板			
	24	滑块用弹簧限位,若弹簧在里边,弹簧孔是否全出在后模上或滑块上;若弹簧在外边,弹簧固定螺丝是否两头带丝,以便滑块拆卸简单			
	25	滑块的滑动距离比抽芯距离大2～3mm,斜顶类似			
	26	大滑块下面是否都有耐磨板(滑块宽度超过150mm),耐磨板材料T8A,淬火至HRC50～55,耐磨板高出0.05～0.1mm,耐磨板应加油槽			
	27	大型滑块(宽度超过200mm)锁紧面是否比耐磨板面高出0.1～0.5mm,上面加油槽			
	28	滑块压板是否用定位锁定位			
	29	宽度超过250mm的滑块,在下面中间部位是否增加一至数个导向块,材料为T8A,淬火至HRC 50～55			
	30	若制品有粘前模的趋势,后模侧壁是否加皮纹或保留火花纹,无加工较深的倒扣,无手工打磨加倒扣筋或麻点			
	31	若顶杆上加倒钩,倒钩的方向是否保持一致,并且倒钩易于从制品上去除			
	32	顶杆坯头的尺寸,包括直径和厚度是否私自改动,是否垫垫片			
顶出复位、抽插芯、取件	33	顶杆孔与顶杆的配合间隙、封胶段长度、顶杆孔的光洁度是否按相关企业标准加工			
	34	顶杆是否上下串动			
	35	制品顶出时易跟着斜顶走,顶杆上是否加槽或蚀纹			
	36	有推板顶出的情况,顶杆是否延迟顶出,以防止顶白			
	37	回程杆端面平整,无点焊,坯头底部无垫片、点焊			
	38	斜顶在模架上的避空孔是否因太大而影响外观			
	39	顶杆上的顶块是否可靠固定,四周非成型部分应加工3°～5°的斜度,下部周边倒角			
	40	制品是否利于机械手取件			
	41	三板模在机械手取料时,限位拉杆是否布置在模具安装方向的两侧,防止限位拉杆与机械手干涉,或在模架外加拉板			
	42	三板模水口板是否导向滑动顺利,水口板易拉开			
	43	对于油路加工在模架上的模具,是否将油路内的铁屑吹干净,防止损坏设备的液压系统			
	44	油路、气道是否顺畅,并且液压顶出复位到位			
	45	导柱是否影响机械手取件			
	46	自制模架是否有一个导柱采取OFFSET偏置,防止装错			
	47	导套底部是否加排气口,以便将导柱进入导套时形成的封闭空腔的空气排出			
	48	定位销安装不能有间隙			

续表

检查项目	序号	标准	合格	可接受	不可接受
冷却	1	冷却水道是否充分、畅通,符合图纸要求			
	2	密封是否可靠,无漏水,易于检修,水嘴安装时缠生料带			
	3	试模前是否进行通水试验,进水压力为 4MPa,通水 5min			
	4	放置密封圈的密封槽是否按相关企业标准加工尺寸和形状,并开设在模架上			
	5	密封圈安放时是否涂抹黄油,安放后高出模架面			
	6	水道隔水片是否采用不易腐蚀的材料,一般用黄铜片			
	7	前、后模是否采用集中运水方式			
一般浇注系统(不含热流道)	1	浇口套内主流道表面是否抛光至 $1.6\mu m$			
	2	流道是否抛光至 $3.2\mu m$			
	3	三板模分流道出在前模板背面的部分截面是否为梯形或圆形			
	4	三板模在水口板上断料把,流道入口直径是否小于 3mm,球头处有凹进水口板的一个深 3mm 的台阶			
	5	球头拉料杆是否可靠固定,可以压在定位圈下面,可以用无头螺丝固定,也可以用压板压住			
	6	顶板和水口板间是否有 10～12mm 的开距			
	7	水口板和前模板之间的开距是否适于取料把,一般情况下,开距=料把长度÷20－25,且大于 120mm			
	8	三板模前模板限位是否用限位拉杆			
	9	浇口、流道是否按图纸尺寸用机床(CNC、铣床、EDM)加工,不允许手工用打磨机加工			
	10	点浇口处是否按浇口规范加工			
	11	点浇口处前模有一个凸起,后模相应有一凹坑			
	12	分流道前端是否有一段延长部分作为冷料穴			
	13	拉料杆 Z 形倒扣是否圆滑过渡			
	14	分型面上的分流道表面为圆形,前后模无错位			
	15	出在顶杆上的潜伏式浇口是否存在表面收缩			
	16	透明制品冷料穴的直径、深度是否符合设计标准			
	17	料把是否易于去除,制品外观无浇口痕迹,制品有装配处无残余料把			
	18	弯钩潜伏式浇口,两部分镶块是否进行氮化处理,硬度 HV700			
热流道系统	1	热流道接线布局是否合理,易于检修,接线有线号并一一对应			
	2	是否进行安全测试,以免发生漏电等安全事故			
	3	温控柜及热喷嘴、集流板是否符合客户要求			
	4	主浇口套是否用螺纹与集流板连接,底面平面接触密封,四周烧焊密封			
	5	集流板与加热板或加热棒是否接触良好,加热板用螺丝或螺柱固定,表面贴合良好,不闪缝,加热棒与集流板配合间隙(h7/g6)不大于 0.05～0.1mm,便于更换、维修			
	6	是否采用 J 型热电偶并与温控表对应			
	7	集流板两头堵头处是否有存料死角,以免存料分解,堵头螺丝拧紧并烧焊、密封			
	8	集流板装上加热板后,加热板与模板之间的空气隔热层间距是否在 25～40mm 范围内			

检查项目	序号	标准	合格	可接受	不可接受
热流道系统	9	每一组加热元件由热电偶控制,热电偶位置布置合理,以精确控制温度			
	10	热流道喷嘴与加热圈是否紧接触,上下两端露出,冷料段长度、喷嘴按图纸加工,上下两端的避空段、封胶段、定位段尺寸符合设计要求			
	11	喷嘴出料口尺寸是否小于5mm,以免因料把大而引起制品表面收缩			
	12	喷嘴头部是否用紫铜片或铝片作为密封圈,密封圈高度高出大面0.5mm。喷嘴头部进料口直径大于集流板出料尺寸,以免因集流板受热延长,与喷嘴错位而发生溢料			
	13	因受热变长,集流板是否有可靠定位,至少有两个定位销或加螺丝固定			
	14	集流板与模板之间是否有隔热垫隔热,可用石棉网、不锈钢等			
	15	主浇口套正下方,各热喷嘴上方是否有垫块,以保证密封性,垫块用传热性不好的不锈钢制作或采用隔热陶瓷垫圈			
	16	如热喷嘴上部的垫块伸出顶板面,除应比顶板高出0.3mm以外,这几个垫块是否漏在注塑机的定位圈之内			
	17	温控表设定温度与实际显示温度误差是否小于±2℃,并且控温灵敏			
	18	型腔是否与热喷嘴安装孔穿通			
	19	热流道接线是否捆扎,并用压板盖住,以免装配时压断电线			
	20	如有两个同样规格插座,是否有明确标记,以免插错			
	21	控制线是否有护套,无损坏,一般为电缆线			
	22	温控柜结构是否可靠,螺丝无松动			
	23	插座安装在电木板上,是否超出模板最大尺寸			
	24	针点式热喷嘴针尖是否伸出前模面			
	25	电线是否漏在模具外面			
	26	集流板或模板所有与电线接触的地方是否圆角过渡,以免损坏电线			
	27	所有集流板和喷嘴是否采用P20材料制造			
	28	在模板装配之前,所有线路是否无短路现象			
	29	所有电线是否正确连接、绝缘			
	30	在模板装上并夹紧后,所有线路是否用万用表再次检查			
成型部分、分型面、排气槽	1	前后模表面是否有不平整、凹坑、锈迹等其他影响外观的缺陷			
	2	镶块与模框配合,四个R角是否低于1mm的间隙(最大处)			
	3	分型面保持干净、整洁,无手提砂轮打磨避空,封胶部分无凹陷			
	4	排气槽深度是否小于塑料的溢边值,PP小于0.03mm,ASB、PS等小于0.05mm,排气槽由机床加工,无手工打磨机打磨痕迹			
	5	嵌件研配是否到位(应用不同的几个嵌件来研配以防嵌件尺寸误差),安放顺利,定位可靠			
	6	镶块、镶芯等是否可靠定位,圆形件有止转。镶块下面不垫铜片、铁片,如烧焊垫起,烧焊形成大面接触并磨平			
	7	前模抛光到位(按合同要求)			
	8	前模及后模筋位、柱表面无火花纹、刀痕,并尽量抛光			
	9	顶杆端面是否与型芯一致			

检查项目	序号	标准	合格	可接受	不可接受
	10	插穿部分是否为大于 2°的斜度,以免起刺,插穿部分无薄刃结构			
	11	模具后模正面是否用油石去除所有纹路、刀痕、火花纹,如未破坏可保留			
	12	模具各零部件是否有编号			
	13	前后模成型部位是否无倒扣、倒角等缺陷			
	14	深筋(超过 15mm)是否镶拼			
	15	筋位顶出是否顺利			
	16	一模数腔的制品,如是左右对称件,是否注明 L 或 R。如客户对位置和尺寸有要求需按客户要求,如客户无要求,则应在不影响外观及装配的地方加上,字号为 1/8″			
	17	模架锁紧面研配是否到位,70%以上面积接触			
	18	顶杆是否布置在离侧壁较近处以及筋、凸台等的旁边,并使用较大顶杆			
	19	对于相同的件是否注明编号 1、2、3 等(打印方式同上)			
	20	型腔、分型面是否擦拭干净			
	21	需与前模面碰穿的司筒针、顶杆等活动部件以及直径 3mm 以下的小镶柱,是否插入前模里面			
	22	各碰穿面、插穿面、分型面是否研配到位			
成型部分、分型面、排气槽	23	分型面封胶部分是否符合设计标准(中型以下模具 10～20mm,大型模具 30～50mm,其余部分机加工避空)			
	24	皮纹及喷砂是否达到客户要求			
	25	制品表面要蚀纹或喷砂处理,拔模斜度是否为 3°～5°或皮纹越深斜度越大			
	26	透明件拔模斜度是否比一般制品大,一般情况下 PS 拔模斜度大于 3°,ABS 及 PS 大于 2°			
	27	有外观要求的制品螺钉柱是否有防缩措施			
	28	前模有孔、柱等要求根部清角的制品,孔、柱是否前模镶拼			
	29	深度超过 20mm 的螺纹柱是否用司筒针			
	30	螺丝柱如有倒角,相应司筒针、镶柱是否倒角			
	31	制品壁厚是否均匀(0.15mm 以内)			
	32	筋的宽度是否为外观面壁厚的 60%以下(客户要求除外)			
	33	斜顶、滑块上的镶芯是否有可靠的固定方式(螺丝紧定或有坯头从背面插入)			
	34	前模插入后模或后模插入前模,四周是否斜面锁紧或机加工避空			
	35	透明 PS、AS、PC、PMMA 等是否采取强脱结构			
	36	模具材料,包括型号和处理状态是否按合同要求			
	37	是否打上专用号、日期码、材料号、标志、商标等字符(日期码按客户要求,如无用标准件)			
	38	透明件标识方向是否打印正确			
	39	透明件前后模是否抛光至镜面			

检查项目	序号	标准	合格	可接受	不可接受
包装	1	模具型腔是否喷防锈油			
	2	滑动部件是否涂黄油			
	3	浇口套进料口是否用黄油堵死			
	4	模具是否安装锁模片,并且规格符合设计要求(三板模脱料板与后模固定),至少两片			
	5	模具产品图纸、结构图纸、水路图纸、零配件及模具材料供应商明细、使用说明书、装箱单、电子文档是否齐全			
	6	模具外观是否喷蓝色(客户如有特殊要求,按合同及技术要求)			
	7	制品是否有装配结论			
	8	制品是否存在表面缺陷、精细化问题			
	9	备品、备件是否齐全并附明细,有无供应商名称			
	10	是否有市场部放行单			
	11	模具是否用薄膜包装			
	12	木箱包装是否喷上模具名称、放置方向			
	13	木箱是否固定牢靠			

其余见客户特需 BOM。

检验结论:

  合格[ ]   不合格[ ]

              签字: 日期:

质量中心/顾客服务部	意见/出厂原因: 签字: 日期:
制造中心	意见: 签字: 日期:
C3P 中心	意见: 签字: 日期:
市场中心	意见: 签字: 日期:
顾客	意见: 签字: 日期:

第8章
模具的试模与制品验收

由于模具的形状复杂且又不是批量生产的单件产品。因此，经装配调试好的模具，必须进行试模来验证模具的质量。在注塑成型时，检查运行生产是否正常、成型工艺条件是否苛刻、制品是否符合客户的要求。如有不符合要求的则必须拆下模具加以修整，然后再次试模，直到模具能够正常生产出合格的成型制品。

试模是根据塑料制品所设计的模具在相应的塑料注射机上注塑的过程。它是模具制造过程中的一道重要工序。通过试模可验证模具是否符合设计质量要求，检验模具可生产性，另一方面要为模具正常投入生产寻找、选择正确的工艺条件、最佳工艺参数。通过试模对注塑模具的设计和制造质量进行验证，对模具所暴露的问题进行修整，使成型制品的质量和模具的质量达到客户的要求。

8.1　注塑模具试模的目的

8.1.1　模具结构设计质量的验证

通过试模检查模具结构设计与制造有否存在问题，通过试模检查模具结构设计的合理性及其可靠性；针对存在的问题通过分析，采用相应措施，使模具达到设计要求。

（1）通过试模来验证模具同注塑机的技术参数是否匹配。

（2）通过试模检查模具的主要性能，模具空运转情况是否正常。

（3）制品抽芯机构、顶出机构是否可靠。

（4）浇注系统的浇口位置、点数、浇口形式等合理否，注射压力平衡否，成型条件苛刻否？

（5）制品成型的冷却效果好否？

（6）冷却系统效果好否、成型周期怎样？

（7）验证零部件之间有否干涉。

8.1.2　模具制造质量的验证

（1）零件制造加工精度和模具装配精度是否达到设计要求。

（2）将试模中所暴露的问题进行分析，采取相应措施，进行排除、修整，以达到设计要求。

（3）检查模具：分型面精度，有否飞边出现，模具的刚性和强度是否足够。

（4）料道凝料取出方便否？热流道模具喷嘴有否漏料或堵塞等。

8.1.3   注塑成型工艺和制品质量的验证

（1）制品的成型质量（结构、形状、表面外观、尺寸精度）是否达到客户要求；有否成型缺陷存在，并通过试模制订最佳的成型工艺提供给客户。

（2）模具运行验收主要是验证模具注塑生产时的稳定性、同一性、可靠性以及注塑成型效率（成型周期）。模具运行验收必须经过连续几个班次（大型模具 24h、中型模具 8～16h、小型模具 2～4h）的生产或连续生产一定数量模次（不小于 1000 模次），在连续生产运行中没有发生模具质量问题。

（3）确定模具注塑成型最佳工艺。工艺条件是否苛刻，注塑压力平衡否？记录注塑成型的关键工艺参数，如料温、注射压力、注射速度、保压时间、模具温度等。

（4）有否因模具问题使制品产生成型缺陷？

（5）制品装配尺寸是否达到设计要求？

8.2   做好模具的试模准备工作

8.2.1   模具检查和安装

（1）读懂模具装配图，了解模具基本结构和特性（了解浇注系统、冷却系统、抽芯机构、顶出系统）、开模动作、动作原理。

（2）选择合适的注塑机型号、规格、类型，注射量、合模力（通常选用注塑机的注射量和合模力都是 80%）、制品的投影面积、拉杆内距、顶出行程的主要技术参数与模具匹配。

（3）试模前对模具进行检查，预检注意事项如下：①模具外观和装配精度检查；②模具闭合后，检查模具起吊时是否平衡，吊环螺钉大小、强度是否满足整副模具的起吊负荷；③安装前，查看模具的喷嘴孔径是否与注塑机匹配；④校核该模具总体外形尺寸（宽度、高度、厚度）、定位圈尺寸、顶出孔大小及孔距是否符合注射机的条件；⑤模的闭合行程、安装于注塑机各部位的配合部位尺寸、脱模形式、模具工件要求符合设备的相关条件；⑥模具上应有零件号标记，各种接头、阀门、附件、备件应齐全。

（4）熟悉模具的冷却系统，接通冷却水管试模，注意进出水管也可利用模温机。

（5）注塑机料筒升温和工艺数据调整工作。

8.2.2   做好注塑机料筒螺杆清洗工作

（1）凡使用分解、易碳化、有腐蚀性、有阻燃性、加玻纤的材料时，停机超过 1h 以上，必须用 PP 或 PE（未改性）回料清洗螺杆。再生产时确认排净螺杆材料，避免螺杆料、筒被腐蚀。

（2）高温料转低温料时，用 PP 或 PE（未改性）回料清洗螺杆，确认排净螺杆高温残料后再降温。加入生产材料后确认排净螺杆残料，避免成型件色差。

（3）黑色或深颜色材料转浅色或白色时，用 PP 或 PE（未改性）回料清洗螺杆。如出现黑点或块状黑斑时可先用 PP 或 PE（未改性）回料在高螺杆温度（≤320℃）下清洗螺杆，必要时可用 PC（未改性）回料（螺杆温度≤300℃），以低背压高转速回料，以高压高速清洗，干净后再用 PP 或 PE（未改性）回料清洗降温。加入生产材料后确认排净螺杆残料。

（4）转入透明产品生产时优先选用同材质的回料清洗螺杆，避免交叉清洗。如无同材质回料，ABS（透明）可用 PC（未改性）回料清洗螺杆，PS（透明）可用 PMMA 回料清洗螺杆。杜绝使用 PP 或 PE（未改性）回料清洗螺杆，PC、PMMA 也不可交叉清洗，避免造成混色。

（5）生产时出现材料颜色偏黄、偏黑、偏暗或条纹状混色，首先检查料筒温度是否偏高（必然料温实测），无问题时选择烘干 PC（未改性）回料清洗螺杆。如无法解决问题，就必须检查止逆环、火箭头，甚至拆螺杆清洗。

（6）部分材料按其物性的要求、生产需要，使用专门螺杆（PVC、PMMA 材料螺杆，耐腐性、耐酸、耐碱螺杆）、加硬螺杆（超硬、表面碳化）、特殊螺杆（止逆环多处、分流、弧形、斜面）的，必须保证螺杆的清洁，必要时拆螺杆进行清洗。

（7）正常清洗过程中如出现轻微混色无法洗净，可用耐磨、硬度高的（未烘干）PMMA 材料清洗螺杆，再选用合适的材料进行更换，更换过程中必须先排净螺杆内的残胶（射完后抽胶排料多次）。如清洗后排料尾部（喷嘴端）仍有混色出现，必须拆螺杆检查止逆环（是否爆裂）、螺杆（磨损过大、腐蚀严重、异物附着）。

8.2.3 成型前准备工作

（1）了解成型制品的质量和使用要求，并编写注塑成型工艺卡。

（2）试模物料的准备：全面了解塑料的性能和工艺，有的需考虑先预热，如聚苯乙烯、ABS、聚碳酸酯、尼龙在成型前需做好烘料工作。

8.3 试模工作注意事项

（1）试模工作要规范。有的单位对试模工作做的不够规范，如试模前没有做好准备工作，有的塑料需要烘干，模具已安装好，塑料还没有干燥；有的塑料已烘干，安装时才发现模具的定位圈外径或顶板的顶出孔同注塑机的尺寸不匹配，甚至有的模具厚度同注塑机闭合高度不符；有的试模时，没有注塑工艺卡，也没有负责工艺的，这个人调一下，那个人调一下；有的试模时没有工艺记录；有的试模时不接冷却水管。国外客户在试模现场见到上述情况意见就很大，留下了很不好的影响，你可试想一下，他们下次会把模具订单放心给你吗？因此，必须要做到规范试模。

（2）在开始注塑时，原则上在料温正常、压力较低的条件下成型。如果制件充满困难，通常再提高注塑压力，当大幅度提高注塑压力仍无效果时，才考虑变动时间和温度。机筒温度的上升以及它与塑料温度达到平衡需要一定的时间（一般为 15min 左右），需要耐心等待，不要过快地把机筒温度升得太高，以免塑料过热甚至发生降解。注塑成型时可选用高速和低速两种工艺。一般在制品壁薄而面积大时，采用高速注塑，而壁厚面积小的制品采用低速注塑，在高速和低速都能充满型腔的情况下，除玻璃纤维增强塑料外，均宜采用低速注塑。

对于黏度高和热稳定性差的塑料，应采用较慢的螺杆转速和略低的背压加料及预塑，而黏度低和热稳定性好的塑料可采用较高的螺杆转速和略高的背压。在喷嘴温度合适的情况下，采用喷嘴固定的形式可提高生产效率。但是，当喷嘴温度太低或太高时，需要采用每次注塑后向后移动喷嘴的形式（喷嘴温度低时，由于后加料时喷嘴离开模具，减少了散热，故可使喷嘴温度升高；喷嘴温度太高时，后加料时可挤出一些过热的塑料）。

（3）试模时尽量做到不使用脱模剂，正式生产时禁止用。

（4）注意制品是否需要后处理（一般要求事前说明）。熔料在成型过程中有时会存在不均匀结晶、取向和收缩应力，导致制品在脱模后变形，力学性能、化学性能及表面质量变坏，严重时会引起制品开裂。为了解决这些问题，需要对制品进行后处理。制品后处理的主要方法有退火处理和调湿处理。

（5）试模用的塑料必须符合图样要求。

（6）试模一星期前要开"试模通知单"，通知有关人员参加。客户的供应商质量管理人员，模具供应商的项目、质量、设计人员必须到场，以便有样件或模具质量问题可以第一时间在现场交流、沟通、快速响应和制订计划。

（7）试模后对这副模具所暴露的问题，模具的修整结论要正确。一般来讲，工艺条件属于软技术，容易得到调整和控制，所以应尽可能考虑改变工艺条件来消除成型缺陷。千万不要一出现成型缺陷，便从模具方面找问题。因模具一经修整，便很难恢复形状。有时，注射模经过一次试模和修整后，经常还要两次、三次地反复试模和修整，因为在第一次试模中往往还不能全面掌握成型问题的所在。试模和修整工作是一项非常复杂和责任重大的工作。

（8）注塑机安全操作非常重要，应按操作规程操作，特别是安全门处于正常工作状态、安装必须牢固可靠等。

8.4　注塑模具的试模

8.4.1　钳工试模申请报告

模具钳工组长负责把模具总装后，检查模具分型面的配合面、浇注系统和各大系统如都不存在问题，顶出动作灵活可靠，填写"试模申请报告"（表8-1和表8-2），向项目经理汇报，提出试模申请，批准后才可试模。

表8-1　试模申请报告（1）　　　　　　　日期

模具编号：		产品名称：	材料：
颜色：		数量：	模具尺寸：
试模类别：□试模　　□打样		要求完成日期：	申请人：
备注：			

表 8-2　试模申请报告（2）

产品型号			提出单位				提出人	
试模原因		□新开　□其他　□设变	试模报告		□是		□否	
序号	模具厂商	模具编号	模具名称	每模穴数	需求数量	试模时间	最终完成时间	材料　颜色　试模内容　备注

(表格内容见正文)

序号	模具厂商	模具编号	模具名称	每模穴数	需求数量	试模时间	最终完成时间	材料	颜色	试模内容	备注

成效追踪：	实际完成日期：	回复：

总经理：　　　　　财务：　　　　　业务：　　　　　工程：　　　　　资材：

8.4.2　试模成型工艺卡

试模成型工艺卡见表 8-3。

表 8-3　试模成型工艺卡

设备：LY-LCD　　　　　　　　　　　　　　　　　　　　　　　　试模日期：2010

模具型腔数		原料、型号		色母		颜色		配料方式	
产品重量(g)		水口料重量			原料＋色母			手工	

		压力	速度	位置	时间			压力	速度	位置	时间
注射成型工艺	射出一					托退					
	射出二					中子 A 进 1					
	射出三					中子 A 进 2					
	射出四					中子 A 退 1					
	射出五					中子 A 退 2					
	射出六					中子 B 进 1					
	保压一					中子 B 进 2					
	保压二					中子 B 退 1					
	保压三					中子 B 退 2					
	保压四					开模低速					
	储料一					开模快速					
	储料二					开模中速					
	储料三					开模低速					
	储料四					慢速关模					
	射退					快速关模					
	托进一段					关模中速					
	托进二段					关模低压					
	托进慢速					关模高压					

料筒温度	喷嘴		第一段		第二段		第三段		第四段		第五段		第六段
	C		C		C		C		C		C		C
热流道	C		C		C		C		C		C		C

热浇口：							
冷却设备	/		原料烘干设备			环境温度	
冷却时间		出口温度		压力	常压	烘干温度	环境湿度
冷却介质	水	入口温度		流量	自来水	烘干时间	测定设备	温湿度计

	结论
试模总时间：大于 30min。 模具运行情况：产品掉落正常，实际生产时设备最好安排人员值守。	

注：因试模条件与生产条件不尽相同，实际使用时工艺条件会有一定变化。

编制		日期		审核		日期	

8.4.3 试模记录

在试模过程中基本得到验证的是：模具结构设计是否合理；所提供的制品是否符合用户要求；模具是否能够批量生产。因此在每次试模结束时都要详细记录，其内容详见表 8-4。

表 8-4 试模记录内容

项目	内容
模具名称	辅助装置、液压、热流道、接线板、油缸等
使用设备	规格、型号、生产厂家，出厂日期
工艺参数	料温、压力、机筒分段温度、注射速率
试模树脂	名称、规格、牌号、生产厂家、熔融指数
试模结果	验收否，试注射件数，制件完整率
日期	总体操作时间及试注射时间
存在问题	模具、设备、辅助部件、模具有无损伤
地点	本厂或其它单位

在试模过程中应详细记录［见表 8-5～表 8-7］，并将结果填入试模记录卡，注明模具是否合格。如需修整，应提出修整意见。在记录卡中应摘录成型工艺条件及操作注意要点，最好能附上注塑成型的制件，以供参考。按现场情况做好试模记录并在不同注塑工艺的三次记录中选取最佳工艺提供给客户。

8.4.4 试模报告

模具设计方面存在的问题，在试模中得到充分暴露，需要认真地加以分析，透过各种现象，找出本质性的根源，采取行之有效的措施加以改进，使下一次试模顺利，减少试模次数。模具试模报告单见表 8-8 和表 8-9。

表 8-5　试模记录（1）

模具	图示			
	模具名称：			
	模具编号：		产品名称：	
	模具类别：□两板式 □三板式		材料名称：	
	模穴数：		材料型号：	
	水路	前模	材料颜色：	
		后模	色母型号：	
	模温机	前模	色母比例：	
		后模		

机台	图示				
	机台编号：	温度（℃）	喷嘴		
	机台型号：		一段	℃	开关模设定
	锁模力：		二段	℃	压力　速度　位置
	保压选择方式：□时间 □位置		三段	℃	开模一设
	顶出选择方式：□停留 □定次 □位置		四段	℃	开模快速
	冷却方式：		五段	℃	开模终止
			六段	℃	关模快速
					关模底压
					关模高压
					□震动　其它

成型工艺	射出设定					保压设定		顶出设定		
	一段	二段	三段	四段	五段	一段	二段	顶进一	顶进二	设定
压力										
速度										
位置				储料位置						
时间				射退位置						
				射胶残量						

产品				
产品单重：	g	试模数量	外观	
水口单重：	g	试模情况	尺寸	
毛重：	g		装配	
试模时间：	g		喷漆	
试模用料：	g			

产品问题点：□缺胶 □粘模 □拉模 □堵塞 □收缩 □顶伤 □漏水 □粗糙 □正常 □表面划伤痕 □不顺 □毛边 □螺丝孔堵 □烧焦 □异常 其它

模具问题点：1.水 □通畅 2.顶出 □正常 □顶出 □其它

试模人：　　　　　日期：　　　　　审核：

表 8-6 试模记录（2）

制品名称		模具编号		客户单位	
模具设计人员		模具组长		项目负责人	
设备及用料情况					
试模设备型号		试模时间	月 日	地点	
上机、下机时间			时至 时	第 次试模	
塑料材料		领用重量		件数	塑件颜色
材料牌号		实用重量		浇口形式	模具腔数
单件重量		流道重量		一次性重量	

分段温度	喷嘴	一段	二段	三段	四段	五段	六段

成型周期	注射时间	冷却时间	开模时间		合模时间	
	保压时间	顶出时间	取件时间		备注	

注射压力		锁模压力		保压压力	
保压速度		注射速度			

塑件质量情况	溢料、飞边、毛刺、顶高、顶白、缺料、段差、银丝、熔接痕、焦点、气孔
	变形、翘曲、色差、缩影、凹痕、龟裂、断裂、断脚、尺寸差、表面粗糙度差

模具试模运转情况		有无问题存在	采取措施	问题排除时间
冷却效果				
顶出动作				
抽芯动作				
浇注系统				
排气				
模具表面质量				
附件是否齐全				
参加试模人员签字				
备注				
记录		日期	年 月 日	

表 8-7 试模注塑工艺记录卡

发行人		日期	
客户		试模次数	
产品名称		产品编号	
报价用成型机台吨位		模号	
机台供应商			
机台吨数		机台型号	
可成型的最大产品重量		最大开模行程	
螺杆直径		试模地点	
原料			
实际用塑料		烘料温度	烘料时间

续表

塑料颜色		色母			

周期和重量

目标周期		预期的百分比		预期的百分比	
实际周期					

加热和冷却

料管温度	Zone1		Zone2		Zone3		Zone4	
	Zone5		Zone6		Zone7		Zone8	
热流道温度	Zone1		Zone2		Zone3		Zone4	
	Zone5		Zone6		Zone7		Zone8	

模具温度	母模	回路1		回路2		回路3	
		回路4		回路5		回路6	
	公模	回路1		回路2		回路3	
		回路4		回路5		回路6	
	镶件	回路1		回路2		回路3	

合模位置

开模位置		mm	开模压力		bar
模具安全开始位置		mm	模具安全结束位置		mm
模具安全压力		bar	合模前确认模具的安全位置已设置		
模具高度		mm	锁模力		kN
顶出行程		mm	顶出压力		bar
顶出次数					

特殊顶	

成型

	螺杆速度		1/min	背压		bar
	储料位置		mm	松退行程		mm
	注塑压力		bar	射出时间		s

射出成型参数	段数	压力	速度	行程	切换保压位置		段数	压力	时间
	1								
	2				mm	保压设定			
	3				切换保压压力				
	4								
	5				bar				
	6								

冷却时间		s	

特殊项	

表 8-8　试模报告单（1）

客户		产品名称		模具编号			项目经理		试模日期		试模地点	
原材料		颜色		试模工程师			试模次数		打样个数		注塑机型号	
位置		储料 /mm	射出 /mm	保压 /mm	塑机温度		料筒（1）	料筒（2）	料筒（3）	料筒（4）	喷嘴	
穴数		射出时间 /s			保压时间 /s			冷却时间 /s				
射压		1（No.1）	2（No.2）	3（No.3）	射速	1（No.1）	2（No.2）	3（No.3）	模具加热方式		热流道	
保压		保压速度			试模始 - 终时间			成型周期		锁模力		
模温		公模		母模		滑块						

注塑状况		现场问题简述	处理建议		现场问题简述	处理建议
注塑状况	熔接线、气纹	□无　□轻微　□严重		开合模效果	模具零件损耗　□无　□轻微　□严重	
	走胶状况	□良好　□轻微缺陷　□严重缺陷			滑块运动　□良好　□轻微缺陷　□严重缺陷	
	排气效果	□良好　□轻微缺陷　□严重缺陷			粘定模　□良好　□轻微缺陷　严重缺陷	
	注气状况	□良好　□轻微缺陷　□严重缺陷		塑件外观		
顶出状况	粘定模	□无　□轻微　□严重			缩水　□无　□轻微　□严重	
	顶白	□良好　□轻微缺陷　□严重缺陷			变形　□无　□轻微　□严重	
	顶杆复位	□良好　□轻微缺陷　□严重缺陷			飞边　□无　□轻微　□严重	
抽芯情况				冷却效果		
备注						

表 8-9　试模报告单（2）

过程		内容						负责部门
试模通知		客户名称		模具编号		材料		市场部/工程部
		产品名称		模腔数		颜色		
		产品编号		试模次数		色料编号		
		试模期限		样板数量		水口料比例		
		试模原因	□新模试模　□客户要求　□设计变更　□改模　□试新料　□其它					
		样板送交	□市场部　□工程部　□品管部　□采购部　□生产部　□工模部					
		联系	试模时要通知　□工程部　□工模部　□品管部　□供应产　□客户现场确认					负责人/日期
	添附资料:□"注塑参数记录表"							
试模状况		问题点总结：			改善建议：			塑胶部
								负责人/日期

续表

过程	内容					负责部门

试模计划

试模日程		材料用量				
试模日期		项目	预算用量	实际用量	剩余	余料处理
预算时间		洗机/调机/kg				□退回仓库
实际时间		生产样板/kg				
		合计/kg				
		色料/g				

试模人员		设备		产品重量		模具产能	
试模负责人		注塑机编号		模腔数		周期/s	
上、落模工	（人）	规格/A		单件净重/g	（人）	日产能力	
模具工	（人）	其它配套设备		水口重量/g			
啤工	（人）			1啤重量/g			

试模状况

模具状况			样板状况			
□开模困难 □漏水 □顶出不平行			□粘定模 □粘动模 □粘水口 □顶白			
□行位不畅顺 □漏胶 □顶针断裂			□缺胶 □波浪纹 □色差 □变形			
□顶针不畅顺 □热流道异常 □斜顶复位异常			□困气 □拖花 □气泡 □光洁度差			
□导柱不顺 □水口板拉开困难 □镶件断裂			□烧黑 □缩水 □夹线不平 □熔接痕			
□射胶压力大 □背压偏大 □锁模压力大			□飞边 □取件困难 □走胶不均 □断水口			
□模温不稳定 □气辅异常 □斜导柱有干涉			□气纹严重 □纹面不均 □麻点 □喷射纹			
异常说明：			异常说明：			

样板检测

□合格 □不合格	□合格 □不合格	□合格 □不合格	□合格 □不合格	
不合格说明：	不合格说明：	不合格说明：	不合格说明：	

添附资料：□"样板测试报告"				负责人/日期

试模结果

□合格 □不合格	□合格 □不合格	□合格 □不合格	市场部	审核
判定不合格，改善措施：				

8.4.5 模具修整通知单

T0试模后做好对模具和注塑件的检验，根据检查结果判定此副模具的质量和需要改进、修整的地方（在塑件处标出），并做好记录。模具修整通知单见表8-10和表8-11。

表 8-10　模具修整通知单（1）

发送部门	采购、生产、质量、修模		发出部门/人		技术/XXX	
发出日期			会签			
要求完成日期			批准			
客户要求更改：		技术部要求更改：			生产部要求更改：	
模具编号：HC-C1410-0187		产品名称和编号：355XXX-1			材料：ADC12（ADC3）	
相关部门签收		附图　　张				

改模原因：生产的 0041 产品定位基准平面度超差 0.15mm，导致加工定位不准确。毛坯要求尺寸 122♯要求 36.6（＋0.1,0）mm，加工尺寸要求；36（＋0.1）mm，实测毛坯尺寸 36.47～36.64mm，加工余量最小为 0.47mm，故对该平面和阀口位置进行降面，加工至平面见光，降面去除量为 0.17mm，并消除接刀痕

此处有高点，高于平面0.15mm

改模内容：

该位置整体降面0.17mm，加工至平面见光，R角过渡消除接刀痕

技术部确认		结果：OK □　　NG □	备注：
品质部确认		结果：OK □　　NG □	备注：
生产部确认		结果：OK □　　NG □	备注：
采购部确认		结果：OK □　　安排入库　　NG □	退回供应商返工或重做

备注：1. 改模要求需写明全部改模内容。
　　　2. 生产部（或采购部，委外时）必须全程跟进改模进度。
　　　3. 如改模完成时间有问题必须即时通知生产部（或采购部，委外时）。
　　　4. 维修单位必须确保以上每项的修改，按要求修改到位。
　　　5. 由以上相关负责人确认后，生产部方可接收模具。

表 8-11　模具修整通知单（2）

客户		品号		号名	
送修时间		需求时间		完成时间	
不良现象：		不良原因及处理意见：			
品管确认	□OK　□NG	模具主管		审核	
品管员		维修员		送修员	

8.4.6 T0 试模直至合格

按修改通知单内容把存在问题及时修改，检查合格后再重新试模、验收，直至合格为止。将最终试模合格的模具，应清理干净，涂上防锈油后入库。

8.5 试模过程中常见的质量问题分析

如果模具整体设计上有严重问题，那么试模中很难得到完整的样品。试模过程中所出现的质量问题主要有三种原因：模具结构设计问题，特别是浇注系统存在着问题；试模成型工艺参数选择不好的问题；制造精度问题。

当然，在讨论模具修改问题时，只有正确判断引起塑料成型制品缺陷的问题，才可进行修整模具，这是至关重要的 。假设试模的工艺条件是基本合理的，那么模具试模后所存在的问题大致有以下几个方面。

8.5.1 试模工作不规范

（1）没有事前检查和验收，就接受了试模申请，安排试模。

（2）试模工作准备不充分，领料、烘料没有做好。

（3）事前没有了解制品形状、结构要求，编制好注塑成型工艺。

8.5.2 模具各系统的结构问题

由于模具结构设计不合理和制造精度原因，致使动、定模产生错位或模具刚性变形，注塑后模具不能开模。笔者曾见到有副双缸连体桶的模具试模时，开模动作后，模具打不开，在注塑机的定模镶板和动模镶板上各用了千斤顶和电动葫芦分别向两边拉，并用喷灯加热模具，开动注塑机，才终于打开。但是，注塑机的动模镶板的固定模具的压板螺钉孔被拉滑牙了。

8.5.3 浇注系统设计不合理

设计模具结构前没有做过模流分析报告，由于浇注系统不合理（浇口尺寸太小，位置不妥当、浇口形式不对、浇口点数不够等），使注塑成型困难。

8.5.4 冷却效果不好

由于冷却系统的水路设计不合理，使动、定模冷却效果不好，使动、定模温度不平衡，脱模困难、塑件变形，成型周期长。

8.5.5 排气不畅

中小型模具可以靠顶出杆和型腔镶块缝隙进行排气，可以不设排气槽。排气不畅所造成的注射成型缺陷，在前面部分已经做了详细的介绍，在生产实际中，实例也很多，如图8-1所示。

图 8-1 排气不畅，制品成型不足

8.5.6　抽芯困难

机械动作的抽芯及脱模是依靠动、定模的相对动作来完成的。但是，如果采用液压油缸来完成动作，常常产生抽拔力不足的现象。如果采用的是先进设备，可以调整抽芯系统的油压来弥补。如果采用的是普通设备，抽芯油压与系统压力相同，无法单独调整，只有更换油缸，实现预期动作。

8.5.7　脱模困难

在试模过程中，本来设计已经很合理的脱模距离和脱模机构，在实际脱模中却难以将制件脱出。这并不是脱模距离不够，而是收缩变形产生的影响。制件在脱出型腔的瞬间，由于外界温度环境不同，收缩的速度不同，收缩状况也不相同，否则制件无法脱出。尤其是脱模斜度较小的制件更要引起重视。

脱模斜度不合理，在初次试模中，制品很难顶出甚至无法顶出，不同的树脂所要求的脱模斜度不相同。

8.5.8　模具制造精度达不到要求

（1）型腔尺寸精度超差。

（2）试模中常见的导杆拉伤、型腔错位、制件壁厚不均等问题，均有可能是导向和定位精度不佳所致。这部分的精度不佳，直接影响了模具的使用寿命。

（3）斜顶杆的制造工艺不合理，同轴度差，顶出不畅，斜顶杆失效。

8.5.9　模具零、部件的配套零件不完善

随着模具复杂程度的提高，模具主要组件、零部件的配套部分所占比重越来越大，需要有一定数量。主要包括热流道的、液压或气动部分的附件（行程开关、加热元件、管接头等），标准件（顶针顶管、拉钩、紧固件）、易损件、备件等。

8.5.10　试模后，修模时间长、多次试模

试模的过程是一个发现问题的过程，试模后，要对模具的现状进行分析并提出行之有效的改进方案。项目经理对所发现的所有问题提出整改方案并形成文字。操作者需逐条落实，逐条修正，防止下一次试模过程中发生类似问题。并且将预计可能发生的问题也加以解决，力争一次修改到位，尽量减少试模次数。修模水平的高低，不仅直接影响模具的质量，同时也影响模具的生产周期。个别生产企业模具生产周期过长，很重要的原因之一是试模后修模不得力。

每次试模必须有试模记录，如实填写，并且要求把最佳工艺提供给客户。

8.5.11　制品外观、尺寸精度、使用性能达不到要求

（1）产品的外观质量主要是指塑件成型产生缺陷：缺料（欠注）、飞边（披锋）、缩痕、变色、暗纹、熔接痕、银丝（水纹）、起皮（分层）、流痕（水波纹）、喷射纹（蛇行纹）、变形（翘曲）、光洁度差、龟裂、气泡（空洞）、透明度差、白化等。

（2）尺寸精度是指制品成型尺寸不稳定，或者装配尺寸达不到装配要求、外观的线条差、线条棱角不清晰、R角做成清角、清角做成R角、粗糙度差。

（3）由于塑料成型工艺的原因，使塑料产生内应力，强度不够，制品达不到设计和使用要求。

8.5.12　注塑成型工艺参数没有选择好

注塑成型工艺参数的选择和调整将对制品质量产生直接影响。注塑工艺具体是指温度、压力、时间等有关参数，实际成型中应综合考虑，在能保证制品质量（外观、尺寸精度、机械强度等）和成型作业效率（如成型周期）的基础上来决定。尽管不同的注塑机调节方式各有所异，但是工艺参数与注塑机的设计参数是有关联的，这里主要从工艺角度理解这些参数。

如果注塑成型工艺参数没有选择好，就会使制品产生成型缺陷。

8.5.13　试模没有记录单、 验收单和修整通知单

模具试模时必须做好试模记录，填写验收单，试模后根据记录进行评审、分析原因，对存在问题采取相应措施，由项目经理下达修改通知单，修整时一次性把存在的问题解决，并按时完成。

8.6　常见制品缺陷及产生原因

注塑成型过程涉及模具设计与制造、原材料特性与原材料预处理方法、成型工艺、注塑机操作等多方面因素，并且与加工环境条件、制品冷却时间、后处理工艺密切相关。同时，注塑成型过程中所用的塑料原料多种多样，模具设计的种类和形式也各不相同。

在众多因素影响下，注塑成型制品出现缺陷就在所难免。因此，探索缺陷产生的内在机理和预测制品可能产生缺陷的位置和种类，并用于指导模具设计与改进，制订更为合理的工艺操作条件就显得非常重要。下面将从影响注塑成型加工过程中的塑料材料特性、模具结构、注塑成型工艺及注塑设留等主要因素来阐述注塑成型缺陷产生的原因及其解决办法。

8.6.1　飞边

飞边又称披锋、溢料、溢边等，大多发生在模具分合面上，如模具的分型面、滑块的滑配部位、顶杆的孔隙、镶件的缝隙等处。飞边缺陷分析及排除方法如下。

（1）设备缺陷　注塑机合（锁）模力不足，极易产生飞边。当注射压力大于合模力使模具分型面密合不良时容易产生溢料、飞边。因此，需要检查是否增压过量，检查塑料制品投影面积与成型压力的乘积是否超出了设备的合模力，或者改用合模吨位大的注塑机。

（2）模具缺陷　在出现较多的飞边时需要检查模具，动模与定模是否对中、分型面是否紧密贴合、型腔及模芯部分的滑动件磨损间隙是否超差、分型面上有无黏附物或异物、模板间是否平行、模板的开距是否调节到正确位置、导合销表面是否损伤、拉杆有无变形、排气槽孔是否太大太深等。根据上述逐步检查，对于检查到的误差可做相应的整改。

（3）工艺条件设置不当　料温过高、注射速度太快或注射时间过长、注射压力在模腔中分布不均、充模速率不均衡、加料量过多，以及润滑剂使用过量都会导致飞边。出现飞边后，应考虑适当降低料筒温度、喷嘴温度和模具温度，以及缩短注射周期。操作时应针对具体情况采取相应的措施。

8.6.2　气泡或真空泡

气泡是塑料中的水分或气体留在塑料熔体中形成的；由于成型制品的体积收缩不均引起厚壁部分产生了空洞，形成真空泡。气泡或真空泡的出现会使制品产生填充不满、表面不平等缺陷。气泡或真空泡缺陷分析及排除方法如下。

（1）模具缺陷　如果模具的浇口位置不正确或浇口截面太大、主流道和分流道长而狭窄，或流道内有贮气死角或模具排气不良，都会引起气泡或真空泡。因此，需要针对具体情况，调整模具的结构，特别是浇口位置应设置在塑件的厚壁处。

（2）工艺条件设置不当　工艺参数对气泡及真空泡的产生有直接影响。例如，注射压力太低、注射速度太快、注射时间和周期太短、加料量过多或过少、保压不足、冷却不均匀或冷却不足、料温和模温控制不当，都会使塑料制品内产生气泡。因此，可通过调节注射速度、调节注射与保压时间、改善冷却条件、控制加料量等方法避免产生气泡及真空泡。

模具温度和熔体温度不能太高，否则会引起塑料分解，产生大量气体或过量收缩，从而形成气泡或缩孔。若温度太低会造成充料压实不足，塑件内部容易产生空隙，形成真空泡。在通常情况下，将熔体温度控制得略低一些，模具温度控制得略高一些，就不容易产生大量的气体，也不容易产生缩孔。

（3）原料不符合使用要求　塑料原料中的水分或易挥发物含量超标、料粒大小不均匀、原料的收缩率太大、塑料的熔体指数太大或太小、再生料含量太多，都会使塑件产生气泡及真空泡。对此，应分别采用预干燥原料、筛选料粒、更换树脂、减少再生料的用量等方法来处理。

8.6.3　凹陷及缩痕

凹陷及缩痕是缺料注射引起的局部内收缩。注塑制品表面产生的凹陷是注塑成型过程中的一个常见问题。凹陷一般是塑料制品壁厚不均引起的，它可能出现在外部尖角附近或者壁厚突变处。产生凹陷的根本原因是材料的热胀冷缩。凹陷及缩痕缺陷分析及排除方法如下。

（1）设备缺陷　如果注塑机的喷嘴孔太小或者喷嘴处局部阻塞，导致注射压力局部损失太大而引起凹陷及缩痕。对此，应更换或清理喷嘴。

（2）模具缺陷　模具设计不合理或有缺陷，也会在塑件表面产生凹陷及缩痕。这些不合理设计和缺陷包括模具的流道及浇口截面太小、浇口设置不对称、进料口位置设置不合理、模具磨损过大，以及模具排气不良影响供料、补缩和冷却等。因此，针对具体情况，采取适当扩大浇口及流道截面、浇口位置尽量设置在制品的对称处、进料口应设置在塑件厚壁处等措施来解决。

（3）工艺条件设置不当　工艺条件设置不当，会使塑件表面产生凹陷及缩痕。例如，注射压力太低、注射及保压时间太短、注射速率太慢、料温及模温太高、塑件冷却不足、脱模时温度太高和嵌件处温度太低，都会使塑件表面出现凹陷或橘皮状的细微凹凸不平。因此，应适当提高注射压力和注射速度，延长注射和保压时间，补偿熔体收缩。塑件在模内的冷却不充分也会产生凹陷及缩痕，可适当降低料筒温度和冷却水温度。

（4）原料不符合使用要求　塑料原料的收缩率太大、流动性能太差、塑料原料内润滑剂不足或者塑料原料潮湿都会使塑件表面产生凹陷及缩痕。因此，针对不同的情况，可采取选用低收缩率的树脂、在塑料原料中增加适量润滑剂、对原料进行预干燥处理等措施来解决。

（5）塑件形体结构设计不合理　如果塑件各处的壁厚相差很大时，厚壁部位很容易产生凹陷及缩痕。因此，设计塑件形体结构时，壁厚应尽量一致。

8.6.4　翘曲变形

翘曲变形是注塑制品的形状偏离了模具型腔的形状和结构。它是塑料制品成型加工中常见的缺陷之一。翘曲变形缺陷成因分析及排除方法如下。

（1）模具缺陷　在确定浇口位置时，不要使塑料熔体直接冲击型芯，应使型芯受力均匀。在设计模具的浇注系统时，使流料在充模过程中尽量保持平行流动。

模具脱模系统设计不合理时，会引起很大的翘曲变形。如果塑件在脱模过程中受到较大的不均衡外力的作用，会使其塑料制品产生较大的翘曲变形。

模具的冷却系统设计不合理，使塑件冷却不足或不均，都会引起塑件各部分的冷却收缩不一致，从而产生翘曲变形。因此，在模具冷却系统设计时，要使塑件各部位的冷却均衡。

（2）工艺条件设置不当　导致塑件翘曲变形的工艺操作有：注射速度太慢、注射压力太低、不过量充模条件下保压时间及注射时间和周期太短、冷却定型时间太短、熔料塑化不均匀、原料干燥处理时烘料温度过高和塑件退火处理工艺控制不当。因此，需要针对不同的情况，分别调整工艺参数。

（3）原料不符合使用要求　分子取向不均衡是造成热塑性塑料翘曲变形的主要因素。塑件径向和切向收缩的差值就是由分子取向产生的。通常，塑件成型过程中，沿熔料流动方向上的分子取向大于垂直流动方向上的分子取向，由于在两个垂直方向上的收缩不均衡，塑件必然产生翘曲变形。

8.6.5　裂纹及白化

裂纹及白化是注塑成型中较常见的一种缺陷，其产生的主要原因是应力，主要有残余应力、外部应力和外部环境所产生的应力。裂纹及白化缺陷分析及排除方法如下。

（1）模具缺陷　外力作用是导致塑件表面产生裂纹和白化的主要原因之一。塑件在脱模过程中，由于脱模不良，塑件表面承受的脱模力接近于树脂的弹性极限时，就会出现裂纹或白化。出现裂纹或白化后，可以通过适当增大脱模斜度、脱模机构的顶出装置设置在塑件壁厚处、适当增加塑件顶出部位的厚度、提高型腔表面的光洁度、使用少量脱模剂等方法来解决。

（2）工艺条件设置不当　残余应力过大是导致塑料制品表面裂纹和白化的主要原因之一。在工艺设置时，应按照减少塑件残余应力的要求来设定工艺参数，可以采取适当增加冷却时间、缩短保压时间和降低注射压力等措施来解决。

8.6.6　欠注

欠注又叫短射、充填不足、充不满、欠料，是指料流末端出现部分不完整现象或一模多腔中一部分填充不满，特别是薄壁区或流动路径的末端区域。欠注缺陷成因分析及排除方法如下。

（1）设备问题　设备选型不当。在选用设备时，塑料制品和浇注系统的总重量不能超出注塑机的最大注射量的85%。

（2）模具缺陷　浇注系统设计不合理。因此可以适当扩大流道截面和浇口面积，必要时可采用多点进料的方法。模具排气不良也会造成塑料制品欠注，需检查有无设置冷料穴或者其位置是否正确。

（3）工艺条件设置不当　在工艺条件方面，影响塑料制品欠注的因素有模具温度太低、熔料温度太低、喷嘴温度太低、注射压力或保压不足、注射速度太慢等。当塑料熔体进入低温模腔后，会因冷却太快而无法充满型腔的各个角落。因此，开机前必须将模具预热至工艺要求的温度，可以通过适当提高料筒的温度、适当延长注射时间、适当提高注射压力和适当提高保压时间等方法来解决。

（4）原料不符合使用要求　塑料原料的流动性差，会导致填充不足，可在原料配方中增加适量助剂来改善树脂的流动性能。如果因润滑剂量太多而导致欠注，可减少润滑剂用量。

（5）塑件形体结构设计不合理　当形体十分复杂且成型面积很大，或者塑件厚度与长度不成比例时，很难充满型腔。

8.6.7　银纹

银纹是由于塑料中的空气和水蒸气挥发，或者其他杂质混入分解而烧焦，在塑料制品表面形成的喷溅状的痕迹。银纹缺陷成因分析及排除方法如下。

（1）模具缺陷　需要检查模具冷却水道是否渗漏，防止模具表面过冷结霜及表面潮湿，需要用加大浇口、加大主流道及分流道截面、加大冷料穴和增加排气孔等方法来解决。

（2）工艺条件设置不当　对于银纹，需要通过适当提高背压、降低螺杆转速、降低料筒和喷嘴温度等方法来防止熔料局部过热，也可通过降低注射速度等方法来解决。

（3）原料不符合使用要求　降解银纹是热塑性塑料受热后发生部分降解产生的。要尽量选用粒径均匀的树脂，减少再生料的用量。水气银纹产生的主要原因是原料中水分含量过高，水分挥发时产生的气泡导致塑件表面产生银纹。因此，必须按照树脂的干燥要求，充分干燥原料。

8.6.8　流痕

流痕是在浇口附近形成的波浪形的表面缺陷。产生流痕的主要原因是塑件温度分布不均匀或塑料熔体冷却太快。塑料熔体在浇口附近产生乱流、在浇口附近产生冷料或者在保压阶段没有补充足够的料也会产生流痕。流痕缺陷分析及排除方法如下。

（1）模具缺陷　当塑料熔体从流道狭小的截面流入较大截面的型腔或型腔流道狭窄且光洁度很差时，流料很容易形成湍流，导致塑件表面形成螺旋状波流痕。因此，适当扩大流道及浇口截面，可以把模具的浇口设置在厚壁部位或直接在壁侧设置浇口，可以在注料口底部及分流道端部设置较大的冷料穴。

（2）工艺条件设置不当　在工艺条件中，造成流痕的原因有较低的熔体温度、模具温度和较低的注射速度、注塑压力等。可以对注射速度采取慢—快—慢等分级控制，保持较高的模具温度，在工艺操作温度范围内适当提高料筒及喷嘴温度。

（3）原料不符合使用要求　塑料原料中的挥发性气体和流动性能较差的塑料熔体都可能导致塑件表面产生云雾状波流痕。因此，在条件允许的情况下，可以选用稳定性好的塑料原料和低黏度的塑料原料。

8.6.9 熔接痕

熔接痕是熔融塑料在型腔中遇到嵌件、孔洞、流速不连贯的区域、充模料流中断的区域或多个浇口进料，发生多股熔体的汇合时非常容易发生的现象。熔接痕不仅使塑件的外观受到影响，而且也影响塑件的力学性能。熔接痕缺陷分析及排除方法如下。

（1）模具缺陷　模具的结构对流料的熔接状况的影响非常大，因为熔接不良主要产生于熔料的分流汇合。因此，在可能的条件下，应选用一点式浇口，尽量采用分流少的浇口形式并合理选择浇口位置，尽量避免充模速率不一致及充模料流中断，尽量在模具内设置冷料井。

（2）工艺条件设置不当　低温塑料熔体的汇合性能较差，容易形成熔接痕。因此，适当提高模具温度、适当提高料筒及喷嘴温度，还可以适当提高注射速度或者增加注射压力。

（3）原料不符合使用要求　塑料原料的流动性差，可在原料配方中适当增用少量润滑剂，提高熔料的流动性能，或者选用流动性能较好的原料。当使用的原料水分或易挥发物含量太高，会产生熔接不良或熔接痕。对此，可以采取原料预干燥的措施予以解决。

（4）塑件形体结构设计不合理　塑件壁厚差别大、太薄或嵌件太多，都会引起熔接不良。因此，在设计塑件结构时，应确保塑件的壁厚尽可能趋于一致，最薄部位必须大于成型时允许的最小壁厚，应尽量减小嵌件的使用。

8.6.10 变色

变色又称色泽不均，是指注塑后的制品与标准颜色不同。变色及色泽不均故障分析及排除方法如下。

（1）模具内的机油、脱模剂或顶销与销孔摩擦的污物混入塑料熔体内、模具冷却不均匀或者模具排气不良，都会导致塑件表面变色。因此，在注塑前应首先保证模腔清洁，可适当减少合模力、重新设置浇口，或将排气孔设置在最后充模处。

（2）工艺条件设置不当　螺杆转速太大、注射背压太高、注射压力太高、注射和保压时间太长、注射速度太快、料筒内有死角以及润滑剂用量太多，都会导致塑件表面色泽不均。喷嘴处有焦化熔料积留时，适当降低喷嘴温度。对于螺杆转速、背压、注射压力、注射和保压时间等工艺参数的调整，可根据实际情况，按照逐项调整的原则进行微调。

（3）原料不符合成型要求　着色剂分布不均匀或着色剂的性质不符合使用要求，可能造成进料口附近或熔接部位色泽不均。因此，在选用着色剂时应对照工艺条件和塑件的色泽要求认真选择。

原料中易挥发物含量太高、混有其他塑料或干燥不良、成型后纤维填料分布不均、纤维裸露或树脂的结晶性能太好都会影响塑件的透明度，都会导致塑件表面色泽不均。因此，针对不同情况需要分别处理。

8.6.11 表面光泽不良

（1）模具故障　如果模具表面有伤痕、微孔、腐蚀、油污、水分，脱模剂用量太多或选用不当，都会使塑件表面光泽不良。因此，模具的型腔表面应具有较好的光洁度，模具表面必须保持清洁，及时清除油污和水渍，使用脱模剂的品种和用量要适当。

模具的脱模斜度太小、模具排气不良等也会影响塑件的表面质量，导致表面光泽不良。

可通过适当增加模具的脱模斜度，增加模具的排气量等方法予以排除。

（2）成型条件控制不当　模具温度对塑件的表面质量也有很大的影响，模温太高会导致塑件表面发暗。注射速度太快或太慢、注射压力太低、保压时间太短、填料分散性能太差、填料外露或铝箔状填料无方向性分布、料筒温度太低、熔料塑化不良以及供料不足都会导致塑件表面光泽不良。对此，应针对具体情况进行调整。

（3）原料不符合使用要求　塑料原料中水分或其他易挥发物含量太高、原料或着色剂分解变色以及原料的流动性能太差，都会导致塑件表面光泽不良。因此，通过对原料进行预干燥处理、选用耐温较高的原料和着色剂、换用流动性能较好的树脂、增加适量润滑剂、提高模具和塑料熔体温度等方法来处理。

8.6.12　黑斑

黑斑是制品表面出现的黑点或暗色条纹。黑斑缺陷分析及排除方法如下。

（1）设备故障　如果螺杆与料筒的磨损间隙太大，会使塑料熔体在料筒中滞留时间过长，导致滞留的塑料熔体局部过热分解产生黑点及条纹。因此，应检查料筒、喷嘴内有无贮料死角并修磨光滑。

（2）模具故障　模具排气不良也会使熔料过热分解产生黑点及暗色条纹。对此，应检查浇口位置和排气孔位置是否正确、选用的浇口类型是否合适；清除模具内黏附的防锈剂、顶针处的渗油等物质。

（3）成型条件控制不当　如果注射压力太高、注射速度太快、充模时塑料熔体与型腔腔壁的相对运动速度太高很容易产生摩擦过热，使熔料分解产生黑点及暗色条纹。因此，应适当降低注射压力和注射速度。

料温太高会使塑料熔体过热分解，形成碳化物。因此，应立即检查料筒的温度控制器是否失控，并适当降低料筒温度。

（4）原料不符合成型要求　如果原料中再生料用量太多、易挥发物含量太高、水敏性树脂干燥不良、润滑剂品种选用不正确或使用超量、细粉料太多、原料着色不均，都会不同程度地导致塑件表面产生黑点及条纹。针对不同情况，采取相应措施，分别排除。

8.6.13　脱模不良

脱模不良通常是浇口料未同制品一起脱模以及不正常的操作而引起的制品粘模现象。脱模不良缺陷成因分析及解决办法如下。

（1）模具故障　产生粘模及脱模不良，模具故障是主要原因之一。模具型腔表面粗糙，模具的型腔及流道内留有凿纹、刻痕、伤痕、凹陷等表面缺陷；模具的动、定模定位结构不可靠，在成型注射压力的作用下，产生位移，或成型零件的刚性不足，在注射压力的作用下产生形变；脱模斜度不够，这些因素都很容易使塑件黏附在模具内，导致脱模困难。因此，应采取提高模腔及流道的表面光洁度或修复损伤部位和减小镶块缝隙、设计足够的刚性和强度、保证足够的脱模斜度等措施分别排除。

（2）工艺条件控制不当　如果螺杆转速太高、注射压力太大、注射及保压时间太长，就会形成过量填充，使得成型收缩率比预期小，脱模困难。如果料筒及熔料温度太高、注射压力太大，热熔料很容易进入模具镶块间的缝隙中产生飞边，导致脱模不良。因此，在排除粘模及脱模不良故障时，应适当降低注射压力、缩短注射时间、降低料筒温度、延长冷却时间，以及防止熔料断流等。

（3）原料不符合使用要求　如果在塑料原料中混入杂质，或者不同品级的塑料原料混用，都会导致塑件粘模。脱模剂使用不当也会对粘模产生一定程度的影响。

8.6.14　尺寸不稳定

尺寸不稳定是指在相同的注塑机和成型工艺条件下，每一批塑料制品之间或每模生产的各型腔塑料制品之间，塑件的尺寸发生变化。尺寸不稳定注塑缺陷分析及排除方法如下。

（1）设备故障　如果注塑设备的塑化容量不足、注塑机供料不稳定、注塑机螺杆的转速不稳定、液压系统的止回阀失灵、温度控制系统出现热电偶烧坏、加热器烧坏等，都会引起塑件的尺寸不稳定。

（2）模具故障　影响塑件尺寸不稳定的因素有模具的结构设计和制造精度。在成型过程中，如果模具的刚性不足或者模腔内的成型压力太高，使模具产生了过大的变形，就会造成塑件成型尺寸不稳定。如果模具的导柱与导套间的配合间隙由于制造精度差或磨损太多而超差，也会使塑件的成型尺寸精度下降。

（3）工艺条件设置不当　注射成型时，温度、压力和时间等各项工艺参数，必须严格按照工艺要求进行控制，尤其是每种塑件的成型周期必须一致，不可随意变动。

注射压力太低、保压时间太短、模温太低或不均匀、料筒及喷嘴处温度太高，以及塑件冷却不足，都会导致塑件形体尺寸不稳定。因此，采用较高的注射压力和注射速度、适当延长充模和保压时间、适当提高模具温度和料筒温度等，都有利于提高塑件的尺寸稳定性。

（4）成型原料选用不当　成型原料的收缩率对塑件尺寸精度影响很大。一般情况下，成型原料的收缩率越大或者收缩率波动越大，则塑件的尺寸精度越难保证。因此，在选用成型树脂时，必须充分考虑原料成型后的收缩率对塑件尺寸精度的影响。

8.6.15　喷射

喷射又叫喷射痕、喷射流涎，是指在制品的浇口处出现的流线。当塑料熔体高速流过喷嘴、流道和浇口等狭窄区域后，突然进入相对高的、相对较宽的小阻力区域后，熔融物料会沿着流动方向如蛇一样弯曲前进，与模具表面接触后迅速冷却而不能与后续进入型腔的熔融物料很好地融合，就在制品上造成了明显的流纹。喷嘴流涎故障分析及排除方法如下。

（1）设备缺陷　注塑机的喷嘴孔太大会造成喷射。应换用小孔径的喷嘴，或使用弹簧针阀式喷嘴和倒斜度喷嘴。

（2）模具缺陷　在热流道模具中，为了防止喷嘴流涎，应设置可释放模腔中残余应力的装置。

（3）工艺条件设置不当　会造成喷嘴流涎的工艺条件有喷嘴处局部温度太高、熔料温度太高、料筒内的余压太高。因此，通过适当降低喷嘴温度、降低料筒温度、缩短模塑周期、在喷嘴内设置滤料网、适当降低注射压力等方法来解决喷嘴流涎。

（4）成型原料选用不当　成型原料水分含量太高，也会引起喷嘴流涎，因此应干燥原料。

8.6.16　表面剥离

表面剥离是指塑料制品表面层发生剥落的现象。表面剥离缺陷分析及排除方法如下。

（1）模具缺陷　将浇口与型腔的转角处平滑过渡，可以避免塑料剥离。

（2）工艺条件设置不当　如果塑料熔体温度太低，塑件层之间可能无法熔融连接好，受到顶出的作用力，很有可能使塑件表面剥离，故可以提高料筒温度、提高模具温度或者提高背压。尽量避免使用过量的脱模剂解决脱模问题，应该改善顶出系统来排除脱模困难。提高射出速度也可以改善塑件表面剥离。

（3）成型原料选用不当　使用的回收塑料有杂质或与不同塑料混合、塑料含水量过大，都可能引塑件表面剥离。因此，减少回收塑料的用量、使用无污染的塑料、将塑料干燥达到注塑工艺要求等方法都可避免塑件表面剥离。

8.6.17　鱼眼

鱼眼是未熔化的塑料被压挤到模穴内，呈现在塑件表面的瑕疵。鱼眼缺陷分析及排除方法如下。

（1）工艺条件设置不当　如果料筒温度太低、螺杆转速太低和背压太低，使塑料没有完全熔融，很有可能产生鱼眼，故可以提高料筒温度、提高螺杆转速或者提高背压。尽量避免使用过量的脱模剂解决脱模问题，应该改善顶出系统来排除脱模困难，提高射出速度也可以改善塑件表面剥离。

（2）成型原料选用不当　回收塑料过多或有杂质，都可能会产生鱼眼。因此，尽量减少回收塑料的用量，使用无污染的塑料。

8.7　模具试模常见问题及调整

8.7.1　试模质量控制

模具试模一般3次以下（非正常试模3次以上），为了降低模具成本、控制试模次数，根据试模报告中所暴露的问题进行分析归类。

（1）客户产品更改的试模（属于正常性试模）。

（2）塑件形状、结构设计不合理。

（3）模具结构设计问题，如浇注系统的浇口尺寸问题、冷却水问题、抽芯机构问题等。

（4）模具零件制造与模具装配精度问题。

（5）成型工艺问题。

（6）标准件、采购件、外购件及附件等问题。

（7）试模的用料问题。

（8）试模前模具有问题存在，没有很好地检查、验收，就批准试模。

（9）试模后修整结论不正确或修整后没有把存在的问题一次性解决。

8.7.2　试模时制品易产生的缺陷及原因

试模时若发现塑件不合格，或模具工作不正常，就需找出原因，调整或修理模具，至模具工作正常、试件合格为止。试模中的常见问题及解决方法见表8-12和表8-13。

试模后制品表面出现的成型缺陷，判断是什么原因，如果是模具问题的，解决方法见表8-14，供修整模具时参考。

表 8-12 试模时制品易产生的缺陷及原因

缺陷＼原因	制件不足	溢边	凹痕	银丝	熔接痕	气泡	裂纹	翘曲变形
料筒温度太高		✓	✓	✓		✓		✓
料筒温度太低	✓				✓		✓	
注射压力太高		✓					✓	✓
注射压力太低	✓		✓		✓	✓		
模具温度太高			✓					✓
模具温度太低	✓		✓			✓		
注射速度太慢	✓							
注射时间太长				✓			✓	
注射时间太短	✓		✓					
成型周期太长		✓		✓			✓	
加料太多		✓						
加料太少	✓		✓					
原料含水分过多			✓					
分流道或浇口太小	✓			✓	✓			
模穴排气不好	✓			✓		✓		
制件太薄	✓							
制件太厚或变化大			✓			✓		✓
成型机能力不足	✓		✓	✓				
成型机锁模力不足		✓						

表 8-13 注塑模试模中的常见问题及解决方法

常见问题	解决方法
主流道粘模	抛光主流道→喷嘴与模具中心重合→降低模具温度→缩短注射时间→增加冷却时间→检查喷嘴加热圈→抛光模具表面→检查材料是否污染
塑件脱模困难	降低注射压力→缩短注射时间→增加冷却时间→降低模具温度→抛光模具表面→增大脱模斜度→减小镶块处间隙
尺寸稳定性差	改变料筒温度→增加注射时间→增大注射压力→改变螺杆背压→升高模具温度→降低模具温度→调节供料量→减小回料比例
表面波纹	调节供料量→升高模具温度→增加注射时间→增大注射压力→提高物料温度→增大注射速度→增加流道与浇口的尺寸
塑件翘曲和变形	降低模具温度→降低物料温度→增加冷却时间→降低注射速度→降低注射压力→增加螺杆背压→缩短注射时间
塑件脱皮分层	检查塑料种类和级别→检查材料是否污染→升高模具温度→物料干燥处理→提高物料温度→降低注射速度→缩短浇口长度→减小注射压力→改变浇口位置→采用大孔喷嘴
银丝斑纹	降低物料温度→物料干燥处理→增大注射压力→增大浇口尺寸→检查塑料的种类和级别→检查塑料是否污染
表面光泽差	物料干燥处理→检查材料是否污染→提高物料温度→增大注射压力→升高模具温度→抛光模具表面→增大流道与浇口的尺寸

续表

常见问题	解决方法
凹痕	调节供料量→增大注射压力→增加注射时间→降低物料速度→降低模具温度→增加排气孔→增大流道与浇口尺寸→缩短流道长度→改变浇口位置→降低注射压力→增大螺杆背压
气泡	物料干燥处理→降低物料温度→增大注射压力→增加注射时间→升高模具温度→降低注射速度→增大螺杆背压
塑料充填不足	调节供料量→增大注射压力→增加冷却时间→升高模具温度→增加注射速度→增加排气孔→增大流道与浇口尺寸→增加冷却时间→缩短流道长度→增加注射时间→检查喷嘴是否堵塞
塑件溢料	降低注射压力→增大锁模力→降低注射速度→降低物料温度→降低模具温度→重新校正分型面→降低螺杆背压→检查塑件投影面积→检查模板平直度→检查模具分型面是否锁紧
熔接痕	提高模具温度→提高物料温度→增加注射速度→增大注射压力→增加排气孔→增大流道与浇口尺寸→减少分型剂用量→减少浇口个数
塑件强度下降	物料干燥处理→降低物料温度→检查材料是否污染→升高模具温度→降低螺杆转速→降低螺杆背压→增加排气孔→改变浇口位置→降低注射速度
裂纹	升高模具温度→缩短冷却时间→提高物料温度→增加注射时间→增大注射压力→降低螺杆背压→嵌件预热→缩短注射时间
黑点及条纹	降低物料温度→喷嘴重新对正→降低螺杆转速→降低螺杆背压→采用大孔喷嘴→增加排气孔→增大流道与浇口尺寸→降低注射压力→改变浇口位置

表 8-14　制品表面缺陷与设计模具时应注意的事项

表观缺陷	设计时注意事项
缺料(注射量不足)	①加大喷嘴孔、流道、浇口的截面尺寸；②浇口的位置应恰当；③增加浇口数量；④加大冷料穴；⑤扩大排气槽
溢料、飞边	①模腔需准确对合；②提高模板平行度、去除模板平面毛刺,保证分型面紧密贴合；③提高模板刚度；④排气槽尺寸和位置应恰当合理
凹陷、气孔	①加大喷嘴孔、流道、浇口的截面尺寸；②浇注系统应使塑料熔体的充模流动保持平衡；③浇口应开设在制品的厚壁部位；④模腔各处的截面厚度应尽量保持均匀；⑤排气槽尺寸和位置应恰当合理
熔接痕	①加大喷嘴孔、流道、浇口的截面尺寸；②在熔接痕发生部位,模腔应具有良好的排气功能；③浇口应尽量接近熔接痕部位,必要时可设置辅助浇口；④动、定模需准确对合,成型零部件的定位应准确,不得发生偏移；⑤浇注系统应使塑料熔体的充模流动保持平衡；⑥制品壁厚不宜太大
降解脆化	①加大分流道、浇口截面尺寸；②注意制品壁厚不得太小；③制品应带有加强筋,轮廓过渡处应为圆角
物料变色	①应有恰当合理的排气结构；②加大喷嘴孔、流道、浇口的截面尺寸
银纹、斑纹	①加大流道、浇口截面尺寸；②加大冷料穴；③具有良好的排气功能；④减小模腔表面粗糙度；⑤制品壁厚不宜太大
浇口处发浑	①加大分流道、浇口截面尺寸；②加大冷料穴；③选择合理的浇口类型(如扇形浇口等)；④改变浇口位置；⑤改善排气功能
翘曲与收缩	①改变浇口尺寸；②改变浇口位置或增加辅助浇口；③保持顶出力平衡；④增大顶出面积；⑤制品强度和刚度不宜太小；⑥制品需带加强筋、轮廓过渡处应有圆角
尺寸不稳定	①提高模腔尺寸精度；②顶出力应均匀稳定；③浇口、流道的位置和尺寸应恰当合理；④浇注系统应使塑料熔体的充模流动保持平衡

续表

表观缺陷	设计时注意事项
制品粘模	①减小模腔表壁粗糙度；②去除模腔表壁刻纹；③制品表面运动需与注射方向保持一致；④增加模具整体刚度，减小模腔弹性变形；⑤选择恰当合理的顶出位置；⑥增大顶出面积；⑦改变浇口位置，减小模腔压力；⑧减小浇口截面尺寸，增设辅助浇口
塑料黏附流道	①主流道衬套应与喷嘴具有良好的配合；②确保喷嘴孔小于主流道入口处的直径；③适当增大主流道的锥度，并调整其直度；④抛光研磨流道表壁；⑤加大流道凝料的脱模力

8.7.3 做好试模的修整工作

针对试模过程存在的问题，找出原因，在修整通知单中填写修整内容及要求，经修整后试模、检查确认，直到合格为止，要求做好如下工作。

（1）根据试模成型工艺记录情况、制品的形状结构外观的成型缺陷、模具的功能性检查存在的质量问题，正确填写模具修整通知单的修整内容和要求。

（2）按试模通知单的内容，把存在的问题一次性修改到位，避免多次试模，降低模具成本。

（3）经试模需要对设计修改的要对图样作相应的更改，做到图样与模具一致，便于客户维修。

（4）严格地按试模后的修整流程进行修整工作。

8.8 塑件成型制品检测条件

（1）注塑模具的试模操作流程要规范，并要有试模记录。

（2）受检样品应是正常试模完成的注塑成型产品，注塑成型产品应该是在连续正常试模过程中从第 20 个到 50 个间选取 3 到 10 个检测样品。

（3）塑件成型产品提取检验，应在注塑件工艺参数稳定后进行，在正常情况下，在最后试模时应连续取 5～15 模注塑件交付模具制造和订购双方检查。

（4）除另有约定外，一般样品需要检验的尺寸在 500mm 以下，检具为游标卡尺、深度尺、卡尺、平板、高度尺、塞规等标准通用量具和相同精度的专用量具；500mm 以上可以使用钢皮尺。双方如有约定，可以采用光学投影仪、三坐标测量仪等满足注塑成型产品要求的检测方式。

（5）送检的成型塑件材料必须是合同规定的生产厂家的材料、牌号。在试制样品过程中必须按该材料的加工工艺要求处理。

（6）受检样品应按检测要求从注塑完成取样后，在一般情况下以 10～35℃ 的常温、40%～70% 湿度的环境下放置 24h 以上或经该材料工艺规定的"后处理工艺"处理。必要时按 GB/T 2918—2018 所规定的标准放置温度执行。放置方式以防止变形为要。个别特殊材料所需收缩、变形时间按材料特性处理，具体要求需要参考材料的供应商提供的材料特性表。

（7）受检温度除另有约定外，一般以常温为准。必要时按 GB/T 2918—2018 所规定的测量温度执行，受检塑件的放置温度应与检测温度条件基本一致。

（8）在检查交验注塑成型产品样品外观时，应在 400～600lx 光照度下，距被检测样品 0.3～0.5m 距离下，用正常视力目测检验或使用能保证测量精度的量具测量。

（9）在检验送检样品上的金属嵌件时，应在 400～600lx 光照度下，距被检测样品0.3～0.5m 距离下，用正常视力目测；用通用量具测量；用与其相配的零件或部件试装进行检验。

（10）在检验送检样品上自身的螺纹时，应在 400～600lx 光照度下，距被检测样品 0.3～0.5m 距离下，用正常视力目测检验以及选择相配的标准螺钉，采用测力距螺刀，检测旋入力矩和破坏力矩。

（11）使用符合设计要求的、合同双方认可的设备或规格、性能相近的设备进行试模。按生产工艺条件的要求使用相应的外围设备（冷却、加热、接气、接油、接电等），在连续正常生产的状态下任选检验样品。

（12）以订购方提供的或确认的表面纹饰样板、文字样稿和图案样稿作为对注塑成型产品进行对比确认的依据。

（13）对需要检测的注塑成型产品数据进行编号（注塑成型产品复杂的、尺寸数据较多的需要先进行分区），并准备好相应的检测判别表。

（14）注塑件的公差和定义公差应按国家推荐标准 GB/T 14486—2008 规定执行。

（15）成型部位未注公差尺寸的极限偏差按 GB/T 14486—2008 规定执行。

（16）塑件的尺寸精度，塑件的形状和位置公差按 GB/T 14486—2008 规定执行。

8.9 注塑成型制品检验项目

注塑成型制品具体检验项目见表8-15。其主要内容如下。

（1）成型制品验收规范。

（2）塑件外观检查和验收。

（3）塑件重量、尺寸、装配检查和验收。

（4）塑件产品的专用检具。

（5）塑件功能性检查和验收。

（6）模具试模运作验收单。

（7）塑件功能性检查和验收（按客户要求）。

表 8-15 注塑成型制品检验

注塑成型制品检查内容		合格	可接受	不合格备注
9.1	模具供应商有否提供注塑件的自检报告			
9.2	注塑成型制品的形状是否与图样或与样品要求相符			
9.3	塑件的搭子、成型孔、加强筋有否漏做			
9.4	塑件的几何形状、尺寸精度、表面粗糙度等应符合图样要求			
9.5	塑件的相关装配件,装配尺寸达到要求否。会否影响产品的使用性能			
9.6	塑件的外观质量检查			
9.6.1	塑件外形的粗糙度是否达到要求			

续表

注塑成型制品检查内容			合格	可接受	不合格备注
9.6.2	塑件外形有否段差状况				
9.6.3	塑件外形有否错位				
9.6.4	塑件安装部位没有变形				
9.6.5	塑件有没有缺损				
9.6.6	塑件外形的轮廓线条是否清晰、有否轮廓模糊,切点位置是否正确				
9.6.7	塑件外形的图案、皮纹、烂花是否达到客户的图样或样品(样板)质量要求				
9.6.8	塑件有否存在如下最常见的表观缺陷:凹陷、缩孔、气孔、流纹、暗斑、暗纹、银纹、顶高、顶白、变形、翘曲、缺料、明显熔接痕、废边、毛刺、断脚、划伤、烧焦、浇口裂纹、泛白、剥层、白化、没有光泽、颜色不均、缺料、表面龟裂以及溢料等				
9.7	塑件的壁厚是否超厚、均匀,重量是否超差				
9.8	塑件的浇口去除容易否?需要二次加工否				
9.9	多型腔的动模芯是否刻有编号、标记,是否正确				
9.10	塑件是否需要环保章、日期章				
9.11	组装的注塑成型产品,上盖是否大于下盖				
9.12	金属镶嵌件在塑料制件中是否牢固				
9.13	成型产品的嵌件上有否少量难以清除的塑料,影响装配和外观				
9.14	制件上直接制出的螺纹,端面入口处的第一牙是否适当去掉,而不影响制件旋入装配件(螺纹应满足技术文件上要求的拧入力矩和破坏力矩)				
9.15	在保证一定壁厚的条件下,注塑成型自攻螺钉底孔的大端孔径,是否按如下标准(斜度一般为 15°)				
	螺钉规格	M3mm 自攻螺钉	M4mm 自攻螺钉		
	孔径标准	$\phi(2.4\pm0.1)$mm	$\phi(3.5\pm0.1)$mm		

8.10 模具试模终检验收

(1)把试模所暴露的模具问题都修改好,按《模具验收单》作最后验收。塑件产品的外观质量、形状结构和功能性确认能满足客户要求。

(2)确认合格后,填写合格证,填写装箱清单,通知准备好所有技术资料,然后入库。

(3)检查装箱清单中所有的资料(装箱清单、合格证、使用说明书、图样文件、易损件图样、总装图、照片、检验单、试模工艺纪录、模具质量反馈表等)。

(4)装箱检查:易损件、备件、附件是否齐全,防锈工作要求达标否,模具在箱中要求固定,吊装保证安全。

(5)模具客户的名称和发模地址、收货人及电话号码填写正确。

第9章

常见的模具质量问题与原因

本章内容是根据笔者长期工作中所积累的经验，并通过分类、归纳、分析和总结，揭示模具企业中常见的模具质量问题。目的是提醒设计人员、制造人员、模具项目经理、质检人员对这些常见的模具质量问题引起警觉和关注；避免有质量问题的模具产品提供给客户，带来不必要的麻烦。

9.1 注塑模具的质量问题分类

9.1.1 模具设计、 制造的质量问题及原因

（1）模具结构存在问题，详见"10.3注塑模具设计的质量问题"相关内容。

（2）塑件质量（塑件结构、形状、尺寸、表面质量）达不到客户要求。

（3）成型工艺条件苛刻，成型周期较长。

（4）模具没有使用说明书和维修资料，使用户维修保养模具困难。

（5）模具提前失效。

9.1.2 模具交模时间延后

模具是新产品开发的工装设备，模具开发成功就能使塑件产品早日投放市场，赢得产品的竞争时间。所以模具的交货期在合同上有明确的规定，有的甚至按天计算。模具交货时间延后的原因如下。

（1）对塑件的结构、形状进行更改，增加了模具设计工作量，使设计工作延后。

（2）设计能力不够与经验欠缺，造成设计出错或模具结构设计重大更改，设计时间过长，占用了模具制造周期。

（3）成型零件加工出错与返工。

（4）数控加工设备精度达不到设计要求，增加了配模工作量。

（5）钳工素质、装配技能水平达不到要求。

（6）试模发现的问题没有一次修整到位，修整模具时间过长。

（7）公司模具订单数量超过产能，没有按计划接单。

9.1.3 模具成本没有得到有效控制

(1) 结构没有优化。

(2) 模板过大、过厚。

(3) 设计精度要求过高。

(4) 工艺编制不合理，增加了加工成本。

(5) 由于交模时间较紧，为了达到早日试模的目的，不惜工本；修整模具不到位，造成不必要的多次试模。

(6) 批量很少的、表面要求不高的塑件，选用了价格较高的模具材料。

9.1.4 模具质量管理及验收问题

(1) 没有模具验收标准或验收标准不规范。

(2) 质检人员能力不够，不懂模具的验收标准。

(3) 设计、制造、质检人员理念存在问题。

(4) 检验流程不规范。

9.1.5 售后服务工作

售后服务工作没有做到位，对客户的邮件、客户的投诉、抱怨没有及时回复和处理，对客户的反馈意见不够重视，没有及时采取措施很快解决。

9.2 模具质量问题的原因分析

在汽车部件注塑模具质量管理过程中，会遇到来自模具结构设计、制图、模具加工、检测、组装、试模、验收等各环节的质量问题，具体占比见图9-1。

由图9-1可知，70％的问题来自模具结构设计，图样5％、加工10％、试模8％、检测3％、装配2％、其它2％。

由模具设计缺陷引发的质量问题是灾难性的，严重的甚至会使模具报废。小问题的存在，需要设计更改，有的到试模时才发现，这就增加了制造费用，同时会影响交模时间。由此可见，模具质量的好坏决定于设计质量，如果模具设计质量优化，就能首先保证模具质量。所以抓好模具结构设计是质量管理工作的关键。优化模具结构设计，强化应用设计标准，是提高设计能力水平、避免设计出错的有效措施。

据统计，设计成本约占模具费用的8％～10％，同时设计质量决定了模具的制造费用。设计不存在问题，下面的加工、装配、试模、修整、验收等都会很顺利。

图9-1 模具质量问题原因的比例

9.3 模具设计质量问题的分类

9.3.1 企业的质量体系不健全，管理不善

（1）企业没有健全的三大标准体系来管理，人为管理，老板的话就是管理制度。

（2）组织框架不配套，名不正、言不顺。

（3）职、责、权不清，没有绩效考核。

（4）老板过分追求产值利润，方针与目标不协调。

（5）企业员工质量意识薄弱。

9.3.2 设计师的本身问题

（1）设计师的理念问题，质量意识淡薄，没有考虑客户的需求。

（2）只想自己尽快完成设计任务，设计随意，使模具结构设计存在着问题。

（3）设计师对自己要求不严，缺乏工匠精神。

（4）对模具结构的原理性还不很清楚，设计师的能力水平与经验不够，所设计的模具存在问题。

（5）设计工作安排不合理，不能胜任。

（6）设计工作量过分繁重，没有确认检查的时间，或者因情绪不好而出现设计差错。

（7）图样文件管理不规范、版本搞销。

（8）细节不重视，间接地、直接地影响了模具的设计质量。

9.3.3 设计标准的问题

（1）企业无设计标准或标准不规范。

（2）设计师没有很好的应用设计标准，只是搞了个形象工程。

（3）3D造型与2D工程图、装配图的设计质量不达标，使模具制造质量出了问题。

9.3.4 设计数据的问题

（1）客户的3D造型（制品形状、结构设计），评审时没有发现存在的问题。

（2）客户提供的设计数据有误。

（3）模具形状、结构设计存在的问题，评审没有发现。

（4）模具形状、结构设计设有优化，细节存在问题。

9.3.5 制品的前期分析和沟通问题

（1）客户的3D造型（制品形状、结构设计），没有经过分析就设计模具。

（2）制品有问题，没有进行及时、有效沟通，使模具结构设计出现多次设计变更，花费了设计人员大量的精力，而出现设计质量低下。

（3）制品的前期分析，只是搞了个形象工程，存在的问题没有发现，存在隐患。

9.3.6　模具结构设计、制造的成本控制问题

（1）设计师没有成本意识，模具结构设计的模板外形过大、过厚，特别是大型模具浪费是惊人的。

（2）模具结构设计没有考虑到加工工艺的合理性，无形之中增加了加工成本。

（3）模具设计需要综合考虑模具成本的经济性，但没有正确选用钢材，造成了不必要的浪费。

9.3.7　设计时间延后及其原因

详见本章"9.1.2"节。

9.3.8　接单数量超过产能问题

企业过分地追求了产值，超负荷接单，人力资源和设备已经处于饱和状态，超负荷的工作任务，影响了模具的设计、制造质量。

9.3.9　模具项目经理管理不得力

（1）模具项目经理对本项目管理不得力，只会发号施令。

（2）模具项目经理能力与知识面不够。由于项目管理人员缺乏，有的企业招收二年的模具工担任项目经理，真是"蜀国无大将，廖化作先锋"。

（3）项目管理团队没有形成合力，协调、拍板能力差。

9.3.10　模具质量管理与验收问题

（1）模具质量管理报喜不报忧，工作浮躁。

（2）验收标准不规范或验收质检人员不懂模具怎样验收，使有质量问题的模具出厂。

（3）模具质量管理不得力。

（4）企业没有给质检部门一定的权力。

9.3.11　模具设计与制造问题

详见本章9.4节与9.5节。

9.4　注塑模具设计问题

9.4.1　模具结构设计时间延后

（1）设计部门组织框架与设计流程有问题。

（2）设计水平、能力、经验不足。

（3）设计师没有尽力或设计任务繁重。

（4）制品造型有问题、变更多。

（5）与客户没有及时、有效的沟通。

（6）设计工作安排不妥当。

（7）塑件前期分析工作不得力，没有高水平的专人负责，起不到应有的作用，致使设计多次反复，延长了设计时间。

9.4.2 模具结构设计没有优化

一位优秀设计师一定要考虑选用最佳的模具结构，避免模具提前失效。因此，在设计时，不但要考虑零件的加工工艺、模具的装配工艺，而且要考虑模具的设计、制造成本、制品的成型质量、注塑成型周期与成型条件等。

9.4.3 设计标准不规范、标准件采用率低

（1）模具结构设计与标准件的采用同客户标准要求不一致，满足不了客户的期望值。

（2）企业的设计标准不规范或没有标准，使所设计的模具不统一，质量得不到保证。

（3）标准件采用率低，增加了模具设计和维修、保养成本。

9.4.4 模架问题

（1）模架规格型号设计错误。

（2）没有采用标准模架，提高了模具成本。

（3）模架的设计不是以偏移的导柱孔的模板边为基准。

（4）订购的镶芯模具的模架，动定模板没有开粗或开粗的基准设计错误。

9.4.5 钢材选用与热处理问题

（1）动、定模材料没有按客户要求选用。

（2）动、定模材料选用错误，达不到设计要求，模具提前失效。如成型聚氯乙烯的动、定模材料不是耐腐蚀性的模具钢。

（3）动、定模材料选用太好（设计模具既要考虑模具成本，又要考虑制品批量）。

（4）动、定模和零件热处理硬度及质量没有达到客户要求。

（5）动、定模材料没有生产厂家的质保单。

（6）动配合的零件错误地选用了相同的材料，如斜顶块与模芯的材料或硬度都一样，容易咬死。

（7）零件的热处理工艺不合理，如45号钢氮化处理，是没有作用的，只有含铬、钼、铝、钒四种元素的钢材，氮化才能提高硬度。

9.4.6 模具零件设计遗漏

由于现代模具设计都是用3D造型的，很可能把部件的装配附件遗漏，有的到装配时才发现。这样，需重新申报采购，等待采购来才可装配。

9.4.7 零件的材料清单问题

（1）零件的材料清单遗漏。

（2）零件清单中的数量、型号规格搞错，材料填写错误。

9.4.8 模具结构设计的原理性错误

模具行业有句至理名言"一个不懂得模具结构及制造原理和注塑成型原理的模具设计师，是模具工厂的灾难"。模具设计师需要了解模具结构的作用原理，掌握和遵守设计原则，这样才能避免所设计的模具存在问题。如图9-2所示的支承柱设计是错误设计，支承柱数量太多了，要求放在浇口对应的受力位置（如图9-3错误设计），否则造成浪费，增加了模具制造成本。

 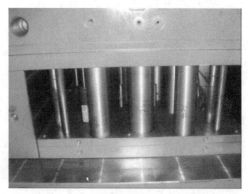

图9-2 支承柱数量太多 　　　　　　　图9-3 支承柱的位置尽量接近受力点

模具的顶杆固定板的垃圾钉位置设置错误，如图9-4所示。

自润滑的耐磨块装配时加了润滑脂，如图9-5所示。

图9-4 垃圾钉位置设置错误 　　　　　图9-5 自润滑的耐磨块装配时加了润滑脂

9.4.9 装配零件相互干涉

（1）零件空间位置相互干涉（如吊环孔与水管接头或螺纹孔干涉）。

（2）孔与零件或模板外形交叉，产生破边孔。

（3）模具摆放困难，没有支承柱保护。

（4）模具附件、冷却水管、冷却水管接头、油管及油管接头等装配时相互干涉。

（5）模具安装到注塑机时，压板同零件发生干涉。

9.4.10 模具布局不合理

（1）多型腔模具位置布局不合理，分型面的封胶面过宽，使模板外形增大。

（2）模具的外型太小，空间位置狭窄，零件发生干涉。

（3）复位杆孔打在滑块的压板上，如图 9-6 所示。

（4）拆去一个零件才能安装另一个需件，如垃圾钉盖在动模固定板的内六角螺钉（如图 9-7 所示）、吊环螺钉与水管接头干涉。

（5）冷却水孔或螺纹孔破边或孔与孔干涉。

（6）平面接触块布局不美观，横七竖八、杂乱无章，如图 9-7 所示。

图 9-6　复位杆孔打在滑块的压板上　　　　图 9-7　平面接触块布局不美观

9.4.11　模具设计随意，不注重细节

（1）模板的外形倒角有大有小、倒角不规范、倒角漏倒。

（2）零件的刻字大小不统一、方向相反。

（3）零件的非成型部分的外形形状有尖角、快口。

9.4.12　3D 造型结构设计的质量问题

（1）3D 造型图层混乱。

（2）分型面设计不好，如形状突变、尖角、圆弧等。

（3）结构设计不合理，模具结构设计没有优化（把简单设计方案设计成了复杂化结构）。

（4）模具结构设计采用整体设计还是镶块设计，需要根据模具的材料费用与加工成本、工艺等进行综合考虑。

（5）模板外形太小，复位杆孔的位置处于滑块的压板边，增加了加工难度。

（6）模板过大，增加了模具成本。

（7）模具强度不够，提前失效。

9.4.13　模具设计 2D 图样的质量问题

（1）图面质量较差，图层混乱，不能一目了然。

（2）图样画法不符国标，如线条应用、比例（放大比例不允许 3∶1，但允许缩小比例而采用 1∶3），模具结构复杂，但没有用剖视图、局部视图、向视图等表达清楚。

（3）公差标注和粗糙度标注不合理（公差标注过低，降低了模具制造精度；公差标注过高，增加了模具的制造难度和成本）。

（4）米制、时制尺寸标注混合使用。

（5）主视图画法错误，违反主视图选择的三原则，给看图、制造、编制工艺、加工带来了困难，如图 9-8 和图 9-9 所示。

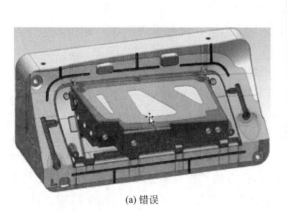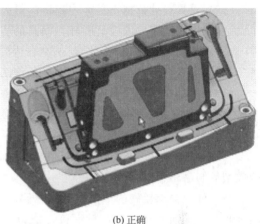

(a) 错误　　　　　　　　　　　　　　　　　　　(b) 正确

图 9-8　主视图选择的立体图

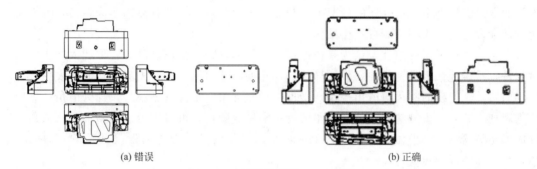

(a) 错误　　　　　　　　　　　　　　　　　　　(b) 正确

图 9-9　主视图选择的 2D 工程图

（6）设计基准选择错误，多型腔模具的定位基准应是塑件的中心距，而不一定是边距。

（7）设计的公称尺寸应该是整数，而且最好是逢 5 或逢 10，但有的设计师随意把尺寸标注成小数，如冷却水道的同心距、斜顶角度设计成分秒，多型腔的中心距设计成小数，给制造、测量带来不必要的麻烦。

（8）尺寸标注错误，达不到设计要求：①尺寸标注基准不统一，尺寸标注没有规则、随意，图样四周都标注了尺寸（一般在左下角）；②尺寸直接标注在轮廓线或虚线上；③尺寸数值标注错误或公称尺寸标注为小数；④尺寸标注遗漏；⑤引线穿过尺寸线；⑥零件图的尺寸只标注了公差代号，尺寸标注在直观视图上；⑦尺寸标注重复、封闭（没有空环尺寸）；⑧尺寸标注不在直观视图上；⑨配合零件没有标注公差尺寸。

（9）文件管理出问题，把客户提供的数据或版本搞错。

（10）零件名称错误，不是通用名称而是方言，读者很难理解。如滑块叫"行位"、楔紧块叫"铲机"。有的把名称混淆，如顶杆板与顶杆固定板、支承柱与支撑柱搞错。

（11）不按规范更改图样（在原图上打上标记，进行更改图样），而是重新画了一张图样发放，并没有把原来的图样收回，但零件还是按老图样加工或按更改不规范的图样加工而造成出错。

（12）没有按照客户要求画法设计图样，如第一角画法和第三角画法混乱。

（13）没有按照客户的模具设计标准设计模具。

（14）没有按照客户的要求设计标准件。

（15）模具设计数据不是客户提供的最终版本，造成设计事故。

（16）提供给客户的模具图样与模具的实际数据不一致。

（17）装配图质量较差，没有正确表达模具结构，给客户维修带来困难。

（18）没有向客户提供塑件成型的最佳工艺。

（19）没有提供模具使用说明书和维修保养手册。

9.4.14　模具结构设计不合理

（1）开模后塑件留在定模，制品取件困难。有的制品成型后有可能粘在任一侧，不能保证成型后制品粘在哪一侧。

（2）外观要求较高的塑件没有采用倒装模结构。有的塑件，外观要求较高，浇口受到限制（制品外表面不允许有进料痕迹，浇口一定要在内侧的），必须采用倒装模结构。如果，从侧面进料，由于制品形状较大，很难保证流动平衡，填充非常困难，制品成型后，因收缩不均而导致变形严重。在这样的情况下，只能采用内侧进料，即制品内型为定模，也就是所谓的倒装模结构，应用液压缸顶出结构。

（3）非对称形状的塑件误认为是镜像。在设计模具时，常把制品结构形状大同小异的非对称件，错误地认为是镜像件，像这样粗心大意的设计出错，在各模具企业时有发生。

（4）动、定模的圆角与清角搞错。塑件外形是圆角，定模（型腔）设计为清角，定模需要重新加工或者报废。塑件外形是清角的，定模做成圆角，可以把定模重新加工成清角。塑件内形是清角的，动模做成了圆角，就需要烧焊或报废了。塑件内形是圆角的，做成了清角，重新加工成圆角就行。

（5）孔的位置设计不当。孔与模板或零件的外形破边、与螺纹孔破边、与顶杆破边、与冷却水孔破边、与平面接触块破边。

（6）没有 3D 造型设计，2D 零件工程图遗漏。

（7）零件没有标识（件号、图号）。

（8）成型制品造型有倒扣，制品顶出困难。

（9）结构设计没有优化。

（10）斜顶机构采用了弹簧复位机构。

（11）模具的设计外形、高度、定位圈直径、喷嘴球 R 等同注塑机的参数不匹配。

（12）非成型零件的外形设计成快口。

（13）模板的螺纹孔没有倒角。

（14）加强筋长、高度超过 15mm 的没有采用镶块结构（排气不良、烧焦、成型困难）。

（15）大型有斜顶机构的模具，顶板与顶杆板的固定螺丝数量不够。

（16）多型腔模具没有按规范要求标记编号。

（17）产品标记有问题，不规范。

（18）没有环保章和日期章及塑件名称材料牌号标记（没有达到客户要求）。

（19）模具四角没有启模槽。

（20）动、定模没有锁模条。

（21）动、定模零件制造工艺编制不合理。

（22）模具外形没有标记铭牌，也没有供应商标记铭牌，模具标识不清楚。

（23）成型收缩率放错或收缩率数据错误。

（24）大型模具没有设置基准孔。

（25）方导柱应用了定位销。

（26）正定位的布局不是以模板为中心。

（27）垃圾钉布局不合理。

（28）三板模开距行程欠大，浇注系统凝料取出困难。

（29）三板模的正导柱大小，仍按二开模的标准模架的导柱大小设计。

（30）模具结构可以采用整体或镶块两个方案，设计师没有综合考虑问题，导致设计方案错误。

9.4.15　分型面的设计问题

（1）动、定模分型面形状设计不合理：有尖角、突变没有过渡面、R面的配合面没有避空。

（2）动、定模分型面的封胶面太宽或太窄。

（3）动、定模分型面没有避空，没有设置平面接触块。

（4）平面接触块开了油槽。

（5）分型面的工艺孔、螺纹吊装孔应用黄铜（或螺塞堵塞），且与分型面平齐。

9.4.16　成型零件设计问题

（1）零件没有图号。

（2）图样上没有标注粗糙度或粗糙度值标注错误。

（3）粗糙度值选用错误，过高或过低。

（4）主视图选择错误，给读图、编制工艺、加工带来困难。

（5）模具没有设计标准。

（6）3D造型图层和2D工程图层混乱，看图很累。

（7）3D结构造型任意，公称尺寸设计成小数，角度设计为分、秒。

（8）公差配合选用和标注不合理。

（9）多型腔模具没有按规范要求，设计编号标记。

（10）动、定模成型收缩率数据错误，塑件尺寸达不到要求。

（11）基准角设置错误，不是在偏移的导柱孔的角边。

（12）动、定模结构设计不合理：需要设计镶块结构的设计为整体的，没有考虑到加工工艺等。

（13）非整体的采用镶块的动、定模的楔紧块底部没有避空。

（14）动、定模侧筋处无R圆角过渡，成型时尖角处易产生塑料粉末滞留，不利于成型。

（15）动模的交角处形状设计成清角，无R圆角过渡，加工应力集中，会使模具提前失效。

（16）动、定模的圆角与清角搞错。

（17）非成型外的零件，应倒角的没有倒角或倒角不规范。

（18）动、定模的尺寸设计错误：动、定模的分型面的封胶面避空、分型面与滑块的碰头面避空。

（19）动、定模的形状、尺寸与塑件图样不符，如加强筋漏做。

（20）没有设计环保章和日期章及塑料牌号章。

（21）零件造型遗漏或 3D 转 2D 的工程图遗漏。

（22）零件的材料清单遗漏。

9.4.17 导向零件与定位机构设计问题

（1）正导柱短于斜导柱、动模，起不到保护作用。

（2）正导柱高于斜导柱、动模很多（超过 30mm 以上）。

（3）导柱、导套设计可以应用标准件的没有应用标准件，公差配合不合理。

（4）非标的长导柱设计不合理，没有考虑成本和装配工艺。

（5）非标的导柱外径、导套与模板的配合不合理。

（6）非自润滑的导套（非石墨导套）没有开设油槽。

（7）方导柱布局不是在模板的中心位置，设计了方导柱又设计了正导柱。

（8）塑件的分型面斜度落差较大的模具，定位结构不可靠，如图 9-10 所示。

（9）定位结构设计不合理，与塑件形状、结构不匹配，如高型芯的模具，只用了四角定位。

（10）定位结构设计不合理，重复定位，增加了制造难度和成本，如图 9-11 所示。

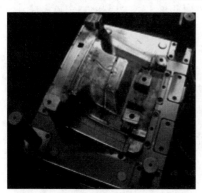
图 9-10　制品斜度落差较大的模具

图 9-11　重复定位

　　（11）楔紧块的底部与模座底面应有 0.5～1mm 间隙（如同轴的键与轴套的键槽配合是天地避空的，否则动、定模芯与模板的侧面配合处可能有间隙），如图 9-12(a) 所示。

（12）正导柱比斜导柱、型芯短，起不了保护斜导柱、型芯的作用。

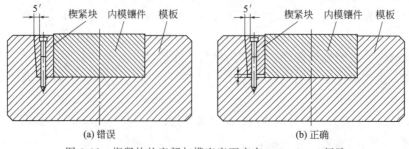
图 9-12　楔紧块的底部与模座底面应有 0.5～1mm 间隙

9.4.18 浇注系统设计问题

（1）没有经过模流分析就设计模具，浇注系统设计不合理。

（2）浇口套的球 R 和喷嘴口径的设计数据与注塑机不匹配。

（3）注射压力不平衡，压力差很大，成型条件苛刻。

（4）浇注系统没有遵循最小设计原则（料道太粗、浇口太多、主流道太长），浪费原料、压力损失太。

（5）浇口位置不对，成型困难。

（6）浇口尺寸欠大，喷射、射胶时间过长，成型困难。

（7）浇口形式选用与塑件形状、结构不匹配。

（8）浇注系统的浇口形式选用错误。

（9）浇注系统没有开设必要的溢料槽。

（10）浇注系统表面有气痕，流线，没有开设排气槽。

（11）制品的熔接痕出现在不允许的位置。

（12）浇注系统没有单独设置冷却水道。

（13）没有设计浇口尺寸，3D造型尺寸设计不规范，由模具钳工自做，容易出现浇口过大过小，达不到设计要求。

（14）头部不平的浇口套没有止旋的定位销。

（15）浇注系统的凝料和浇口，用机械手取制品困难，不适用于自动化生产，达不到客户要求。

（16）浇口处理困难，影响塑件外观。

（17）浇注系统设计没有应用热流道，成型制品的质量不佳。

（18）浇注系统的凝料没有顶出，留在模内，不能自动脱落。

（19）潜伏式浇口顶出时弹伤塑件外表。

（20）流道的凝料和浇口设置，不适用于自动化生产。

（21）三开模定模开距欠大，凝料取出困难，应如图9-13所示。

（22）动、定模开距行程不够大，用机械手取制品困难。

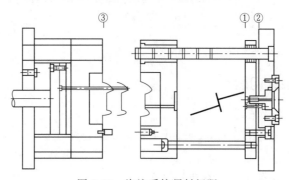

图 9-13 浇注系统凝料间距

9.4.19 热流道模具设计问题

（1）热流道喷嘴的料口型式（点浇口、开放式、针阀式）选择错误。热流道采用顺序阀的没有应用针阀式喷嘴。

（2）热流道电线不是从天侧进出。

（3）热流道模具的喷嘴装配尺寸设计有问题（因流道板的长度热膨胀、喷嘴的轴向膨胀），产生漏料或堵塞。

（4）热流道模具流道板漏料、喷嘴漏料。

（5）热流道电线不是从天侧进出。

图9-14　电线没有用绝缘套管

（6）热流道绝热效果不好，没有隔热板。

（7）热流道电功率不匹配。

（8）热流道电线没有电线夹固定、电线布局杂乱、电线没有用绝缘套管，不安全。如图9-14所示。

（9）热流道模具的多喷嘴没有按规范要求刻上相应编号标记。

（10）热流道电器插座固定在反操作侧位置。

（11）热流道结构设计不便于安装、拆卸和维修。如热流道长喷嘴结构设计不合理，没有导向柱，应如图9-15所示设计。

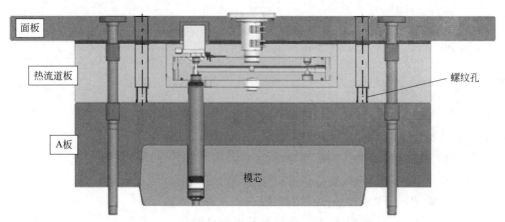

图9-15　热流道板的模具设计要便于拆卸和维修

（12）热流道的喷嘴形式选用不当。

（13）热流道元件没有按合同和客户的要求订购。

9.4.20　冷却系统设计问题

（1）进、出水管在操作侧。

（2）冷却系统结构设计不合理，冷却效果不好，满足不了成型工艺要求，需要延长冷却时间，增加了成型周期。

（3）串联水路的设计有死水，冷却效果不好。

（4）冷却水路设计过长，没有产生紊流，而是层流，冷却效果较差。

（5）形状复杂的动、定模，没有分区域设置冷却水。

（6）四组以上冷却水没有水路分配器。

（7）在模板上没有刻出隔水片的安装方向和编号。

（8）动、定模的密封件尺寸与动、定模的尺寸不匹配，产生漏水、渗水。

（9）冷却水孔与顶杆孔或螺纹孔（水平与垂直相互交错的孔）破边距太近，产生漏水或渗水。

（10）动、定模的冷却不平衡，温差较大，导致制品变形。精密模模温超过2℃，非精密模模温超过5℃。

（11）冷却水的流向没有同熔料流向一致。

（12）水管、水路总成与其它零件装配时有干涉。

（13）交叉的冷却水道头部设计是平面，给加工水孔带来困难。

（14）冷却水孔与模板外形、孔或与其它零件破边，形成快口尖角，既不美观又不安全。

（15）动、定模进出水路没有区别和分组编号标记。

（16）动、定模形状复杂，狭窄处冷却效果不好处，没有应用铍铜镶块。

（17）成型面积较大的镶块零件、斜顶块零件等没有冷却水设置。

（18）跟着模具零件一起运动的（抽芯或顶出）水管外径，空间位置间隙不够，或产生瘪形，或相互碰撞。

（19）水管接头与注塑机的格林柱有干涉。

（20）大型模具没有采用90°的水管接头，造成水管装配困难。

（21）水管布局设置不美观：水管布置没有管夹，长短尺寸不理想。

（22）精密模的冷却水路没有设计为平衡式冷却。

（23）动、定模没有冷却水路铭牌。

9.4.21 斜导柱抽芯机构设计问题

（1）斜导柱抽芯机构的大型滑块在天侧，不是外置式弹簧机构，滑块定位不可靠。

（2）抽芯机构锁模不可靠，并产生让模。

（3）斜导柱滑块没有限位零件或限位零件不可靠，限位装置用了六角。

（4）滑块的T型槽压板没有设置定位销。

（5）抽芯行程很短的滑块压板，不是采用嵌入式压板，仍采用定位销设置。

（6）滑块的耐磨块没有油槽，油槽设计不规范（油槽没有密封、油槽形状不对）。

（7）滑块的楔紧块的角度小于斜导柱的角度，抽芯时产生干涉。

（8）楔紧块与滑块的配合处没有标注尺寸公差。

（9）滑块的设计基准错误，应该以滑块的封胶面或成型面为基准，不仅是以滑块的尾部为基准。

（10）滑块的抽芯行程不够。

（11）滑块结构的抽芯重心太高。

（12）滑块抽芯后，在导滑座内的长度少于导滑全长2/3。

（13）形状复杂的滑块抽芯机构没有设计两级抽芯，使制品产生变形。

（14）相互运动的零部件，材质和硬度值一样，如压条T型槽、耐磨块与滑块的硬度值一般要求差5~8。

（15）复杂的、大型的斜导柱滑块设计成整体的，没有设计成镶块结构，浪费材料，也不便热处理。

（16）20kg以上斜导柱滑块没有设置吊环螺孔。

（17）大型滑块或形状复杂的滑块的成型部分，没有设置冷却水道。

（18）压板台阶的宽度与高度与外形不匹配。

（19）滑块形状、结构设计不合理，外形设计过大，浪费了材料，增加了加工成本。

（20）斜导柱、滑块结构设计的配合公差选用不合理。

（21）斜导柱角度过大，没有按客户标准设计。

（22）滑块的斜导柱孔没有倒角。

（23）斜导柱的结构（斜导柱由模板上口敲入、斜导柱由模板用螺钉旋入）设计不合理。

（24）斜导柱滑块的压缩弹簧内没有弹簧销。

（25）滑块的封胶面没有密封，有间隙。

（26）滑块的成型处与动模芯滑动相碰处设计成平面，应该设计成斜面，避免抽芯动作时磨损。

（27）滑块的台阶与滑块槽的滑动部分、滑块的斜面与楔紧块的配合处，没有标注公差或标注错误。

（28）滑块的成型部分下面有顶杆时，没有先复位机构，顶杆与滑块产生干涉而失效。

（29）成型面积较大的制品，采用了油缸抽芯机构，油缸缸径欠大，锁紧力不够，产生让模。

（30）油缸抽芯机构没有行程限位装置。

9.4.22 顶出系统设计问题

（1）顶杆设计不合理（布局、数量）、顶出困难，塑件表面有顶高、顶白。

（2）头部不平或斜面的顶杆没有限位以防止旋转。

（3）顶出行程不够，塑件取出困难。

（4）顶杆、顶杆板没有相应的顺序编号标记。

（5）顶杆和复位杆的高低位置不规范。

（6）大型模具的顶杆板变形，强度不够或加工后应力没有消除。

（7）顶管位置不对，使塑件几何尺寸不对。

（8）大型模具的顶杆固定板与导柱孔没有间隙，当动模固定板受热时，会使顶板导柱歪斜，如图 9-16(a) 所示。

（9）顶板导柱的导套外形与顶杆固定板的配合设计错误，如图 9-16(a) 所示。

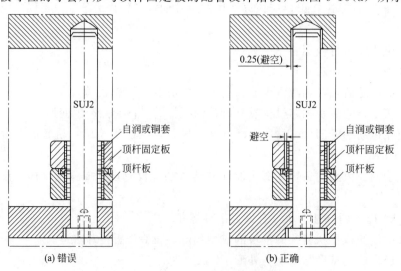

图 9-16 顶板导柱与导套装配要求

（10）透明制品有明显的顶出痕迹，模具结构设计有问题。

（11）限位柱高度太高或太矮。

（12）制品需要两次顶出的，按常规设计一次顶出，制品脱模困难或变形。

（13）大型模具限位柱数量不够。

（14）垃圾钉设计不当：位置不在受力的地方（如滑脚附近没有垃圾钉）、数量太多或太少、直径太大或太小。

（15）传感器位置设计不正确。

（16）用油缸顶出结构，顶出的行程不够，顶出力不够。

（17）不需要油缸顶出的，错误地设计成油缸顶出，延长了成型周期，提高了模具成本。

一般油缸顶出应用于以下五种场合：①顶出和复位需要较大的力；②成型周期较长的注塑制品，顶出系统在定模；③顶出系统在定模；④二次顶出；⑤斜顶较多的汽车模具。

（18）长度超过600mm的模具，复位杆数量只有四个，应设计成六个。

（19）复位杆的复位弹簧的外径与模板的沉孔间隙太小。

（20）定位圈偏心的模具，顶出孔位置没有跟着偏移，还是按常规设计。

（21）用油缸顶出系统的顶出终点位置和复位终点位置没有用行程开关控制。

9.4.23 斜顶抽芯机构的设计问题

（1）斜顶杆与动模芯及模板的接触面没有避空，应设置导向块或自润滑铜套。

（2）斜顶杆的角度太大。

（3）斜顶的抽芯距不够，顶出行程不够。

（4）斜顶块顶出时，空间位置不够，顶出抽芯时与成型制品的加强筋发生干涉或与其它零件发生干涉。

（5）斜顶杆的成型分型面设计不合理，如图9-17所示。

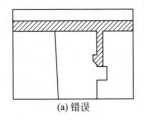 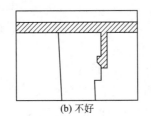 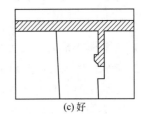

（a) 错误　　　　　　　（b) 不好　　　　　　　（c) 好

图9-17　斜顶杆的成型分型面设计

（6）斜顶块的单斜顶的圆杆没有止旋结构。

（7）抽芯距差异很大的多斜顶机构设计成同一角度，致使制品顶出时产生变形。

（8）斜顶杆的角度设计分、秒，特别是双角度的斜顶杆，给加工和测量带来不必要的麻烦。

（9）斜顶机构装配时与其它机构发生干涉。

（10）大型模具的斜顶块，没有设置冷却水装置或采用铍铜材料。

（11）斜顶块外形与模板配合间隙过大。

（12）斜顶杆低于动模平面。

（13）多斜顶机构的模具，顶出时制品跟着斜顶一起跑，没有限位装置。

（14）斜顶杆定位销与孔装配没有到位，只有75%。

（15）斜顶杆油槽不规范，塑件有油污。

（16）不规则的斜顶块没有设计基准角，加工、测量困难。

（17）大型不规则的斜顶块，由于有两个斜顶杆的孔距设置不好，顶出时重心不平衡，配模困难，同时会使模具提前失效。

（18）大型有斜顶机构的模具，顶板与顶杆板的固定螺丝数量不够，致使受力不均，产生变形。

（19）斜顶很多的模具，采用了复位弹簧，没有采用油缸或氮气气缸。

9.4.24　排气系统设计问题

（1）排气槽布局不合理，制品的外形交角没有开设排气槽。

（2）模具没有设计排气槽。

（3）排气不彻底、不充分，没有与大气相通。

（4）排气槽没有开设在料道末端。

（5）盲孔没有开设排气槽。

（6）成型面积较大的抽芯机构，没有设置排气。

（7）排气槽设计太深或太浅。

（8）排气槽设计在操作侧。

（9）排气槽与制品、流道干涉。

（10）成型面积较大的抽芯机构（滑块或斜顶块），没有设置排气。

（11）塑件高搭子或加强筋的底部没有顶杆的，需设计排气针。

（12）高型腔的型芯没有开设排气阀。

（13）排气困难的地方没有采用镶块结构，并应用排气钢排气。

9.4.25　支承柱与垫铁问题

（1）支承柱的位置布局不当，不在受力的地方，起不到作用。

（2）支承柱数量太多或太少。

（3）支承柱的尺寸与垫铁高度的尺寸设计错误。

（4）支承柱的材料与垫铁应相同，支承柱的硬度应比垫铁的硬度高5（不可低于）。

（5）垫铁与顶板间隙太小，仅有0.2mm左右。

9.4.26　支撑柱问题

（1）大型模具的支撑柱的台肩没有沉入动模板（动模垫板）内。

（2）支撑柱直径太大，材料浪费。

（3）为了便于模具摆放时，同时保护模具的抽芯机构及附件（油管、水管、电气管等），特意设置了支撑柱。但有时考虑不周，支撑柱起不到应有的作用。

9.4.27　标准件问题

（1）与标准件配套的零件设计错误或标准件生产厂家及型号同客户要求不符。

（2）标准件的规格、型号选用错误。

（3）标准件清单填写错误。

9.4.28　模具吊装问题

（1）有的模板没有吊环孔，不便于拆卸、吊装。

（2）有的模具制造时，没有动、定模分开装配螺纹孔，吊装困难。

（3）模具吊装不平衡，吊装重心偏大。

（4）吊环孔入口没有倒角或沉孔不够深，吊环旋不到位，平面有间隙。模具吊装时，吊环螺钉被吊弯，不能再用。

（5）抽芯机构、油缸等没有保护装置，模具起吊和摆放有困难。

（6）吊环螺钉大小与模具重量不匹配，太大或太小。

（7）吊环型号与客户要求不符。

（8）吊装螺纹孔的孔边要有吊装螺纹直径大小标志。

9.4.29　模具标识与铭牌

（1）多型腔模具没有编号。

（2）模具没有环保章、日期章。

（3）标识不规范：字体不统一、同一副模具零件标识的刻字有大有小、方向不一致。

（4）零件标识错误。

（5）模具没有制造商铭牌，复杂的模具没有开模顺序动作铭牌，没有应有的铭牌（水路铭牌、热流道铭牌、电器铭牌及警告铭牌）。

（6）铭牌位置不妥。

9.5　模具制造问题

9.5.1　成型零件及装配制造问题

（1）汽车部件模具动、定零件加工或设计出错，任意烧焊，没有审批手续，没有在图样上做出标记。

（2）烧焊零件质量有问题。

（3）动、定模定位机构精度达不到要求。

（4）零件设计更改，加工还是按更改前的图样加工，零件报废。

（5）动、定模分型面配模没有到位，间隙超差，精度、粗糙度达不到设计要求。

（6）斜顶处、滑块处、顶杆处有飞边。

（7）模具有锈斑，表面有撞击、划伤痕迹。

（8）工艺编制不合理，加工零件精度达不到要求。

（9）没有严格的执行工艺，加工零件精度达不到要求。

（10）动、定模和零件热处理硬度及质量没有达到客户要求。

（11）动、定模分肢面的配模质量达不到设计要求，如接触面均、精度、间隙超差，粗糙度值高。

（12）分型面、成型面处有电火花纹、刀痕。

（13）模具任意烧焊。

（14）动、定模和零件的热处理要求及质量没有达到客户要求。

（15）要氮化的零件没有氮化或氮化后又磨去。

（16）成型零件没有加工基准和检测基准标志。

（17）正定位外形与模板配合为间隙配合（应是过渡配合），正定位机构形同虚设。

9.5.2 导向与定位机构制造问题

（1）导柱与定模板配合过松。

（2）导套与定模板配合松动。

（3）正定位外形与模板配合为间隙配合，形同虚设。

（4）动、定模的四区配合的接触面不均。

（5）动、定模定位机构精度达不到要求。

（6）导套底部没有开设排气口。

（7）石墨导套用油脂来润滑。

9.5.3 浇注系统制造问题

（1）流道、浇口尺寸没有按设计要求制造。

（2）塑件的浇口处理困难，影响外观。

（3）浇注系统的凝料没有顶出，留在模内。

（4）浇口欠大，射胶时间过长。

（5）浇注系统设计不合理：料道太粗、主流道太长、进料困难、注射压力过高或无法成型。

（6）浇注系统没有开设冷料穴。

（7）流道没有抛光，有电火花纹、刀痕。

（8）浇注系统的凝料和浇口，不能自动脱模。

（9）潜伏式浇口顶出时把塑件外表弹伤。

（10）羊角浇口尺寸太厚。

9.5.4 热流道系统制造问题

（1）多喷嘴模具没有按规范要求，刻上相应编号标记。

（2）流道板内有铁渣。

（3）热流道电器插座固定不可靠。

（4）热流道模具的喷嘴装配尺寸没有达到设计要求，产生漏料或堵塞。

（5）热流道喷嘴针阀损坏，喷嘴堵塞。

（6）热流道的喷嘴选用不当。

（7）热流道模具流道板漏料、喷嘴漏料。

（8）热流道进料位置与点数不对。

（9）热流道电线没有编号或编码混乱，电线没有管夹固定，电线没有用绝缘套管。

9.5.5 冷却系统制造问题

（1）水管接头的螺纹与模板的螺纹的长度尺寸不匹配，产生漏水、渗水。

（2）水孔没有堵头，产生漏水。

（3）堵头处漏水，水管接头与模板连接处漏水、渗水。

（4）水管接头处生胶带缠得很多，超过了4.5圈。水接头的沉孔底径太大或太小，孔径台阶深度不规范。

（5）冷却水孔内有铁屑或断裂的丝攻堵住水路，流量很小。

（6）动、定模产生漏水：冷却水孔过深与顶杆破边、冷却水孔与歪斜的顶杆孔破边。

（7）水管连接较乱、不整齐、水管欠长，连接后产生瘪形，流量很少。

（8）进、出水管接法错误，进出水管在操作侧，没有进、出水路标记，没有冷却水路铭牌。

（9）沉入模板的水管接头有深有浅，有的高于模板侧面。

（10）模具冷却水系统没有经过水压试验。

（11）动模冷却效果不好，满足不了成型工艺需要。

（12）大型滑块、镶块冷却不充足或没有冷却。

（13）动模漏水、渗水；定模漏水、渗水。

（14）四组冷却水以上没有水路分配器，冷却水路过长，水管连接较乱。

（15）跟模具一起运动的橡胶水管外径间隙不够，要相撞。

9.5.6 顶出系统制造问题

（1）顶杆设计不合理（布局、数量、直径）：塑件顶出困难、塑件表面有顶高、顶白；取件困难、制品顶出变形。

（2）顶杆固定的沉孔深度太深，使顶杆上下窜动。

（3）顶杆与型芯孔相配间隙太大，产生废边。

（4）顶杆尾部台阶用砂轮机打磨，破坏了标准件。

（5）顶杆头部用角向砂轮片切割，使顶杆头部发蓝。

（6）顶杆回位有点紧，顶出的零件不很畅通，顶出噪声过大。

（7）顶板导柱与底板装配尺寸不准，顶板导柱掉出。

（8）顶管有废边。

（9）顶管制造精度与装配精度达不到设计要求。

（10）顶管的型芯弯曲。

（11）顶杆低于动模成型面。

（12）头部不平或斜面的顶杆尾部没有定位，防止旋转。

（13）顶杆与顶杆板没有打上相应的顺序编号标记。

（14）顶杆和复位杆的高低位置不规范。

（15）顶管位置不对，使塑件变形、几何尺寸不对。

（16）传感器安装位置不正确。

9.5.7 顶杆损坏原因

顶杆由于制造精度和装配精度达不到要求，在使用时会发生咬边、磨损、折断，最后失效，其原因如下。

（1）各顶杆孔、顶板导柱、顶板导套与相关零件的同轴度超差，其中心线与相关零件的垂直度超差。顶杆、顶板导柱、导套的中心距位置偏移。顶杆与顶杆孔没有达到 H7/f6 配合要求。

（2）顶杆与动模芯没有避空。

（3）顶杆与顶杆固定板的端面装配尺寸没有间隙，没有消除积累误差，使装配好的顶杆不会自由摆动。顶出时，顶杆与动模芯容易发生干涉，容易磨损或型芯咬死，使模具失效。

（4）模板与垫铁、动模固定板无定位销连接，装配精度达不到要求。

（5）顶杆孔的粗糙度达不到要求（$Ra0.8\mu m$ 以上）。

（6）顶杆顶出时承受不了制品包紧力而折断。

9.5.8 斜导柱滑块抽芯机构制造问题

（1）抽芯机构锁模不可靠，并产生让模。

（2）动模、斜导柱比正导柱先进入滑块。

（3）滑块或斜顶抽芯行程不够。

（4）滑块下面有顶杆的没有先复位机构或失效。

（5）滑块同 T 型槽的配合精度不好，滑动有停滞现象。

（6）滑块挡块损坏。

（7）斜导柱滑块的定位装置高于滑块底部平面，干涉滑块动作。

（8）定位销定位不正确，滑块滑动困难。

（9）压板没有定位销固定。

（10）压条与 T 型槽、耐磨块与滑块的硬度（一般要求耐磨块低于滑块 HRC5～8）一样，容易失效。

（11）20kg 以上斜导柱滑块没有吊环。

（12）滑块油槽没有封闭，形状、尺寸、方向不规范。

9.5.9 斜顶机构制造问题

（1）斜顶杆与动模型芯接触不均，有的用电磨头打磨避空。

（2）斜顶块的侧面与动模芯配合间隙过大或接触面不均。

（3）斜顶块的滑座的锁紧螺母没有锁紧。

（4）斜顶块低于动模成型表面。

（5）单斜度或双斜度的斜顶杆，所加工的斜孔产生角度误差。

（6）斜顶块的导向杆同动模座板、斜顶块滑座之间的同轴度差，顶出、回复不畅。

（7）斜顶块与动模座配合处有间隙，制品产生飞边。

（8）斜顶杆油槽不规范，塑件有油污。

（9）大型模具的斜顶块的导向杆重心不对，顶出不平衡，模具失效。

（10）斜顶杆在顶出时产生异常响声。

（11）斜顶杆无导向块，或有导向块的内形与斜顶杆配合间隙过大。

（12）斜顶块的定位销与装配没有到位，接触面只有 75%。

（13）大型模具的斜顶块没有冷却设计或没有采用铍铜。

（14）油缸抽芯没有设置行程开关。

（15）自润滑的滑座零件加了润滑脂。

9.5.10 排气系统制造问题

（1）排气槽开得太深，跑飞边。

（2）排气槽开得太浅，排气不良、产生困气，造成加强筋烧焦或制品成型困难。

（3）没有按设计要求开设排气槽。

（4）排气不彻底。

（5）排气槽没有通大气，形同虚设。

9.5.11 抛光问题

（1）型腔粗糙度达不到要求。

（2）抛光纹路不统一。

（3）加强筋抛光不够，顶出困难。

（4）动模抛光方向与出模方向不一致。

（5）型腔与分型面交接处有塌角、碰伤现象。

（6）浇口与料道粗糙度达不到设计要求。

（7）排气槽粗糙度差，没有抛光。

（8）分型面、成型面处有电火花纹、刀痕。

（9）精度较高的导柱与导套配合，导套的底部没有开设排气槽。

（10）模板平面没有用平面磨加工，仅用铣刀铣出。

（11）型腔粗糙度达不到要求。

（12）抛光把母体破坏：棱角不清、线条切点移位、R 角不一致等。

9.5.12 支承柱问题

（1）支承柱尺寸与垫铁高度有超差，没有按设计要求制造。太高把动模垫板顶凹，太低起不到支承柱的作用。

（2）支承柱平面没有用磨床加工，两平面粗糙度较大。

（3）支承柱材质与垫铁的材质不一样。

9.5.13 支撑柱问题

（1）固定螺丝松动、固定螺丝过分旋紧或松紧不一。

（2）模板的螺纹孔或深度不正确。

（3）支撑柱与垫铁高度尺寸有超差。

9.5.14 标准件问题

（1）标准件生产厂家及型号同客户要求不符。

（2）标准件被任意加工成为非标准件。

（3）螺丝长度非标，锯短或磨短螺丝，螺丝本身太短或太长。

（4）复位弹簧规格、型号、尺寸选用不当。

9.5.15　金加工问题

(1) 零件制造尺寸精度、粗糙度达不到图样要求。

(2) 没有按图样的加工工艺制造。

(3) 加工零件没有做到三检制，不合格的零件流入到下道工序。

(4) 加工出错。

(5) 加工工时估算同实际出入较大。

(6) 外形倒角不规范：有大有小、有的没有倒角、局部没有倒角、有的用手工倒。

(7) 零件加工时间延后。

(8) 应用了角向机打磨。

(9) NPT 螺纹孔超差，螺纹管接头与模板平面没有间隙，如图 9-18 所示。使用时生胶带需要绕的很多，超过标准 4.5 圈，才不会漏水。

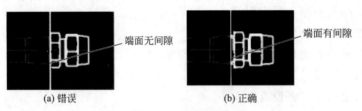

(a) 错误　　　　　　　　　　　　　　(b) 正确

图 9-18　管接头处

9.5.16　模具装配问题

(1) 模具制造周期、装配延后，客户意见很大。

(2) 不合格的零件进行装配。

(3) 零件漏装。

(4) 动、定分型面的配合精度达不到设计要求，接触面接触不均。

(5) 动、定模定位机构精度达不到要求。

(6) 石墨导套用油脂来润滑。

(7) 模具装配零件有油污、零部件的配合精度有问题。

9.5.17　试模与修整问题

(1) 由于交模时间延后，为了急着把样品交出，带着质量问题试模。

(2) 试模工作不规范（需要烘料的没烘料、塑料代用、没有编制成型工艺等）。

(3) 没有接通冷却水就进行试模。

(4) 试模的成型工艺有问题。

(5) 试模以后所暴露的问题，没有及时修整，造成模具交模延后。

(6) 试模以后，没有发现存在的所有问题或没有修改到位，造成多次试模。

(7) 没有试模记录和最佳成型工艺。

9.5.18　外协问题

(1) 外协零件加工质量达不到设计要求。

（2）外协零件加工时间延误。

（3）外协模具质量不能保证，供应商没有选择好，满足不了要求。

（4）外协工作不够规范（企业的设计标准、模具合同的签订、模具验收、付款方式结算等）。

9.6 制品质量问题与验收问题

9.6.1 制品质量问题

（1）制品常见的成型缺陷有飞边、顶高、顶白、缺料（成形困难）、断脚、缩影、凹痕、变形、银丝及斑纹、裂纹、烧焦等。

（2）塑件有变形现象。

（3）制品外形表面质量（粗糙度、皮纹、烂花的花纹深度）不符图样要求或与客户样件要求不一致。

（4）制品外形尺寸和内形尺寸达不到图样要求，装配有问题。

（5）塑件外形有错位（段差）。

（6）塑件外形线条不清晰，轮廓模糊。

（7）塑件加强筋或搭子遗漏（动、定模处漏做）。

（8）制品的熔接痕没有优化，处在不允许出现的地方。

（9）制品超重、制品太薄或太厚、厚薄不均。

9.6.2 制品验收存在问题

（1）制品的检查与验收条件不规范。

（2）验收人员能力水平达不到要求。

（3）不了解制品的功能性要求。

（4）模具试模后，制品存在质量问题的原因（模具问题、成型工艺问题）较多，对怎样修整模具下错结论。

（5）没有及时修整模具或问题没有得到彻底解决，时间拖得很长。

9.7 模具装箱问题

（1）模具备件、图样没有达到客户合同要求。

（2）没有模具检验报告、合格证及使用说明书。

（3）备件的实际数量与装箱清单不符。

（4）模具装箱前没有防锈措施。

（5）模具装在箱内没有固定，在运输中损坏。

· 第 10 章 ·
模具使用和维护

一副注塑模具不但要正确使用，还需要定期检查并按规定维护和保养，才能使它达到预期使用寿命。模具使用前，模具使用方应对模具进行开箱验收。先看懂模具的使用说明书，然后参考模具供应商提供的注塑成型工艺进行试模，验收模具、试生产制品，对制品检查合格后，才能批量生产。

模具是注塑企业最重要的生产工具，没有任何一副模具可以不经过维修而长期正常使用。因此有计划、有组织地进行维修，能延长模具的使用寿命，避免或减少由于模具故障而造成质量下降的情况出现。

模具维修人员事先要了解模具结构和工作原理、装配关系，正确分析模具的损坏原因并找出维修方法；熟悉成型零件的各种技术资料和成型零件不合格的原因，包括形状、尺寸、原料特性、精度要求、特殊表面的效果等。但是由于很多零件的不合格之处很难用图样和文字表达清楚。因此，维修人员必须亲临现场，察看现场和观察制件，对模具进行检查并拆卸损坏部分的零件，清洗零件并核查下料尺寸。然后制订维修计划，安排维修。

如果，模具设计师用心设计模具、制造者精细化加工模具、使用者及时维护保养模具，可想而知，模具寿命就会延长。

10.1　注塑模具的使用须知

（1）开箱检查，对照"检验单"验收所有零件和资料是否齐全。

（2）模具使用前须看懂"模具使用说明书"，了解模具基本结构和类型。

（3）模具使用前，需清洗模具表面防锈油后，再检查模具外观及动、定模的成型表面粗糙度。

（4）检查模具安装尺寸、浇口套喷嘴、顶出孔等与注塑机参数是否匹配。

（5）了解模具的开模动作顺序和顶出动作顺序等。

（6）了解模具结构，读懂模具装配图：了解浇注系统、（热流道使用要求）、冷却系统、抽芯机构、顶出系统等要求。

（7）注意模具吊装、安装、装卸安全，禁止违规作业。

（8）注塑成型操作工应有上岗证，并且懂得成型工艺和模具结构知识，能判断制品出现成型缺陷的原因并采取相应措施。

10.2 正确使用注塑模具

注塑模具是注塑成型的关键，如模具的质量发生变化、相互位置发生移动，成型表面变得粗糙、形状发生改变、合模面接触不严等，都会影响塑件的质量。因此，操作者必须注意模具的正确使用：按规定使用适当的设备；按规定使用设计指定的、合格的原材料；生产过程中不把生硬物合入、撬动、冲击；生产过程中不发生异物夹入或异常闭合；使用符合城市自来水要求的冷却水进行模具冷却；使用符合设计规范的电源；使用符合设计要求的液压液体；使用符合设计要求的气体；对活动摩擦部位进行及时润滑等。

使用前的检查如下。

（1）工作前应检查模具各部位是否有杂质、污物等，对模具中附着的粘料、杂质和污物等，要用棉纱擦洗干净，附着较牢的粘料应用铜质刮刀铲除，以免损伤模具表面。

（2）注塑模具的锁模力不能太高，一般以塑件成型时不产生飞边为准，过高的锁模力既增加动力消耗又容易使模具及传动零件加快损坏，因此，合理地选择锁模力十分重要。

（3）模具在保养及修理过程中，严禁用金属器具去锤击模具中的任何零件，防止模具受到过大撞击而产生变形、损害，从而降低塑件质量。

（4）模具中有许多运动部件，对运动部件最重要的保养就是提供良好的润滑，对此，在生产中或交接班时，对各滑动部位的润滑情况要特别关注，注意时刻保持良好的润滑。

（5）模具暂时不用时要卸下，涂上防锈油，将之包装起来，存放在通风干燥、不易受撞击的地方，模具上禁止放置重物。

（6）如注塑机暂时不用，在注塑机合模机构上的模具也应涂防锈油，而动、定模之间，不要长时间处于合模状态，防止某些零件受压变形。

10.3 注塑模具保养的目的

对注塑模具进行保养是保证注塑模具正常工作的有效措施，对设备的保养主要有清理擦拭、检查调校、润滑涂油等，其目的主要有以下几个。

（1）保证产品质量稳定　要保证注塑模具能稳定、可靠地生产出合格塑件，就要使模具处于良好的工作状态。注塑模具在工作时，不可能一直处于最佳工作状态，总要出现这种或那种状况，如导柱、导套缺油引起行动阻滞，紧固件松动引起动作变形等。这些小小问题，都会给产品质量带来不利，而及时保养，就会克服这些小毛病，使模具处于良好工作状态。

（2）降低停机检修时间　模具在使用过程中，总有可能出现较大故障而需要停机检修，在停机时不能再继续工作，因此我们都希望停机时间越短越好，停机次数越少越好。而模具的较大故障往往并不是突然出现的，而是一个积累过程。因此，定期保养就会及时发现这些问题，从而避免突发性事故。

（3）减少运行费用　模具在使用过程中，要付出许多费用，如检查费用、调校费用、润滑油费、修理费用等，这些费用的总和就是运行费用。在这些费用中，占比最多的是修理费用。如果模具保养不好，就不能正常工作，就要付出许多额外的修理费用，增加了运行成本。

10.4 注塑模具的常规保养

模具寿命是指在模具整个生命周期中，按正常方式使用、保养、维修，直至模具主体无法满足注塑成型产品基本要求的期限。

设计模具时预计的使用寿命，一方面在结构设计、材料选择、热处理安排、加工精度方面给予保证；另一方面就要求在长时间的使用中进行有效的保养和维护。

模具使用完毕后必须吹净水道内的余水；待模具冷却后喷、涂防锈液或防锈油防锈；模具存放时不能直接落地，外露面均需采取适当防锈措施；对活动部位需要进行润滑保养。除此以外，经常性地进行紧固件的紧固性检查；经常性地对限位装置的信号反馈器件进行检查，对电器漏电、短路等进行安全性检查；经常性地对模具活动部件进行清理、清洁和润滑等。

常规保养是指模具未出现损坏时，对模具定期检查并进行清洁和保养、润滑等，其主要项目如下。

(1) 使用前的检查

① 注塑模具使用前，要对照工艺文件检查一下，所使用的模具的规格、型号是否与工艺文件相统一。

② 检查所使用的设备是否与注塑模相适应，模具是否完好。

③ 操作者应详细了解模具的使用性能、结构特点、作用原理，并熟悉使用操作方法。

(2) 使用过程中的检查

① 操作现场一定要清洁，工具要摆放整齐，模具内应无异物，道路应通畅。

② 注塑模具在使用过程中，要遵守操作规程，防止乱放、乱砸、乱碰。

③ 对模具生产的头几件产品，要按图样仔细检查，合格后方能正式生产。

④ 在工作中，要随时检查模具的工作情况，发现异常现象要随时进行维护。

⑤ 随时关注模具的润滑情况，定时对模具的运动部位进行润滑。

(3) 使用后的检查

① 使用后，按操作规程将模具从注塑机卸下，严禁乱拆、乱卸，以免损坏模具。

② 模具的吊运应稳妥，轻起、慢放，拆卸后的模具，要擦拭干净，并涂油防腐。

③ 检查模具使用后的技术状况，使之恢复到正常工作状态，再完整送入指定地点存放。

(4) 定期检查 模具投入正常生产是连续工作，其工作周期在一个月至几个月之间。这期间，为了保证制件的成批供应，就必须保证模具不间歇地正常运转。操作者在交接班时，除了生产制品数量情况的交待外，在交班记录中还要对模具使用状况有一个较详细的交待。

巡回检查时要随时观察，发现有异常现象及时处理。对于大中型重点模具，要按照保全计划实施，不可疏忽大意以酿成大错。

使用超过24h，要对型腔表面抹油防锈，尤其在潮湿地区和雨季。空气中的水气会使型腔表面质量降低，制件表观质量下降。

经过抛光的型腔防锈蚀工作更为重要，不能随便用手触摸工作面（特别是透明制品的定模），要使用脱脂棉、棉纱等布品去除污物。

（5）及时清除残余料及污物，保持内外整洁　制件在每次脱出型腔时，或多或少会有残余飞刺、毛边留在腔内、缝隙里或其它部位。工作间的尘埃及其它污物也会黏附在型芯、成型腔上。原料通过高温注射产生的氧化物也会不同程度地对型腔产生腐蚀作用。因此，及时清理模腔表面是十分必要的。以成型周期来看，连续工作时，每周应进行一次污物杂质的小清理工作，每月应进行一次全面清理。对型腔表面进行花纹、抛光处理的，更应当缩短清理间隙。保证型腔表面光滑、清洁，查看是否有残余料，清理干净后再投入生产。

（6）辅助元件的定期检查　随着模具水平和档次的提高，辅助元件日益增多。气动机构元件、液压机构附件、热流道元件附件及控温柜、电线、插座、水管、气管、油管、行程开关等，辅助元件缺一不可。模具维修工人要定期对辅助系统进行检查，如油管有无漏油破损、油缸有无失效、控温表是否失灵等。如油缸漏油可能是密封圈失效，油压不足会造成动作失灵而撞坏型芯；热元件失控会造成料温过高或过低，使制件无法正常生产。

（7）冷却水道的保养　在注塑模中，冷却水道是必不可少的，而冷却水道的工作效果对塑件质量影响甚大。冷却水道的表面易沉积水垢、锈蚀、淤泥及水藻等，它们阻塞水道，并大大减小与模具间的热交换，因此，及时检查和保养是十分必要的。

① 堵塞的检查。是否堵塞，可通过冷却水流速的测量来了解；冷却水通过模具时压力降的大小，也可反映其水道的堵塞情况。

② 堵塞后的疏通。冷却水道堵塞后，必须及时疏通，由于注塑模不便拆开，因此只能进行不拆卸清洗。疏通时，可以把清洗剂以强大的压力压入冷却水道，这样，污垢等积存物质便在冲刷力和化学腐蚀作用下从水道壁剥离下来，从而起到疏通的目的。

10.5　模具维护最低要求

首次模具维护时间不能超过 10000～15000 模，维护时间从 T0 试模开始到制品计划数量（模/次）结束，模具维护最低要求见表 10-1。

表 10-1　模具维护检查表

检验项目 （新投产模具维护 不能超过 15000 模）	检查方法和补救	检验周期				
		每日		每周	每月	半年
		注射前	注射后			
（1）检查型腔是否有划伤或损坏	（1）当用合适类型的布沿抛光方向清洁型腔时，需用空气将抛光或皮纹面上的强屑吹掉	X				
	（2）检查任何不正常的情况，如旧的模板表面、旧的拉料杆、磨损的型腔、型芯表面					X
（2）检查模板表面是否有塑料和其他碎屑残留	（1）用铜板/棒去除黏着的塑料，用空气吹掉碎屑 （2）用碎布擦除模板表面的油和水	X				
（3）在导柱的滑动表面，动模侧的滑块等表面涂专用油脂。如果使用石墨浸渍材料，需使用配套的润滑油	（1）在涂新油脂前，需去除旧的油脂 （2）用手指感觉检查顶针是否损坏。检查导向块的配合，如导向块磨损，需重新调整配合	X				

续表

检验项目 （新投产模具维护 不能超过15000模）	检查方法和补救	检验周期				
		每日		每周	每月	半年
		注射前	注射后			
(4)检查顶针、镶件等是否缺损	异常情况需通知主管	X				
(5)检查滑块功能	确保油缸功能正常（检查油缸的固定螺栓是否松动）	X				
(6)检查热流道喷嘴	确保热流道喷嘴处有合适的电压和电流	X				
(7)在模具操作时检查是否有不正常的噪声	如有不正常的噪声，通知主管	X				
(8)检查模具是否有渗漏水	检查模具型腔渗水的原因（如用压缩空气）		X			
(9)模具的防锈处理	在模具表面涂覆防锈油		X			
(10)清理模架表面（在模具装配状态下）	用铜板去除模具表面的附着材料，并用清洗液清洗；清洗后，需涂防锈油；检查型腔表面是否有划伤或缺损			X	X	
(11)紧固安装螺栓	检查液压缸、滑块系统、模架等的安装螺栓是否松动			X	X	
(12)润滑滑块表面	导柱和顶针如不是石墨浸渍的，需涂专用油脂润滑				X	
(13)在模具清洁完后，检查所有表面	(1)检查导柱、顶针板、滑块导柱的表面 (2)检查顶针和复位杆的状态 (3)检查滑块本体的滑动表面 (4)检查弹簧的疲劳负载情况 (5)检查液压滑块本体表面				X	
(14)检查模架表面是否有合适的接触	(1)围绕产品型腔的模架表面，检查其接触条件 (2)检查定位器的接触条件					X
(15)斜顶检查	(1)检查斜顶表面是否有段差和拉毛现象 (2)检查斜顶系统内部是否有碎屑，如有，需去除；除非斜顶被套是用石墨浸渍的，否则需涂专用油脂润滑斜顶杆	X				
(16)检查电缆	(1)检查电缆的包覆情况 (2)检查电缆是否有短路和断路情况 (3)检查电缆是否有合适温度上升	X			X	X
(17)分型线表面	用手指检查分型线无任何拉毛情况；如感觉到拉毛，立即报告主管	X				
(18)排气	检查型芯/型腔和斜顶/滑块底部的排气，去除碎屑，并保证开合模顺畅	X				
(19)油缸抽芯的顺序	检查油缸抽芯的顺序是否正确（防止潜在损坏）	X				
(20)检查液压管道	检查是否有油泄漏，并紧固	X		X		
(21)检查冷却水	(1)检查冷却水循环的状态 (2)检查是不是有水渗，并坚固 (3)检查冷却水孔是否有损坏	X				X

注：表格中"X"的，是检验项目与检验周期的时间要求。

10.6 注塑模具的维修

模具在使用过程中产生正常磨损，或者由于意外事故所造成的损坏，均需进行维修。正常生产中也需要定期或不定期的保养，以保证模具使用精度和使用寿命。没有任何一副模具可以不经过任何维修而一直使用到底的。因此，维修和保养的实施是模具使用到预期寿命的必要保证。

模具出现故障时不能带病运作，应及时修理、补救，不使故障的危害扩大。对冷却系统进行清理、畅通维修，防堵、防漏、除锈去污、防穿孔；对电气、加热系统及时排除故障、更换损坏部件；对液压系统及时更换损坏的密封件；对气压、气动系统及时更换损坏的密封件和油气过滤器件；及时更换有问题的限位和信号反馈装置；对活动零部件保障润滑，及时更换磨损零部件；分型面和封合面出现飞边、溢料时及时修理、填补。

每批次注射生产开始，必须进行塑件首件封样；该批次注射生产结束，必须保留塑件末件，并将末件与首件进行对比，确定维修内容。

10.6.1 模具的磨损及维修、装配

模具零件磨损后，维修时要注意以下几点：正确选择维修基准，一般以母体为基准，更换易损件和备件，维修后的模具要求达到原有精度。

（1）型腔或型芯损伤　能够修复的尽量修复，损坏的需要更换。挖补或烧焊应尽量慎重，在允许的条件下进行烧焊。

（2）对拆开的零部件重新进行装配时，要清洗、擦洗干净后方可装配，并对运动部件和分型面涂上防锈的润滑油。

（3）导柱、导套经长期使用后，相互之间配合间隙过大，需要及时更换。

（4）定位元件的磨损

① 定位块的修复。如图 10-1 所示，定位块件 1 的 D 面在摩擦过程中，尺寸变小。无需废掉定位块，可在定位块 E 面上垫厚度为 δ 的垫，使 D 面尺寸相对放大，再将 F 面磨掉 δ 厚，即可达到预期目的。

② 止口的修复。止口部位如果装有耐磨板件 2，如图 10-2 所示，将耐磨板 E 面垫上适当厚度的垫块，然后将 D 面磨去 δ 厚（要根据垫块厚度及磨损程度，确定 δ 的磨量多少，使 D 面的斜面与件 1 斜面相配），使两者接触面良好，此维修方法简便。

（5）分型面的磨损　模具经过一段时间使用后，由于磨损或使用不当，分型面变成了钝口，产生废边，制品质量难以达到标准，需要修理。有平面接触块的，可以磨薄平面接触块，换掉耐磨块（或磨去原表面后，再加垫铁配作）并与动、定模的封胶面重新配模。修配时要注意控制塑件的顶部厚度尺寸，一般降低动模芯，局部意外损伤的采用镶块方法加以解决。

（6）顶杆的磨损　顶杆折断、弯曲、磨损时，一般选择更换顶杆，因为它是标准件。新顶杆装配好后，要求能通过摆动来消除顶杆动模芯与顶杆固定板的积累误差（垂直度、同轴度），且不能有轴向窜动。

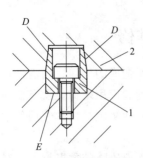

图 10-1　定位块磨损修复
1—定位块；2—定模板

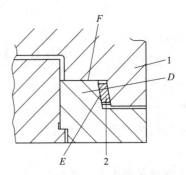

图 10-2　止口垫板磨损修复
1—定模板；2—耐磨板

（7）移动件磨损

① 移动面磨损　在移动件中，相对应的摩擦部件必然产生磨损，结果使滑动件得不到精确复位，如图 10-3 所示。内抽芯机构中的件 1，在使用一段时间后就产生凹槽，件 2 也会因磨损而使型芯不能及时复位。修复的方法为；将 F 面磨去 δ 厚，将 E 面垫厚金属片，以补偿磨损量，方法简单易行。磨损严重时可将磨损件更换，按其实际测量尺寸加工配件，效果良好。

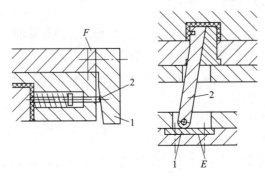

图 10-3　易损件的修复
1—楔紧块；2—型孔抽芯

② 配合面磨损　成型通孔的模具部件通常有配合面，在反复复位过程中会造成端面磨损而使通孔不通。如果是平面通孔不通时，可以设法将型芯上提，重新研合；如果是网窗式通孔不通，需要将镶块取下，将该研合面磨平后，重新装配。

③ 插碰孔或透孔边缘出飞刺是因为型芯倒边，应当更换型芯，或者磨平研合面将芯前提后重新研合。

10.6.2　意外事故造成损坏的修复与预防

（1）异物掉入、型腔被损坏，这是意外事故中较为常见的一种。如果是掉入残余料，对型腔的破坏程度轻，如果掉入金属零件，会使型腔遭到较为严重的破坏。尤其是在纹面或抛光面的型腔，给修复带来许多困难。

因损坏的形式和程度不同，修复的方法也不尽相同，主要靠镶块、焊补，挤胀等方法来解决，一般型腔遭到破坏后，想恢复如初是不太可能的。因此，要力足于预防。

一般模具尽量修理动模，并把定模作为修理的基准，选用修配法为主、调整法为辅的修理方法。

模具因某种原因，在正常生产中呈开启状态，进行其它修整等工作，这时应十分注意：

① 模具上方不可放置任何工具，包括扳手、铜棒、模具拆卸下的各类零部件。

② 模具凹腔内修整过后，要杜绝不加清理而直接合模，以防铁屑、废件留在腔内。

③ 正常生产中因各种缘故需要暂时停车时，必须使模具处于闭合状态。

（2）残余料未清理干净，注射过程中因过量产生的飞边、因断裂产生的残料等，在第二次注射前，均应清理干净。尽管这些凝固的残余塑料不是金属，但在合闭模具时，对模具的损坏却和金属一样严重，故不可掉以轻心。

（3）成型杆折断或损坏型腔的顶杆折断，在众多杆件回程过程中不易被发现，而使其撞击在型腔表面上，使模具遭受损伤，这也是常见事例之一。根本的预防方法，除了要在模具制造方面提高精度以外，操作者也要认真细致地观察，及时发现折断杆。另外，在每次制件取出时要查看一下制件，有无因断杆而产生的残次点，然后再合模进行下一个动作。当模具保养时，及时发现顶杆表面磨损；装配时，推入模芯有停滞不能转动，就要及时更换，避免继续使用而折断。

（4）内外抽芯机构失灵，损坏型腔。当模具同时设有几个内外抽芯动作时，模具开启要有相对顺序动作，这种顺序动作的指令依靠注射设备的现存程序来完成时，自身备有自锁功能；如果采用半自动或手动操作，会因操作上的失误而损坏模具的侧抽芯机构。使用带有侧抽芯机构的模具时，要注意开模和合模速度应尽量放慢，不可快速行进；经常对滑动部分上油，清除污物，保持整洁的滑动表面；经常查看移动件，发现磨损严重者要及时更换，不要等其突然失灵。

10.7　热流道模具的使用和维修要点

（1）热流道模具的使用要求　看懂热流道模具结构；检查注塑机与热流道、喷嘴熔料温度是否达到使用要求；检查喷嘴有否堵塞或漏料才可以注塑；在热流道系统升温前先接通冷却水，防止高温造成液压油和密封圈失效。

（2）热流道模具修理要点

① 拆卸过热流道元件的密封圈必须重新更换；检查喷嘴与定模板的接触情况，达到设计要求。

② 热流道喷嘴从定模板拆开，先旋去流道板的固定螺钉，然后用四个内六角螺钉均匀旋入流道板四角螺纹孔处，使喷嘴脱离定模，以免喷嘴倾斜而损坏，如图9-15所示。

（3）喷嘴模具安装注意事项（见图10-4）

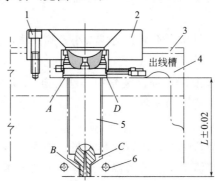

图 10-4　喷嘴模具安装要求

1—内六角螺钉；2—定位圈；3—隔热板；4—定模盖板；5—喷嘴；6—冷却水孔

① 可将喷嘴装入模具中,用紫铜棒轻敲喷嘴帽处确保喷嘴 A 接触面接触良好。A 接触面与 B 接触面涂红丹确保两个接触面接触正常,D 尺寸配合正常。

② 将喷嘴的加热器和热电偶引线按照出线槽排布,安装压线片,确保引线长出模具约 200mm 左右,以方便接线。

③ 配红丹检验,将定位环装好,确保压住喷嘴帽。

④ 接线并测电阻,按标准要求,绝缘电阻大于 $0.5M\Omega$。确保有接地。试加热,保证加热器和热电偶工作良好。

(4) 装配回去要检查装配精度,确保各个零件尺寸均符合图纸要求。

10.8 热流道模具常见问题解答

(1) 分流板达不到设定的温度

原因:热电偶安装位置不对或接触不良或失效;加热丝短路;加热丝接头太松或者太短。

处理:检查热电偶接触是否正常;接线是否正确;检查发热丝回路。

(2) 分流板升温太慢

原因:某一根加热丝断路或接线太松;分流板与模板的间隙不足;隔热垫片阻热效果不良,热电偶接触不良。

处理:对多路加热丝进行检查;增加间隙;在定模固定板上增加隔热板,或降低对定模和固定板的冷却;检查热电偶接触是否良好。

(3) 分流板温度不稳定

原因:热电偶接触不良。

处理:检查热电偶。

(4) 熔体中存在金属碎片或杂质

原因:注塑机螺杆上的碎片,注塑材料中的金属碎片或杂质。

处理:修补螺杆,清除塑料原料中的金属碎片或者杂质。

(5) 分流板与热嘴贴合面漏胶

原因:定模固定板材料太软;喷嘴支撑面或上垫块支撑面不平;模具开孔深度过深或多个开孔深度不一致,误差大。

处理:适当增加模板的硬度,检查平面度及配合尺寸并修模。

(6) 型腔无填充

原因:熔化温度太低,注射压力不够;浇口太小,喷嘴太小;模温太低;注塑机喷嘴的出料孔太小;喷嘴堵塞。

处理:提高喷嘴和分流板温度,提高注塑机压力;扩大浇口;安装大规格嘴;提高模温;加热注塑机喷嘴出料口,清除堵塞物。

(7) 喷嘴流涎

原因:熔体温度过高;浇口太大;浇口冷却不足;喷嘴选型不正确。

处理:减少背压;降低热流道温度或模温;选择合适的喷嘴及浇口。

(8) 喷嘴不能正常工作

原因:加热器或者热电偶有问题,流道堵塞,喷嘴热膨胀而堵住浇口。

处理：检查/更换加热丝热电偶，清胶；重新计算热膨胀。

（9）产品飞边

原因：注塑压力过高，温度过高；分型面不贴合，锁模力不够；模具底板或注塑机动、定模板不平整。

处理：降低注塑压力，降低热流道/模具温度；增加锁模力；修整模具或修整注塑机动、定模板。

（10）产品上或浇口区域产生焦印，焦痕

原因：模具排气不足，注射速度过快；浇口输入腔尺寸不正确；材料烘干不够。

处理：增加排气，降低注射速度；修改兜部尺寸；烘干材料。

（11）注塑玻纤材料时导流梭磨损太快

原因：导流梭材料太软。

处理：更换导流梭材料，改用烧结钼合金或硬质合金。

（12）浇口痕迹过大

原因：浇口过大，选用的热嘴型号不对；浇口轮廓加工不对。

处理：减小浇口，选择合适的热嘴类型；检查浇口加工轮廓。

（13）浇口冷却过早，充填过程中冷却

原因：熔体温度不够；浇口太小，浇口冷却过量；热嘴与定模接触面积过大，浇口轮廓不正确或类型不对。

处理：升高热流道温度；改大浇口；改善热嘴与定模接触面积。

（14）产品浇口处有云纹

原因：流道中有冷料。

处理：提高模温，升高熔体温度。

（15）产品有冷料块

原因：热嘴选型错误，喷嘴头过冷。

处理：选择正确的喷嘴；模具上加工冷料井，减少热嘴与模具的接触面积。

（16）产品上偶尔出现冷料斑

原因：热嘴头部热量损失过多。

处理：减少头部接触面积到最小。

（17）气缸不工作

原因：气道堵塞，活塞卡住；压力不足，活塞、导向套、热嘴不同轴；定模固定板过热导致密封圈损坏；导向套漏胶。

处理：检查气路是否堵塞；检查缸体是否配合良好；活塞阀针导向套是否灵活，调整各零件的同轴度，缸体周围增加冷却。

（18）导向套漏胶

原因：分流板与导向套配合太松；阀针与导向套配合太松。

处理：检查导向套各个配合间隙。

（19）阀针头部粘料

原因：阀针太热。

处理：降低喷嘴头和浇口的温度；增加冷却时间。

10.9　热流道系统常见故障及解决办法

热流道系统常见故障及解决办法，见表 10-2。

表 10-2　热流道系统常见故障及解决办法

异常问题	影响因素			判断方法或处理方式
温度异常及进胶不均	热流道本身原因	感温线及加热器的原因	1. 感温线 J/K 型号混淆	确定感温线型号与温控器设定型号是否一致
			2. 感温线断裂、短路	更换感温线
			3. 感温线的补偿线被压	检查感温线是否被压，更换或修复
			4. 线头松动或接插件松动	重新接好线头或接插件
			5. 感温线未装到位或固定感温线的卡箍后退	重新安装
			6. 漏胶引起感温线感温不准	下模清胶，感温线如有问题，须更换
			7. 感温点选择不对	检查感温点位置是否有影响实际温度
			8. 感温延长线不够长，在接延长线时使用了另一种材质的感温线	更换材质一样的感温延长线
			9. 加热器松动，导致加热效果不好	拆除加热器，拧紧后重新安装
		温控器原因	10. 加热器损坏	更换新的加热器
			11. 温控器表卡或温控器控温不准	更换温控器表卡或温控器
			12. 温控器内部线路或连接线接触不良	检查温控器或连接线
			13. 温控器 J/K 型设置与感温线不一致	将温控器 J/K 型设置与感温线一致
			14. 温控器精度不高	更换精度更高的温控器
	其他方面原因		15. 热流道与模具接触面太多，导致散热太多	确认散热严重的地方，做出改善
			16. 剪切热	喷嘴过长，流道直径较小，需扩大流道直径
			17. 模仁漏水，导致喷嘴达不到设定的温度	把冷却水关掉，维修
			18. 水路太近，冷却太快，水路走的不合理	冷却水关小或关掉，维修
漏胶的原因	热流道自身的原因	分流板	1. 堵头配合不好	堵头位置明显漏胶，需重加工
			2. 堵头脱落	重新加工堵头
			3. 分流板破裂	如果是高速注塑机，分流板需热处理
			4. 分流板变形	分流板厚度不足，或垫块设计不合理
			5. 主喷嘴装配不合格	检查主喷嘴配合面是否有问题，装配是否到位
			6. 主喷嘴 R 角与注塑机射嘴 R 角不匹配	主喷嘴 R 角应大于注塑机喷嘴（≥1）
			7. 阀针导向套与阀针配合间隙太大	检查导向套内径与阀针外径是否在公差范围
		主射嘴	8. 主喷嘴与分流板连接螺丝松动	重新紧固主喷嘴上的螺丝
			9. 主喷嘴连接件松	重新锁紧主喷嘴连接件
			10. 主喷嘴与分流板配合面不平	重新配合
			11. 主喷嘴与定位环配合有间隙	重新配合

续表

异常问题	影响因素			判断方法或处理方式
漏胶的原因	热流道自身的原因	喷嘴芯体	12. 本体破裂	了解注塑机是否是高速成型机,芯体壁厚及是否热处理
			13. 帽头开裂	更换帽头
			14. 感温线孔打穿	检查感温线孔是否有异常
		浇口套(喷嘴头)位置	15. 本体配合面不平整	把喷嘴头拆下来,检查配合面是否有异常
			16. 导流梭的配合面不平整	检查导流梭端面是否有变形或其他异常
			17. 导流梭台阶变薄了	测量导流梭高度是否与图纸要求相符
			18. 导流梭开裂	更换导流梭
			19. 喷嘴头(浇口套)没拧紧	喷嘴头装配后是否与芯体留有装配间隙,否则需重加工
			20. 导流梭变形	更换导流梭
			21. 导流梭同心度不够	更换导流梭
			22. 本体沉孔太深	检测到沉孔尺寸有问题,需做非标导流梭或喷嘴头
			23. 喷嘴头(浇口套)短了	重新加工喷嘴头
			24. 喷嘴头开裂	更换喷嘴头
			25. 喷嘴头封胶面变形或损坏	更换喷嘴头
			26. 螺纹不标准	重新加工螺纹
		分流板与喷嘴配合处漏胶	27. 中心隔热垫高或低	检查中心隔热垫高度与喷嘴帽高出装配面的高度是否一致
			28. 定位销高了,把分流板抬高	检查销针孔深度是否符合设计要求,重新加工针孔
			29. 多点情况喷嘴帽不同面	检查喷嘴帽位的开孔高度是否在设计公差范围
			30. 阀针导向套变形	测量导向套内孔,高度等尺寸是否符合设计要求
			31. 分流板隔热垫块高度不一致	更换隔热垫块,确保一致
	模具方面		32. 水套开裂	更换水套
			33. 开孔不符合图纸要求	重新加工模具,确保开孔符合图纸要求
			34. 分流板型腔板太高	测量分流板型腔板的高度,超差时需要重新加工
			35. 倒装模的喷嘴支撑板变形	增加支撑柱
			36. 模具盖板硬度不够,上垫块凹进模板	将盖板降面或做硬度较高的镶件
			37. 法兰与主喷嘴配合间隙太大	重做法兰,确保符合设计要求
喷嘴不出胶	热流道本身原因		1. 分流梭断	更换分流梭
			2. 喷嘴太长或太短	检测喷嘴及开孔,对不符合设计要求的进行加工或维修
			3. 浇口太小	扩大浇口
			4. 大水口断胶点太靠前	重做喷嘴头,将断胶点往后移
			5. 主射嘴入料口冷料	若是热敏性(结晶性)材料,主喷嘴增加加热器,或减短入料口距离
			6. 分流梭偏心,碰到模具	检查模具开孔及喷嘴是否符合要求,有问题的进行处理
			7. 加热器松动,加热效果不好	取出加热器,拧紧后再装上
			8. 浇口处冷料	检查加热器是否后退,提高前模温度,减少配合面
				检查储料槽开孔是否到位
				防止出料口流涎

续表

异常问题	影响因素		判断方法或处理方式
喷嘴不出胶	热流道本身原因	9. 喷嘴头顶到模仁	确认喷嘴头与模具尺寸加工有误的地方
		10. 膨胀量不对,喷嘴头顶到模仁	将模仁孔弧面降低
		11. 导流梭顶到浇口	按图纸加工到位
	模具及成型工艺原因	12. 开孔原因造成的分流梭堵住浇口	检查开孔各主要尺寸是否符合要求,否则重新加工到位
		13. 温度高,喷嘴热膨胀,把出料口堵死	加热到足够温度后不出料,从型腔面能够看到导流梭高出
		14. 温度高引起碳化	降低热嘴温度,改变热电偶感温位置,或重新分配加热功率
		15. 喷嘴温度太低或未加热	升高热嘴温度,或增加温控点
		16. 杂质、杂料	清理热流道及注塑炮筒内杂料、杂质,并确保原料的清洁
		17. 阀针没后退	检查针阀导向套有无变形
		18. 注塑机喷嘴没对准	重新核对喷嘴位置
		19. 模具漏水	关闭模具冷却水应急生产,或下模维修
		20. 温控器点不够,或某点未升温	增加温控点数
		21. 漏胶引起热流道故障	检查喷嘴与定模的密封情况,更换密封圈
		22. 注塑压力太小	增加一级注射压力及速度
阀针封不到位	热流道本身原因	1. 单点针阀里面漏胶	找到漏胶原因,并作相应处理
		2. 活塞气缸漏气	更换活塞密封圈
		3. 导向套、导流梭、浇口不同心引起	检查三开孔是否符合要求
		4. 阀针太短	检查开孔及阀针是否符合设计要求,对有问题的进行更改
		5. 阀针封胶面(浇口位置)段太长	减小配合面,降低阀针运动阻力
		6. 活塞里面固定螺丝松动	重新安装阀针,保证适度的松紧
		7. 浇口处阀针设计不合理	根据不同情况采用直端或锥度封胶,且加工符合要求
		8. 浇口相对于壁厚太大了	减少浇口直径
		9. 活塞顶到分流板垫片	加工活塞或垫片
		10. 电磁阀坏	漏气,杂质堵气路,电信号没接好等
		11. 润滑油太多,时间长引起固化	清理气缸内部沉积物,保证活塞运动顺畅
	模具或注塑方面原因	12. 漏胶后,塑胶顶住了活塞	参照漏胶点找原因并处理,清胶
		13. 模板内气路不通,有杂质	清理模板气路,确保气路顺畅
		14. 冷却水太近,浇口处冷却过快	关闭模具冷却水应急生产,或重开水路,远离浇口
		15. 气压不够	气泵压力不够,气路太长,管路太细,压力损失过大等
		16. 喷嘴温度过低	提高喷嘴温度
		17. 信号线接错了	重新接信号线
		18. 气缸积水太多	清理气缸积水,确保进气质量
		19. 模具内气路漏气	找到漏气点堵住
		20. 保压时间太长	缩短保压时间
		21. 时间控制器没有调好,延迟时间太长	缩短延迟时间
		22. 出料口有杂物造成的卡针	清理杂物,并确保原料清洁
		23. 模具出料口的角度加工有误	按图纸加工

异常问题	影响因素			判断方法或处理方式
喷嘴流涎或拉丝	成型工艺的原因		1. 选型不对	重新选型
			2. 背压太高	调低熔胶背压
			3. 松退(抽胶)行程太短	增加松退行程
			4. 喷嘴温度太高	降低喷嘴温度
			5. 冷却时间不足	延长冷却时间或改善浇口冷却
			6. 模温过高	降低模温
	喷嘴结构的因素		7. 感温点太靠后	感温前移
			8. 导流梭磨损	更换导流梭
			9. 浇口太大	更换导流梭或喷嘴头,减小浇口
影响产品质量的各种要素	注塑机及其工艺	压力	1. 压力大导致尺寸大、顶白、飞边	备注:影响塑胶制品质量的因素很多,解决任何一个问题,都需要综合考虑各方面要素,主要包括注塑机及工艺要素:压力、速度、温度(料温,模温)等;原料特性及干燥程度;模具方面因素:结构(顶出、壁厚等)、冷却、排气等;热流道及温度控制器;车间环境及供料系统;车间配套设施,包括电压、气压、冷却水等
			2. 压力小导致尺寸小、缺料、气泡	
		速度	3. 速度快导致困气、飞边、尺寸小、熔接痕	
			4. 速度慢导致波浪纹、流痕	
		温度	5. 温度高导致缩小、变色、困气	
			6. 温度低导致缩水、飞边、气泡、熔合线	
	原料及干燥		7. 黑点、杂色、混色、困气、气泡、碳化	
	模具	结构	8. 缩水、顶白、飞边、应力光影、冷料	
		冷却	9. 缩水、变形、冷料	
		排气	10. 困气、熔接痕、发白	
	热流道及温控系统	热流道	11. 不出料,缺料(充填不足),缩水,冷料痕	
			12. 杂色	
		温度控器	13. 不出料、冷料	
			14. 杂色	
浇口处高起	热流道本身原因		1. 浇口温度过低	提高温度
			2. 浇口偏大	修改浇口或加长导流梭
			3. 导流梭与定模的高低位置、同心度有误差	调整导流梭同定模的高低位置、同心度
			4. 阀针是锥度封胶	改直针
			5. 气缸内压力太小、行程太多	增加气压或油压
			6. 温控箱控温精度差	更换精度高的温控箱
			7. J/K感温线混淆	温控箱设置一致
	模具及成型工艺原因		8. 模温过低	提高模温
			9. 模具浇口处冷却水没有接	增接冷却水
			10. 模具浇口与料道处未加工到位	按照图样重新加工
			11. 工艺冷却背压	改善工艺

续表

异常问题	影响因素		判断方法或处理方式
浇口发黄	热流道本身原因	1. 喷嘴温度过高	降低温度
		2. 感温线、加热器本身质量故障	更换加热器或感温线
		3. 浇口太小	加大浇口
		4. 导流梭针点过高	按图检查尺寸
		5. 流道光泽度不够	液体抛光
		6. 加热分布和感温点位置不合理	调整加热感温系统
		7. 系统流道有死角	重新加工
		8. 热流道系统温度过高	降低温度
		9. 浇口周围没有走冷却水	增加冷却水
		10. 导流梭或喷嘴头变形,塑料长时间残存在变形的地方	更换导流梭或喷嘴头
		11. 系统流道过大,存料过多	调整流道大小
	模具及成型工艺原因	12. 模具浇口太小,兜部不到位	按图加工到位
		13. 模温过高	降低模温
		14. 模具浇口处温度过高	接冷却水
		15. 料筒温度过高	降低温度
		16. 料筒螺杆有磨损,有塑料长时间残存	换螺杆
		17. 产品太大,出料口直径太小,剪切热过高	加大出料口
		18. 注塑压力过大,速度过快	调整工艺

10.10　模具的管理

10.10.1　模具的管理方法

模具管理要做到物、账、卡相符,分类管理。

(1) 模具管理卡　模具管理卡是指记载模具号和名称、模具制造日期、制造单位、制品名称、制品图号、材料规格型号、零件草图、使用设备、模具使用条件、模具加工件数及质量状况的记录卡片,一般还记录模具技术状态鉴定结果及模具修理、改进的内容等。模具管理卡一般挂在模具上,要求一模一卡。在模具使用后,要立即填写工作日期、制件数量及质量状况等有关事项,与模具一并交库保管。模具管理卡一般用塑料袋存放,以免因长期使用而损坏。

(2) 模具管理台账　模具管理台账对库存全部模具进行总的登记与管理,主要记录模具号及模具存放、保管地点,以便使用时及时取存。

(3) 模具的分类管理　模具的分类管理是指模具应按其种类和使用机床分类进行保管,也有的是按制件的类别分类进行保管,一般是按制件分组整理。例如,成型模等按系列放在一起管理和保存,以便在使用时很方便地存取模具,并且便于根据制件情况进行维护和保养。

在生产过程中，按上述方法应经常对库存模具进行检查，使其物、账、卡相符，若发现问题，应及时处理，防止影响生产正常进行。管理好模具对改善模具技术状态，保证制品质量和确保冲压生产的顺利进行至关重要。因此，必须认真做好模具分类管理工作，它也是生产经营管理的重要内容之一。

10.10.2　模具的入库与发放

模具的保管，应使模具经常处于可使用状态。为此，模具入库与发放应做到以下几点。

（1）入库的新模具必须要有检验合格证，并要带有经试模或使用后的几件合格制品件。

（2）使用后的模具若需入库进行重新保管，一定要有技术状态鉴定说明，确认下次是否还能继续使用。

（3）经维修保养恢复技术状态的模具，经自检和互检确认合格后才能使用。

（4）经修理后的模具，须经检验人员验收调试合格，要附有该模具的试模合格的成型件及其检测报告。

不符合上述要求的模具一律不允许入库，以防止在下次使用时，造成不应有的损失。

模具须凭生产指令即按生产通知单，填明产品名称、图号、模具号后方可发放。

例如，有的工厂以生产计划为准，提前做好准备，随后由保管人员向调度（工长）发出"模具传票"，表示此模具已具备生产条件。工长再向模具使用（安装）人员下达模具安装任务，安装工再向库内提取传票所指定的模具进行安装。这是因为在大批量生产条件下，每日复制、修理的模具较多，如果不在使用上加以控制，乱用、乱发放，结果可能会使几套复制模同时处于修理状态，导致维修和生产都处于被动，给生产带来影响。因此，需要模具管理人员有强烈的责任心和责任感，对所保管的模具要做到心中有数，时刻掌握每套模具的技术状态，以保证生产的正常进行。

10.10.3　模具的保管方法

在保管模具时，要注意以下几点。

（1）储存模具的模具库应通风良好，防止潮湿，并便于存放及取出。

（2）储存模具时，应分类存放并摆放整齐。

（3）小型模具应放在架上保管，大、中型模具应放在架底层或进口处，底面应垫以枕木并垫平。

（4）模具存放前，应擦拭干净，并在导柱顶端的储油孔中注入润滑油后盖上纸片以防灰尘及杂物落入导套内而影响导向精度。

（5）在凸模与凹模刃口及型腔处，将导套、导柱接触面上涂以缓蚀油，以防其长期存放后生锈。

（6）在存放模具时，应在上、下模之间垫以限位木块（特别是大、中型模具），以避免卸料装置因长期受压而失效。

（7）模具上、下模应整体装配后存放，不能拆开存放，以免损坏工作零件。

（8）对于长期不使用的模具，应经常检查其保存完好程度，若发现锈斑或灰尘应及时处理。

10.10.4 模具报废的管理办法

模具报废应按下述规定进行处理。

（1）凡属于自然磨损而又不能修复的模具，应由技术鉴定部门写出报废单，并注明原因及尺寸磨损变化情况，经生产部门会签后办理模具报废手续。

（2）凡磨损坏的模具，应由责任者填写报废单，注明原因，经生产部门审批后办理报废手续。

（3）因图样改版或工艺改造使模具报废的，应由设计部门填写报废单，写明改版后的图号及改版原因，经工艺部门会签后，按自然磨损报废处理。

（4）当新模具经试模后鉴定不合格而无法修复时，应由技术部门组织工艺人员、模具设计者、制造者共同进行分析，找出报废原因及改进办法后，再进行报废处理。

10.10.5 易损件库存量的管理

模具经长期使用后，总会使工作零件及结构零件磨损及损坏，为了使损坏后的模具及时得到修复，使其恢复到原来的技术状态，应在库中存放一些备件，但备件存量不要太多，一般 2～3 个即可。

10.10.6 对使用现场的要求

（1）模具在使用时，一定要保持场地清洁、无杂物。

（2）模具在使用过程中，严禁敲、砸、磕、碰，以防模具人为破损。

（3）模具使用过程中若被损坏，要进行现场分析，找出事故原因及解决措施。

（4）模具要及时和定期进行技术状态鉴定，对于鉴定不合格的模具应涂以标记，不得重新使用。

（5）经鉴定的模具，在需要检修时应及时修复，修复后仍需调整、试模、验收。

10.10.7 注塑模具的维护和保养手册

模具供应商有责任提供给模具使用方"模具使用说明书"及"维护和保养手册"。要求模具供应商把模具结构、使用方法和要求、成型工艺等交待清楚；要求将模具怎样维护、保养、修理等交待清楚。

模具使用方应把模具的质量状况，有什么宝贵建议等信息反馈给模具供应商。

10.10.8 注塑模具修理工应知应会

（1）模具钳工应具备钳工的操作技能，懂得机械制造的相关知识、注塑模具质量的验收要求。

（2）要求能看懂模具零件图和装配图。应用 CAD 与 UG 软件查看模具结构和尺寸。

（3）懂得注塑模具结构设计原理，至少要懂得所修理的注塑模具的结构原理、熟悉模具的使用情况、磨损情况。

（4）知道本制品的尺寸精度、外观的质量要求。

（5）对制品出现质量缺陷的原因能做出正确的判断，并确定维修方案。

（6）具有很强的责任心和质量理念、成本意识，做好本职工作。

（7）如果所维修的模具存在先天不足或者有问题的情况下，向供应商及时反馈所存在的问题

（8）敢于担当纠正维修，提高模具质量和寿命及制品质量。

10.10.9 注塑模具修理要点

（1）正确确认修理基准：①以偏移的导柱孔为基准孔、基准角。②以定模的分型面为基准面。③熟悉模具设计基准与模具修理基准，如顶块的基准、导套的中心。④动、定模零件的工艺基准。

（2）标准件不能任意加工和改变尺寸。

（3）要求正确编制修理方案，注意及时修理，避免时间过长影响制品生产，注意维修成本控制。对存在先天不足、有质量问题的模具，需要进行分析确认，然后编制正确的修理方案，报请审批后再修理。

（4）皮纹的模具不能任意烧焊。

（5）模具经修理后的质量达到模具验收条件，才可使用。

（6）修理后的制品尺寸、外观质量达到图样要求。模具经维修后的塑件需经检查确认合格后才可投产。

参 考 文 献

［1］ 石世铫编著. 注塑模具设计与制造教程. 北京：化学工业出版社，2017.

［2］ 石世铫编著. 注塑模具设计与制造禁忌. 北京：化学工业出版社，2016.

［3］ 石世铫编著. 注塑模具图样画法及正误对比图例. 北京：机械工业出版社，2015.

［4］ 黄学飞主编. 模具制造技术基础. 北京：华南理工大学出版社，2015.

［5］ 石真语著. 管理就是走流程. 北京：人民邮电出版社，2013.

［6］ 石世铫编著. 注射模具设计与制造 300 问. 北京：机械工业出版社，2011.

［7］ 张甲琛编. 注塑制品质量及成本控制技术. 北京：化学工业出版社，2010.

［8］ 房西苑，周蓉翌. 项目管理融会贯通. 北京：机械工业出版社，2012.

［9］ 杨占尧主编. 塑料模具标准件设计应用册. 北京：化学工业出版社，2008.

［10］ 金国华，谢林君著. 图说流程管理. 北京：北京大学出版社，2013.

［11］ 国家标准委员会编. 企业标准体系实施指南. 北京：中国械准出版社，2003.

［12］ 肖祥银编著. 从零开始学项目管理. 北京：中国华侨出版社，2018.